U0131972

计算机辅助设计课程教学规划教材

Pro/ENGINEER Wildfire 4.0 中文版标准实例教程

胡仁喜 康士廷 刘昌丽 等编著

机 械 工 业 出 版 社

本书分为 11 章，第 1 章介绍 Pro / Engineer4.0 入门；第 2 章介绍基本操作；第 3 章介绍草图绘制；第 4 章介绍基准特征；第 5 章主要介绍基础特征设计；第 6 章主要介绍工程特征设计；第 7 章介绍高级特征设计；第 8 章介绍实体特征操作；第 9 章介绍曲面设计；第 10 章介绍装配设计；第 11 章介绍 2D 工程图。章节的安排次序采用由浅入深、前后呼应的原则。

本书除利用传统的纸面讲解外，随书配送了多功能学习光盘。光盘中包含全书讲解实例和练习实例的源文件素材以及教师教学使用的 PowerPoint 电子教案。并制作了全程实例动画语音讲解同步 AVI 文件。利用作者精心设计的多媒体界面，读者可以随心所欲，象看电影一样轻松愉悦地学习。

本书突出了基础性以及实用性，使学习者可以很快地掌握 Pro/ENGINEER 中的知识点和技巧，适合广大技术人员和机械工程专业的学生学习使用，也可以作为各大中专学校的教学参考书。

图书在版编目 (CIP) 数据

Pro/ENGINEER Wildfire 4.0 中文版标准实例教程/胡仁喜等编著.—北京：机械工业出版社，2009.1
（计算机辅助设计课程教学规划教材）
ISBN 978 - 7 - 111 - 25561 - 1

Ⅰ.P… Ⅱ.胡… Ⅲ.机械设计：计算机辅助设计—应用软件，Pro/ENGINEER Wildfire 4.0—教材　Ⅳ.TH122

中国版本图书馆 CIP 数据核字（2008）第 177281 号

机械工业出版社(北京市百万庄大街 22 号　邮政编码 100037)
责任编辑：曲彩云　　　　责任印制：李　妍
北京蓝海印刷有限公司印刷
2009 年 1 月第 1 版第 1 次印刷
184mm×260mm ·20 印张·493 千字
0001— 5000 册
标准书号：ISBN 978 - 7 - 111 - 25561 - 1
　　　　　：ISBN 978 - 7 - 89482 - 892 - 7（光盘）
定价：38.00 元（含 1DVD）

凡购本书，如有缺页、倒页、脱页，由本社发行部调换
销售服务热线电话：(010) 68326294
购书热线电话：(010) 88379639 88379641 88379643
编辑热线电话：(010) 68327259
封面无防伪标均为盗版

出版说明

计算机日新月异的发展带动了各行各业的突飞猛进。工业界也在这场计算机革命的风暴中激流勇进，由过去传统的手工绘图设计演变为今天的计算机辅助设计。

在这场计算机辅助工业设计的大潮中，世界各大知名设计软件公司都使出浑身解数，推出了一个接一个的计算机辅助设计软件。这其中有 AutoDESK 公司的 AutoCAD、INVENTER、3DMAX 等软件，COREL 公司的 Corel Draw 软件，PTC 公司的 Pro/ENGINEER 系列软件，UGS 公司的 UG 系列软件，生信实维公司的 SolidWorks 系列软件， ADOBE 公司的 Photoshop 系列软件等。各个公司的软件都是主要针对工业造型设计进行开发的，功能都强大到足以颠覆过去几个世纪以来一直采用的手工设计体系。但各个软件又各有其不同的侧重点，在计算机辅助设计的不同方向闪耀着独特的夺目光辉。

目前我国的工业设计已全面进入计算机辅助设计时期。世界上一些著名的辅助设计软件都在国内找到了相应稳定的用户群。各科研院所、工厂企业都根据自己行业发展应用需要，选用了其中一个或多个软件作为设计工具。各大专院校也根据人才培养的需要，顺应时代的潮流，根据相关专业应用需要，在课程设置中，已经将这些应用软件的学习列为重要的专业或专业基础课程。

为了规范课堂教学，促进计算机辅助设计在工程设计中的全面应用，我们根据各种计算机辅助设计软件在国内的普及程度与目前国内各大中专院校开展教学的实际情况组织了这套计算机辅助设计课程教学规划教材。包括：

《AutoCAD2009 中文版标准实例教程》

《CAXA 电子图板 2009 标准实例教程》

《3DS MAX9.0 标准实例教程》

《Unigraphics NX6.0 中文版标准实例教程》

《Corel Draw X3 标准实例教程》

《Pro/ENGINEER Wildfire4.0 中文版标准实例教程》

《SolidWorks 2008 中文版标准实例教程》

《MASTER CAM X3 标准实例教程》

《Photoshop CS3 中文版标准实例教程》

《Protel 2006 标准实例教程》

参与这套丛书写作的各位老师都是在各自工作岗位上具有多年丰富教学经验的专家学者，对所讲述的软件具有非常熟练的实际应用经验。丛书所有教材兼顾课堂教学和自学需要，讲解力求详细具体，深入浅出。理论讲解的同时，安排了大量的实例，这些实例大多来自作者的工程设计实践，具有鲜明的实践指导作用。在每章的最后还安排了上机操作实例、思考与练习等实践内容，将理论与实践操作有机结合。

前　言

　　Pro/ENGINEER 三维实体建模设计系统是美国参数技术公司（Parametric Technology Corporation，简称 PTC 公司）的产品。PTC 公司提出的单一数据库、参数化、基于特征和完全关联的概念从根本上改变了机械 CAD/CAE/CAM 的传统概念，这种全新的设计理念已经成为当今世界机械 CAD/CAE/CAM 领域的新标准。PTC 公司在 1989 年提出了 Pro/ENGINEER V1.0 版本，现在已经历时 10 多个年头了，操作的直观性和设计理念的优越性也深入人心，许多机械设计人员都给予了正面的评价。与此同时，PTC 公司一直致力于新产品的开发，定期推出新版本，新增各种实用功能。本书所介绍得 Pro/ENGINEER Wildfire 4.0 是 PTC 公司的最新产品。

　　本书从内容的策划到实例的讲解完全是由专业人士根据他们多年的工作经验以及心得进行编写的。本书将理论与实践相结合，具有很强的针对性。读者在学习本书之后，可以很快地学以致用，提高自己的机械设计能力，使自己在纷繁的求职世界中立于不败之地。

　　本书分为 10 章，第 1 章介绍 Pro / ENGINEER Wildfire 4.0 入门；第 2 章介绍基本操作；第 3 章介绍草图绘制；第 4 章介绍基准特征；第 5 章介绍基础特征设计；第 6 章介绍工程特征设计；第 7 章介绍高级特征设计；第 8 章介绍实体特征操作；第 9 章介绍曲面设计；第 10 章介绍装配设计；第 11 章介绍 2D 工程图。章节的安排次序采用由浅入深、前后呼应的原则。

　　本书除利用传统的纸面讲解外，随书配送了多功能学习光盘。光盘中包含全书讲解实例和练习实例的源文件素材以及教师教学使用的 PowerPoint 电子教案，并制作了全程实例动画语音讲解同步 AVI 文件。利用作者精心设计的多媒体界面，读者可以随心所欲，像看电影一样轻松愉悦地学习。

　　本书突出了基础性及实用性，使学习者可以很快地掌握 Pro/ENGINEER 中的知识点和技巧，适合广大技术人员和机械工程专业的学生学习使用，也可以作为各大中专学校的教学参考书。

　　本书由三维书屋工作室策划，胡仁喜、康士廷和刘昌丽主要编写。参加编写的还有单泉、狄长春、吴高阳、王敏、王义发、张日晶、王艳池、熊慧、王培合、张俊生、王玉秋、周冰、王兵学、董伟、王渊峰、李瑞、袁涛、王佩楷、李鹏、周广芬、陈丽芹、李世强等，他们在资料的收集、整理、校对方面也做了大量的工作，保证了书稿内容系统、全面，在此向他们表示感谢！

　　由于时间仓促，作者水平有限，疏漏之处在所难免，希望广大读者登录网站 www.bjsanweishuwu.com 或联系 win760520@126.com 提出宝贵的批评意见。

作　者

目 录

第1章 Pro/ENGINEER Wildfire 4.0 入门

本章导读

Pro/ENGINEER Windfire 是全面的一体化软件，可以让产品开发人员提高产品质量、缩短产品上市时间、减少成本、改善过程中的信息交流途径，同时为新产品的开发和制造提供了全新的创新方法。

知识重点

1. Pro/ENGINEER Windfire4.0 的主要特点。
2. Pro/ENGINEER Windfire4.0 的行为建模技术。
3. Pro/ENGINEER Windfire4.0 的 4 个建模准则。
4. Pro/ENGINEER Windfire4.0 要求的硬件配置。
5. Pro/ENGINEER Windfire4.02D 截面绘制、3D 零件生成及装配一系列步骤。

1.1 简介

Pro/ENGINEER Windfire 是业界第一套把产品开发和企业商业过程无缝连接起来的产品，它兼顾了组织内部和整个广义的价值链。它是全面的一体化软件，可以让产品开发人员提高产品质量、缩短产品上市时间、减少成本、改善过程中的信息交流途径，同时为新产品的开发和制造提供了全新的创新方法。Pro/ENGINEER Windfire 不仅提供了智能化的界面，使产品设计操作更为简单，并且继续保留了 Pro/ENGINEER 将 CAD/CAM/CAE 3 个部分融为一体的一贯传统，为产品设计生产的全过程提供概念设计、详细设计、数据协同、产品分析、运动分析、结构分析、电缆布线、产品加工等功能模块。Pro/ENGINEER Wildfire4.0 是 PTC 有史以来质量最高的 Pro/ENGINEER 新版本，与前两个野火版本相比，该版本蕴涵了丰富的最佳实践，可以帮助用户更快、更轻松地完成工作。

1.1.1 主要特点

目前日益复杂的产品开发环境要求工程师通过在不影响质量的前提下压缩开发周期，来缩短上市时间。为了成功地解决这些问题，工程师正在努力寻找能够提高整个产品开发过程中个人效率和流程效率的解决方案。Pro/ENGINEER Wildfire 4.0 重点解决了这些具体问题。

4.0 版本中用于提高个人效率的功能有：

- 快速草绘工具：该工具减少了使用和退出草绘环境所需的点击菜单次数，它可以处理大型草图，使系统性能提高了80%之多。
- 快速装配：流行的用户界面和最佳装配工作流可以大大提高装配速度，速度快了5倍，同时，对 Windows XP-64 位系统的最新支持允许处理超大型部件装配。
- 快速制图：这一给传统 2D 视图增加着色视图的功能，有助于快速阐明设计概念和清除含糊内容。对制图环境的改进将效率提高了63%。
- 快速钣金设计：捕捉设计意图功能使用户能以比以往快 90%的速度快速建立钣金特征，同时能将特征数目减少90%。
- 快速 CAM：制造用户接口增强功能加快了制造几何图形的建立速度，快了 3 倍。

流程效率是 Pro/ENGINEER Wildfire4.0 改进的第二个方面，其重要功能包括：

- 智能流程向导：系统新增的可自定义流程向导蕴涵了丰富的专家知识，它能让公司针对不同流程来选用专家的最佳实践和解决方案。
- 智能模型：把制造流程信息内嵌到模型中，该功能让用户能够根据制造流程比较轻松地完成设计，并有助于形成最佳实践。
- 智能共享：新推出的便携式工作空间可以记录所有修改过、未修改过和新建的文件，它可以简化离线访问 CAD 数据工作，有助于改进与外部合作伙伴的协作。
- 与 Windchill 和 Pro/INTRALINK 的智能互操作性：重要项目的自动报告、项目只有发生变更时才快速检出，以及模型树中新增的报告数据库状态的状态栏，提供了一个高效的信息访问过程。

总之，Pro/ENGINEER Wildfire4.0 的特点是操作界面简单、功能齐全、支持网络连接，能将用户在全世界的研发人员和资料连接起来，使企业有能力将产品和产品开发放在业务的中心位置，并激发产品开发过程中的隐藏价值。

1.1.2　行为建模技术

每个工程师解决问题的方法都不一样，如果有时间研究所有可能的设计解决方案，工程师会乐意这样做。但是，工程师还有许多其他重要的事情要做。设想一下，如果您知道工程师如何解决问题，并让计算机自动研究所有可能的解决方案，那么您是否可以得到最佳设计？作为 Pro/ENGINEER Wildfire 的一个插件，行为建模技术把获取产品意图看成是工程过程必不可少的一部分。行为建模技术是在设计产品时，综合考虑产品所要求的功能行为、设计背景和几何图形。行为建模技术采用知识捕捉和迭代求解的智能化方法，使工程师可以面对不断变化的要求，追求高度创新的、能满足行为和完善性要求的设计。

行为建模技术的强大功能体现在 3 个方面：

1. 智能模型：能捕捉设计和过程信息以及定义一件产品所需的各种工程规范。它是一些智能设计，提供了一组远远超过传统核心几何特征范围的自适应过程特征。这些特征有两个不同的类型：一个是应用特征，它封装了产品和过程信息；另一个是行为特征，它包括工程和功能规范。自适应过程特征提供了大量信息，进一步详细确定了设计意图和性能，是产品模型的一个完整部分，它们使得智能模型具有高度灵活性，从而对环境的变化反应迅速。

2．目标驱动式设计：能优化每件产品的设计，以满足使用自适应过程特征从智能模型中捕捉的多个目标和不断变化的市场需求。同时，它还能解决相互冲突的目标问题，采用传统方法不可能完成这一工作。由于规范是智能模型特征中固有的，所以模型一旦被修改，工程师就能快速和简单地重新生成和重新校验是否符合规范，也即用规范来实际地驱动设计。由于目标驱动式设计能自动满足工程规范，所以工程师能集中精力设计更高性能、更多功能的产品。在保证解决方案能满足基本设计目标的前提下，工程师能够自由发挥创造力和技能，改进设计。

3．开放式可扩展环境：一种开放式可扩展环境是行为建模技术的第三大支柱，它提供无缝工程设计工程，能保证产品不会丢失设计意图。它避免了繁琐。为了尽可能发挥行为建模方法的优势，在允许工程师充分利用企业现有外部系统、应用程序、信息和过程的地方，要部署这项技术。这些外部资源对满足设计目标的过程很有帮助，并能返回结果，这样它们就能成为最终设计的一部分。一个开放式可扩展环境通过在整个独特的工程中提供连贯性，从而增强设计的灵活性，并能生成更可靠的设计。

1.2 建模准则

实体造型、单一数据库、特征造型及参数化设计，是 Pro/ENGINEER Wildfire 的特色，下面详细介绍这 4 种建模准则。

1.2.1 3D 实体造型（3D Solid modeling）准则

3D 实体造型除了可以将用户的设计思想以最真实的模型在计算机上表现之外，借助于系统参数（System parameters），用户还可以随时计算出产品的体积、面积、重心、惯性大小等，以了解产品的真实性，并补足传统的面结构、线结构的不足。用户在产品设计过程中，可以随时掌握以上情况，设计物理参数，并减少许多人为计算时间。

1.2.2 单一数据库（Single database）准则

Pro/ENGINEER Wildfire 可随时修改由 3D 实体模型产生 2D 工程图，而且自动标注工程图尺寸。不论在 3D 还是 2D 图形上作尺寸修改，其相关的 2D 图形或者 3D 实体模型均自动修改，同时组合、制造等相关设计也会自动修改，这样可确保数据的正确性，并避免反复修正的耗时性。由于采用单一数据库，提供了所谓双向关联性的功能，这种功能也正符合了现代产业中所谓的同步工程（Concurrent engineering）。

1.2.3 以特征作为设计的单位（Feature-based design）准则

Pro/ENGINEER Wildfire 以最自然的思考方式从事设计工作，如孔（Hole）、槽（Slot）、倒圆角（Round）等均被视为零件设计的基本特征，可随时对特征作合理、不违反几何的顺序调整（Reorder）、插入（Insert）、删除（Delete）、重新定义（Redefine）等修正动作。

1.2.4 参数化设计（Parametric design）准则

配合单一数据库，所有设计过程中所使用的尺寸（参数）都存在数据库中，设计者只需更改 3D 零件的尺寸，则 2D 工程图（Drawing）、3D 组合（Assembly）、模具（Mold）等就会依照尺寸的修改作几何形状的变化，以达到设计修改工作的一致性，避免发生人为改图的疏漏情形，且减少许多人为改图的时间和精力消耗。也正因为有参数化的设计，用户才可以运用强大的数学运算方式，建立各尺寸参数间的关系式（Relation），使得模型可自动计算出应有的外形，减少尺寸逐一修改的繁琐费时，并减少错误发生。

1.3　系统配置

1.3.1 最低配置

CUP:PentiumIII 建议主频在 800Hz 以上。

内存：至少在 128MB 以上，基本要求达到 256MB。

显卡：支持 OPENGL，不要使用集成显卡，建议用 8 位以上 32MB 显存的显卡。

硬盘：2GB 以上安装空间。

网卡：无特殊要求，但必须配置。

鼠标：三键或带滚轮的两键鼠标。

1.3.2 推荐配置

CUP: Pentium4 2.0GHz 以上处理器。

内存：512MB 以上。

硬盘：3GB 以上安装空间。

声卡：Dirextx Sound 兼容。

显卡：Direct 3D（128MB 以上）。

网卡：无特殊要求，但必须配置。

鼠标：三键或带滚轮的两键鼠标。

1.4　实例

本节通过一个简单的实例，介绍 Pro/ENGINEER Windfire 的 2D 截面绘制、3D 零件生成及装配这一系列步骤，详述如下：

1．打开 Pro/ENGINEER 系统，左键单击"文件"工具条的"创建新对象" □ 命令，系统打开"新建"对话框，使用默认的"零件"选项，零件名设置为"shili-1"，如图 1-1 所示。

2．左键单击"新建"对话框的"确定"命令，系统新建一个零件设计环境；左键单击"草绘工具" ⌣ 命令，系统弹出"草绘"对话框，如图 1-2 所示。

3．左键单击"Front"基准面的标签"FRONT"，将这个面设为草绘面，此时系统默认将"Right"面设为参照面，此时的"草绘"对话框如图 1-3 所示。

4．左键单击"草绘"对话框中的"草绘" ⌣ 命令，进入草图绘制环境。左键单击"草绘器工具"工具条中的"创建圆" ○ 命令，然后在草绘设计环境中绘制一个圆形，此时矩形的尺寸由系统自动标注上，左键双击圆形直径尺寸，将其修改为"100"，此时圆直径自动调整"100"，如图 1-4 所示。

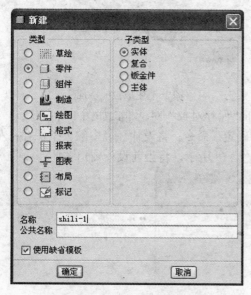

图 1-1　"新建"对话框

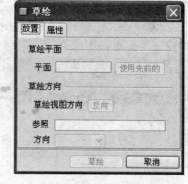

图 1-2　"草绘"对话框

图 1-3　选取草绘面及参照面

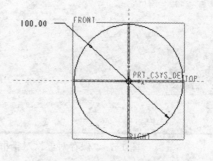

图 1-4　绘制 2D 截面

5．截面绘制完成后，左键单击"草绘器工具"工具条中的"继续当前部分" ✔ 命令，系统退出草绘环境，进入零件设计环境，此时草绘截面用红色线表示；左键单击"基础特征"工具条中的"拉伸工具" ⌐ 命令，则上一步绘制的 2D 草绘图将作为此拉伸特征的 2D

截面，系统生成拉伸预览特征，如图1-5所示，图中特征中心处的尺寸表示拉伸的深度，也就是拉伸特征的拉伸长度。

6.左键双击拉伸深度尺寸，然后输入尺寸值"500"，按键盘"回车"键，此时拉伸深度修改为"500"；左键单击"拉伸特征"工具条中的"建造特征"☑命令，系统完成拉伸特征的创建，如图1-6所示。

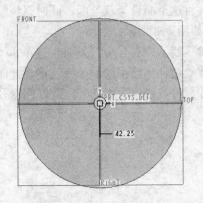

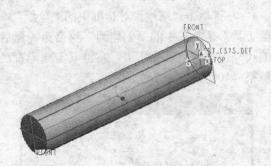

图1-5　生成预览拉伸体　　　　　　　　　　　图1-6　生成拉伸特征

7.左键单击"保存"🖫命令，系统打开"保存对象"对话框，如图1-7所示。

8.左键单击"保存对象"对话框中的"确定"命令，将设计环境中的模型保存；左键单击"窗口"菜单条中的"关闭"命令，如图1-8所示，将当前设计窗口关闭。

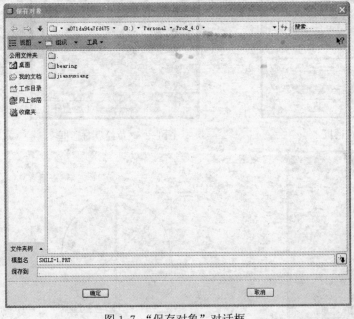

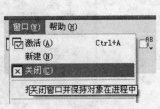

图1-7　"保存对象"对话框　　　　　　　　图1-8　关闭当前设计窗口

9.重复步骤1~3，新建名为"shili-2"的零件设计环境并设定好草绘平面和参照平面；左键单击"草绘"对话框中的"草绘"🖺命令，进入草图绘制环境。左键单击"草绘器工具"工具条中的"创建矩形"□命令，在草绘设计环境中绘制一个矩形，修改矩形尺寸如图1-9所示。

10．左键单击"草绘器工具"工具条中的"创建两点中心线┊"命令，在草绘设计环境中绘制一条竖直中心线，位置如图 1-10 所示。

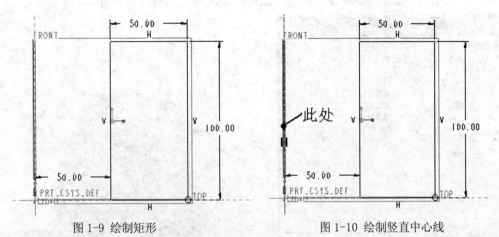

图 1-9　绘制矩形　　　　　　　　　　　图 1-10　绘制竖直中心线

11．截面绘制完成后，左键单击"草绘器工具"工具条中的"继续当前部分"✔命令，系统退出草绘环境，进入零件设计环境；左键单击"基础特征"工具条中的"旋转工具"⤬命令，此时系统以 360º 旋转出一个预览旋转体，并同时打开"旋转特征"工具条，如图 1-11 所示。

12．左键单击"旋转特征"工具条中的"建造特征"☑命令，系统完成旋转特征的创建，如图 1-12 所示。

13．左键单击"保存"🖫命令，将设计环境中的模型保存；左键单击"窗口"菜单条中的"关闭"命令，将当前设计窗口关闭。左键单击"文件"工具条的"创建新对象▯"命令，系统打开"新建"对话框，选取"组件"选项，组件件名设置为"shili"，如图 1-13 所示。

14．左键单击"新建"对话框的"确定"命令，系统新建一个组件设计环境；左键单击"工程特征"工具条中的"插入零件"⬚命令，系统打开"打开"对话框，选取已生成的零件"shili-2.prt"，系统将此零件调入装配设计环境，如图 1-14 所示。

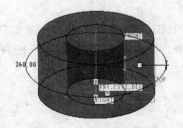

图 1-11　生成预览旋转体

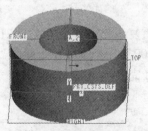

图 1-12　生成旋转特征

15．系统同时打开"装配"工具条，如图 1-15 所示。

注："装配"工具条的样式在 4.0 版本中发生较大的变化，但是包含的功能还是一样。如果待装配元件和组件在同一个窗口显示，左键单击"单独的窗口显示元件"⬚命令，则系统打开一个新的设计环境显示待装配元件，此时原有的设计环境中仍然显示待装配元

件；左键单击"组件的窗口显示元件" 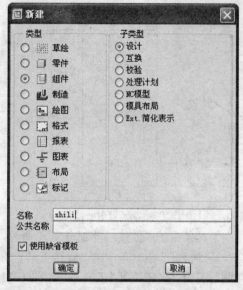 命令，将此命令设为取消状态，则在原有的设计环境中将不再显示待装配元件，这样待装配元件和装配组件分别在两个窗口显示，以下的装配设计过程就使用这种分别显示待装配元件和装配组件的装配设计环境。

图 1-13 "新建"对话框   图 1-14 调入装配件

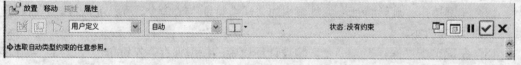

图 1-15 "装配"工具条

16. 保持"约束/类型"选项中的"自动"类型不变，左键单击空装配组件中的"ASM_FRONT"基准面，然后左键单击待装配元件中的"FRONT"基准面，此时"元件放置"对话框中的约束类型变为"对齐"类型，装配状态维"部分约束"，如图 1-16 所示。

图 1-16 添加对齐约束

17. 重复步骤 16，将"ASM_RIGHT"基准面和"RIGHT"基准面对齐，"ASM_TOP"基准面和"TOP"基准面对齐，此时"放置状态"子项中显示"完全约束"，表示此时待装配元件已经完全约束好了，如图 1-17 所示。

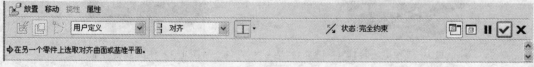

图 1-17 完全约束状态

18. 左键单击"元件放置"对话框中的"确定"命令，系统将"shili-2"零件装配到组件装配环境中，如图 1-18 所示，注意此时设计环境中基准平面上面的名称。

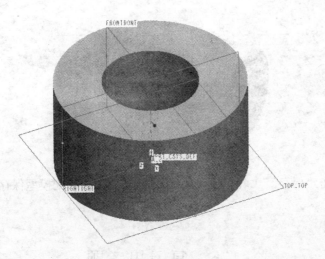

图 1-18　装入零件 shili-2

19. 左键单击"工程特征"工具条中的"插入零件" 命令，系统打开"打开"对话框，选取已生成的零件"shili-1.prt"，系统将此零件调入装配设计环境；将"元件放置"对话框中的约束类型设为"对齐"类型，然后分别选取如图 1-19 所示的轴。

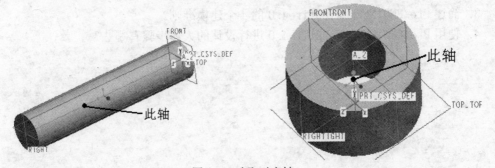

图 1-19　选取对齐轴

20. 将"元件放置"对话框中新添的约束类型设为"对齐"类型，然后分别选取如图 1-20 所示的面。

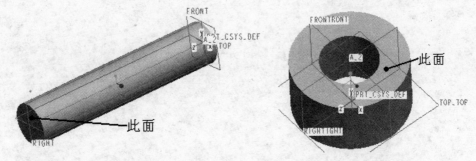

图 1-20　选取对齐面

21. 此时装配约束已经设置完成，左键单击"元件放置"对话框中的"确定"命令，设计环境中的装配体如图 1-21 所示。

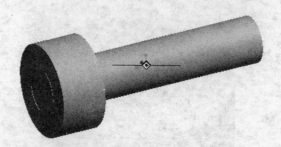

图 1-21　装配零件 shili-1

22. 左键单击"保存"　命令，将装配设计环境中的装配模型保存。

1.5　复习思考题

1. 简述 Pro/ENGINEER Windfire4.0 的主要特点。
2. 简述 Pro/ENGINEER Windfire4.0 特有的行为建模技术。
3. 简述 Pro/ENGINEER Windfire4.0 的 4 个建模准则。
4. 使用 Pro/ENGINEER Windfire4.0 进行设计的大体步骤有哪些？

第2章 基本操作

本章导读

本章介绍了软件的工作环境和基本操作,包括Pro/ENGINEER Windfire4.0的界面组成、定制环境和基本的文件操作、显示控制等操作方法。目的是让读者尽快地熟悉Pro/ENGINEER Windfire4.0 的用户界面和基本技能。这些都是后面章节 Pro/ENGINEER Windfire 建模操作的基础,建议读者能够仔细掌握。

知识重点

1. Pro/ENGINEER Windfire 的工作窗口。
2. Pro/ENGINEER Windfire 的菜单条及工具条。
3. 一些文件的基本操作,如新建、打开、保存等。
4. Pro/ENGINEER Windfire 的 4 种模型显示模式。
5. Pro/ENGINEER Windfire 的快捷操作方式。
6. Pro/ENGINEER Windfire 工作目录的设置。
7. Pro/ENGINEER Windfire 模型的控制操作。

2.1 启动 Pro/ENGINEER Wildfire 4.0

左键单击 Windows 窗口中的"开始"菜单,展开"程序(P)"—>"PTC"—>"Pro ENGINEER"—> "▣ Pro ENGINEER",如图 2-1 所示。

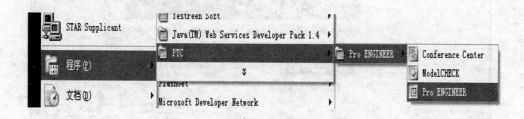

图 2-1 打开 Pro/ENGINEER 系统

如果 Windows 桌面上有图标"▣"的话,使用鼠标左键双击此图标,也可启动 Pro/ENGINEER。

启动 Pro/ENGINEER 时,将出现如图 2-2 所示的闪屏（Splash screen）。

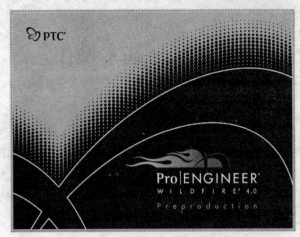

图 2-2 打开 Pro/ENGINEER 系统时的闪屏

2.2 Pro/ENGINEER Wildfire 4.0 工作窗口介绍

出现闪屏后，将打开如图 2-3 所示的 Pro/ENGINEER Wildfire 4.0 工作窗口。

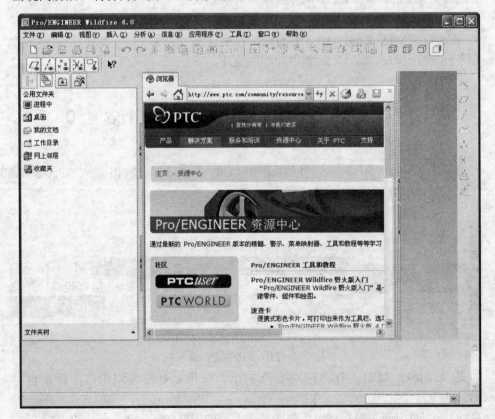

图 2-3 Pro/ENGINEER 窗口

一进入 Pro/ENGINEER Wildfire 4.0 工作窗口，Pro/ENGINEER 系统会直接通过网络和

PTC 公司的 Pro/ENGINEER Wildfire 4.0 资源中心的网页链接上（如果网络通的话）。要取消一打开 Pro/ENGINEER Wildfire 4.0 就和资源中心的网页链接上这一设置（可以先跳过这个操作，看过工作窗口的布置后再进行这一个操作），可以单击"工具"菜单条中的"定制屏幕…"命令，系统打开"定制"对话框，如图 2-4 所示。左键单击"浏览器"属性页标签，打开"浏览器"属性页，如图 2-5 所示。

将"浏览器"属性页中的"缺省情况下在载入 Pro/ E 时展开浏览器"检查框取消，然后用左键单击"确定"命令，以后再打开 Pro/ENGINEER Wildfire4.0 时就不会再直接链接上资源中心的网页。

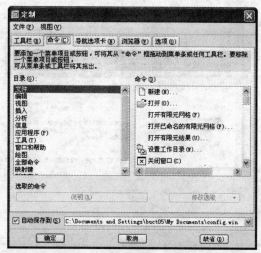

图 2-4 定制对话框命令属性页

图 2-5 定制对话框浏览器属性页

Pro/ENGINEER Wildfire4.0 的工作窗口：如图 2-6 所示分为 8 部分，其中，工具栏按放置的位置不同，分为"上工具箱"和"右工具箱"，即位于窗口上方的是上工具箱，位于窗口右侧的是右工具箱。

左键单击 WEB 浏览器关闭条，系统关闭 WEB 浏览器窗口。

左键再次单击 WEB 浏览器打开条，又可以把 WEB 浏览器窗口打开，如图 2-7 所示。导航选项卡关闭条的操作也是如此，读者可以自己操作一下。

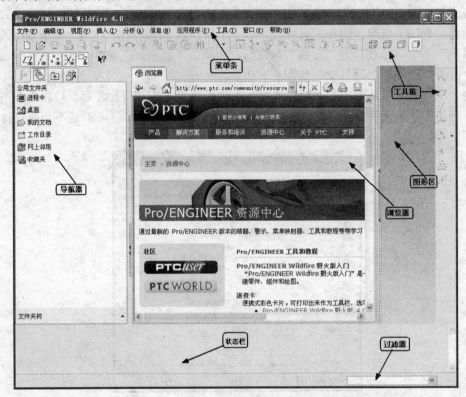

图2-6　Pro/ENGINEER Wildfire4.0窗口布置

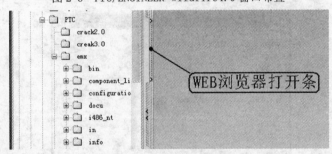

图2-7　WEB浏览器操作条

2.2.1　标题栏

标题栏显示当前活动的工作窗口名称，如果当前没有打开任何工作窗口，则显示系统名称。系统可以同时打开几个工作窗口，但是只有一个工作窗口处于活动状态，用户只能对活动的窗口进行操作。如果需要激活其他的窗口，可以在菜单栏中的"窗口"菜单条中选取要激活工作窗口，此时标题栏将显示被激活的工作窗口的名称，如图2-8所示。

图2-8　Pro/ENGINEER标题栏

2.2.2　菜单栏

菜单栏主要是让用户在进行操作时能控制 Pro/ENGINEER 的整体环境。在此把菜单栏中的各项菜单条功能简单介绍一下，如图 2-9 所示。

| 文件(F)　编辑(E)　视图(V)　插入(I)　分析(A)　信息(N)　应用程序(P)　工具(T)　窗口(W)　帮助(H) |

图 2-9　Pro/ENGINEER 菜单栏

文件：文件的存取等。文件菜单条如图 2-10 所示，其下命令的具体操作见 2.3 节。

编辑：剪切、复制等。编辑菜单条如图 2-11 所示。

视图：3D 视角的控制。视图菜单条如图 2-12 所示。

图 2-10 文件菜单条　　　　　　图 2-11 编辑菜单条　　　　　图 2-12 视图菜单条

插入：插入各种特征。插入菜单条如图 2-13 所示。

分析：提供各种分析功能。分析菜单条如图 2-14 所示。

信息：显示模型的各种数据。信息菜单条如图 2-15 所示。

应用程序：标准模块及其他应用模块。应用程序菜单条如图 2-16 所示。

窗口：窗口的控制。窗口菜单条如图 2-17 所示。

帮助：各命令功能的详细说明。帮助菜单条如图 2-18 所示。

工具：提供多种应用工具。工具菜单条如图 2-19 所示。

图 2-13 插入菜单条

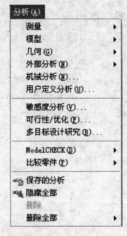

图 2-14 分析菜单条

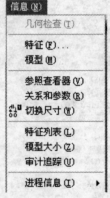

图 2-15 信息菜单条

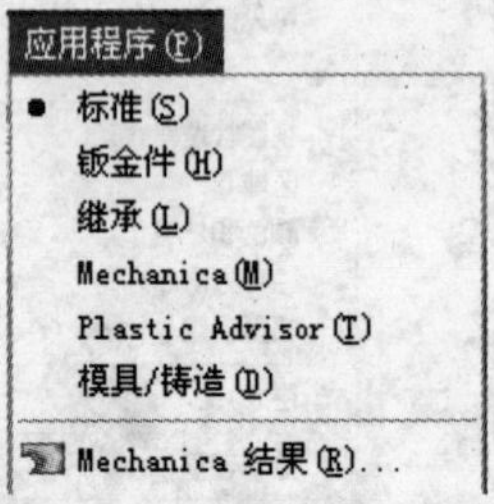

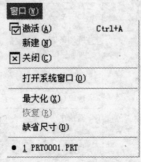

图 2-16 应用程序菜单条

图 2-17 窗口菜单条

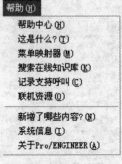

图 2-18 帮助菜单条

2.2.3　工具栏

右键单击工具栏中的任何一个处于激活状态的命令,可以打开工具栏配置快捷菜单条,如图 2-20 所示。

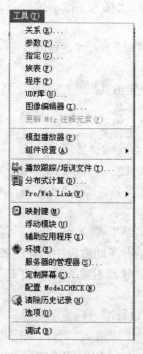

图 2-19　工具菜单条

图 2-20　工具栏配置快捷菜单条

工具条名称前带对号标识的表示当前窗口中打开了此工具条。工具条名称是灰色的表示当前设计环境中此工具条无法使用,故其为未激活状态。需要打开或关闭某个工具条,使用左键单击这个工具条名称即可。工具条中的命令以生动形象的图标表示,给用户的操作带来了很大的方便和快捷。工具栏中的各工具条简单介绍如下。信息工具条如图 2-21 所示,各命令依次为:"显示指定特征的信息" ,"显示有关模型特征列表的信息" ,"在尺寸值和名称间切换" ,生成组件的"材料清单" ,"显示特征关系的信息" ,"显示指定元件安装过程的信息" ,"电缆信息" 。工具工具条如图 2-22 所示,各命令依次为:"设置各种环境选项 ","运行跟踪或培训文件 ","创建宏 ","选取分布式计算的主机 "。

注:笔者认为"刀具"工具条的名称翻译不合适,参照"工具"菜单条,此工具条应该译为"工具"工具条。

分析工具条如图 2-23 所示,各命令依次为:"距离" ,"角" ,"区域" ,"直径" ,"曲率:曲线的曲率、半径、相切选项;曲面的曲率、垂直选项" ,"剖面:截面的曲率、半径、相切、位置选项和加亮的位置" ,"偏移:曲线或曲面" ,"着色曲率:高斯、最大、剖面选项" ,"拔模检测" ,"显示'保存的分析'对话框" ,"隐藏所有已保存的分析" ,"执行用户定义分析" ,"执行敏感性研究" ,"执行可行性或优化研究" 。

图2-21 信息工具条 　　　图2-22 工具工具条 　　　　　图2-23 分析工具条

基准工具条如图 2-24 所示，各命令依次为："基准点工具" ，"插入参照特征" ，"草绘工具" ，"基准平面工具" ，"基准轴工具" ，"插入基准曲线" ，"基准坐标系工具" ，"插入分析特征" 。

基准显示工具条如图 2-25 所示，各命令依次为："线框" ，"隐藏线" ，"无隐藏线" ，"着色" 。

基础特征工具条如图 2-26 所示，各命令依次为："拉伸工具" ，"旋转工具" ，"可变剖面扫描工具" ，"边界混合工具" ，"造型工具" 。

图2-24 基准工具条 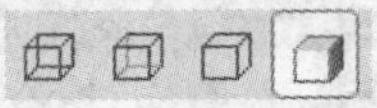　　　　图2-25 基准显示工具条 　　　图2-26 基础特征工具条

工程特征工具条如图 2-27 所示，各命令依次为："孔工具" ，"壳工具" ，"筋工具" ，"拔模工具" ，"倒圆角工具" ，"倒角工具" 。

帮助工具条如图 2-28 所示，命令为："上下文相关帮助" 。

文件工具条如图 2-29 所示，各命令依次为："发送带有活动窗口中对象的邮件" ，"发送带有活动窗口中对象的链接的电子邮件"， "创建新对象" ，"打开现有对象" ，"保存活动对象" ，"打印活动对象" 。

模型显示工具条如图 2-30 所示，各命令依次为："以标准方向显示对象" ，"重画当前视图" ，"旋转中心开/关" ，"定向模式开/关" ，"放大" ，"缩小" ，"重新调整对象使其完全显示在屏幕上" ，"重定向视图" ，"保存的视图列表" ，"设置层、层项目和显示状态" 。

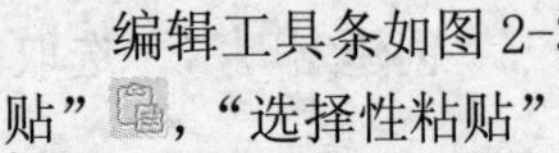

图2-27 工程特征工具条 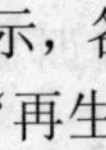　图2-28 帮助工具条 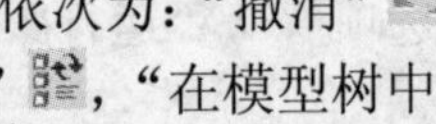　图2-29 文件工具条 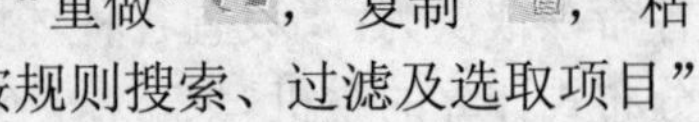　　　图2-30 模型显示工具条

注释工具条如图 2-31 所示，命令为："插入注释特征" 。

窗口工具条如图 2-32 所示，各命令依次为："关闭窗口并保持对象在进程中" ，"基准平面开/关" ，"基准轴开/关" ，"基准点开/关" ，"坐标系开/关" 。

编辑工具条如图 2-33 所示，各命令依次为："撤消" ，"重做" ，"复制" ，"粘贴" ，"选择性粘贴" ，"再生模型" ，"在模型树中按规则搜索、过滤及选取项目" ，"选取框内部的项目" 。

图2-31 注释工具条 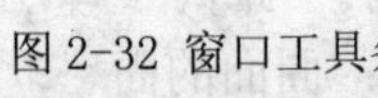　　　图2-32 窗口工具条 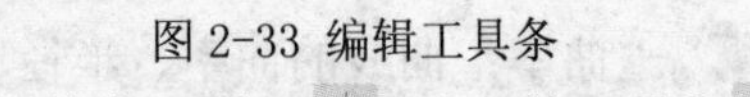　　　　　图2-33 编辑工具条

编辑特征工具条如图 2-34 所示，各命令依次为："镜像工具" ，"合并工具" ，"修剪工具" ，"阵列工具" 。

视图工具条如图 2-35 所示，各命令依次为："旋转中心开/关" ，"定向模式开/关"

，"设置层、层项目和显示状态"，"启动视图管理器"，"模型树显示选项"，"按类型和状态切换模型树项目的显示"。

渲染工具条如图 2-36 所示，各命令依次为："为对象指定颜色和外观"，"指定对象的光源"，"打开场景调色板"，"将环境效果指定给视图"，"用于图像的编辑器"，"为当前窗口激活渲染房间编辑器"，"用于照片级逼真渲染参数的编辑器"，"激活渲染工具栏"，"使用当前渲染引擎渲染当前窗口"，"切换实时渲染效果"。

图 2-34 编辑特征工具条 　　　图 2-35 视图工具条 　　　图 2-36 渲染工具条

2.2.4　浏览器选项卡

浏览器选项卡中有 4 个属性页，分别是"模型树"，"文件夹浏览器"，"收藏夹"和"连接"，分别介绍如下。

"模型树"属性页如图 2-37 所示，从图中可以看到，"模型树"浏览器显示当前模型的各种特征，如图基准面、基准坐标系、插入的新特征等等。用户在此浏览器中可以快速地找到想要进行操作的特征，查看各特征生成的先后次序等，给用户带来极大的方便。

"模型树"属性页提供了两个下拉按钮，一个是"显示"命令，左键单击此命令，打开如图 2-38 所示下拉菜单，菜单中最下面的命令"加亮模型"表示当此命令选上时，所选的特征将以红色标识，便于用户识别。

左键单击"显示"下拉菜单中的"层树"命令，此属性页将切换到"层树"浏览器，显示当前设计环境中的所有层，如图 2-39 所示，用户在此浏览器中可以对层进行新建、删除、重命名等操作，在此就不再详述，读者可以自己展开"层"、"设置"下拉菜单看一看。左键单击"显示"命令，在弹出的下拉菜单中选取"模型树"命令，则切换回"模型树"浏览器，其中的"展开全部"和"收缩全部"命令用于展开或收缩所有的子项，读者可以自己点击观察一下效果，此处不再详述。

注：打开 Pro/ENGINEER 时"模型树"属性页为未激活状态，只有打开或新建了设计文件后，此属性页才被激活。

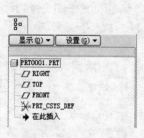

图 2-37 模型树属性页

图 2-38 显示选项

图 2-39 层树子项

左键单击"文件夹浏览器"属性页标签，浏览器选项卡切换到"文件夹浏览器"属性页，如图 2-40 所示，此属性页类似于 Windows 的资源浏览器。此浏览器刚打开时，默认的

文件夹是当前系统的工作目录。工作目录是指系统在打开、保存、放置轨迹文件是默认的文件夹，工作目录也可以由用户重新设置，具体方法将在以后介绍。

图 2-40 文件夹属性页

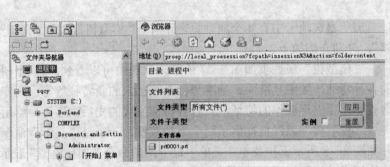

图 2-41 进程中子项

在"文件夹浏览器"的根目录下有一个"进程中"子项，鼠标单击此子项，"浏览器"窗口将显示驻留在当前进程中的设计文件，如图 2-41 所示，这些文件就是在当前打开的 Pro/ENGINEER 环境中设计过的文件。如果关闭 Pro/ENGINEER，这些文件将丢失，再重新打开 Pro/ENGINEER 时，那些保留在进程中的设计文件就没有了。

在"文件夹浏览器"的根目录下有一个"共享空间"子项，鼠标单击此子项，系统将启动 PTC 会议中心，如图 2-42 所示。在网络通信的情况下，可以连接到会议服务器上。

左键单击"收藏夹"属性页标签，浏览器选项卡切换到"收藏夹"属性页，如图 2-43 所示，在此浏览器中显示个人文件夹，通过此属性页下的"添加"、"组织"命令可以进行文件夹的新建、删除、重命名等操作。

左键单击"连接"属性页标签，浏览器选项卡切换到"连接"属性页，如图 2-44 所示，在此浏览器中可以选择想要连接的对象，如浏览器、项目、目录等。

图 2-42 启动 PTC 会议中心

图 2-43 收藏夹属性页

图 2-44 连接属性页

2.2.5　主工作区

Pro/ENGINEER 的主工作区是 Pro/ENGINEER 工作窗口中面积最大的部分，在设计过程中设计对象就在这个区域显示，其他的一些基准，如基准面、基准轴、基准坐标系等也在这个区域显示。

2.2.6　拾取过滤栏

左键单击拾取过滤栏的下拉按钮，弹出如图 2-45 所示菜单条，在此弹出菜单条中可以选取拾取过滤的项，如特征、基准等。在拾取过滤栏选取了某项，则鼠标就不会在主工作区中选取上其他的项了。

拾取过滤栏默认的选项为"智能"，鼠标在主设计区中可以选取弹出菜单中列出的所有项。

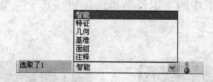

图 2-45 拾取过滤栏

2.2.7　消息显示区

对当前窗口所进行操作的反馈消息就显示在消息显示区之中，告诉用户此步操作的结果。

2.2.8　命令帮助区

当鼠标落在命令、特征、基准等上面时，命令帮助区将显示如命令名、特征名、基准名等帮助信息，便于用户了解即将进行的操作。

2.3　文件操作

本小节主要介绍文件的基本操作，如新建文件、打开文件、保存文件等，注意硬盘文件和进程中的文件的异同，以及删除和拭除的区别。

2.3.1　新建文件

左键单击工具栏中"文件"工具条的"创建新对象" 命令，系统打开"新建"对话框，如图 2-46 所示。

注：也可用左键单击"文件"菜单条中的"新建…"命令，打开"新建"对话框。

从图 2-46 中可以看到，Pro/ENGINEER Windfire 4.0 提供如下文件类型：

草绘：2D 剖面图文件，扩展名为.sec。

零件：3D 零件模型，扩展名为.prt。

组件：3D 组合件，扩展名为.asm。

制造：NC 加工程序制作，扩展名为.mfg。

绘图：2D 工程图，扩展名为.drw。

格式：2D 工程图的图框，扩展名为.frm。

报表：生成一个报表，扩展名为.rep。

图表：生成一个电路图，扩展名为.dgm。

布局：产品组合规划，扩展名为.lay。

　　"新建"对话框打开时，默认的选项为"零件"，在子类型中可以选择"实体"、"复合"、"钣金件"和"主体"，默认的子类型选项为"实体"。

　　左键单击"新建"对话框中的"组件"单选按钮，其子类型如图 2-47 所示。

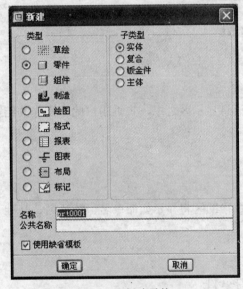

图 2-46　新建零件

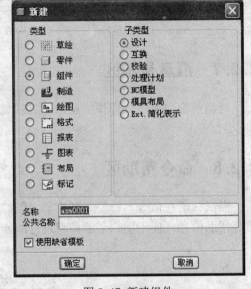

图 2-47　新建组件

　　左键单击"新建"对话框中的"制造"单选按钮，其子类型如图 2-47 所示。

　　在"新建"对话框中选中"使用缺省模板"检查框，生成文件时将自动使用缺省的模板，否则在单击"新建"对话框中的"确定"命令后还要在弹出的"新文件选项"对话框中选取模板。

　　如在选取"零件"单选按钮后的"新文件选项"对话框如图 2-49 所示。

　　在"新文件选项"对话框中可以选取所要的模板。

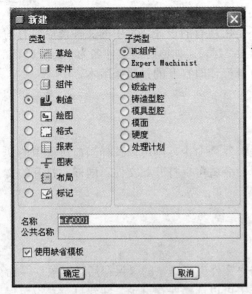

图 2-48　新建制造　　　　　　　　　　　　　　　图 2-49　选取模板

2.3.2　打开文件

左键单击工具栏中"文件"工具条的"打开现有对象" 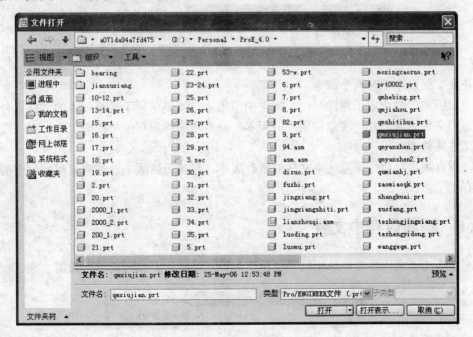 命令，系统打开"文件打开"对话框，如图 2-50 所示。

图 2-50　文件打开对话框

在此对话框中，可以选择并打开 Pro/ENGINEER 的各种文件。左键单击"文件打开"对话框中的"预览"命令，则在此对话框的右侧打开文件预览框，可以预览所选择的

Pro/ENGINEER 文件。

　　注:由于 Pro/ENGINEER 的保存文件的方式不是用现有的设计环境中的文件覆盖原有的同名的文件,而是在此文件名后添加的数字再加上"1",比如原有的文件名为"a.prt.1",则再保存文件 a 时的文件名为"a.prt.2",故打开操作时打开的是最新版本。

2.3.3　打开内存中文件

　　左键单击"文件打开"对话框上部的"进程中"🖳命令,则可以选择当前进程中的文件,左键单击"文件打开"对话框中的"确定"命令就可以打开此文件。同样,打开的文件也是进程中的最新版本。

2.3.4　保存文件

　　当前设计环境中如有设计对象时,左键单击"文件"工具条的"保存活动对象"🖫命令,系统打开"保存对象"对话框,在此对话框中可以选择保存目录、新建目录、设定保存文件的名称等操作,鼠标单击此对话框中的"确定"命令就可以保存当前设计的文件。

2.3.5　删除文件

　　左键单击"文件"菜单条中的"删除"命令,弹出一个二级菜单,如图 2-51 所示。

图 2-51　删除操作

在此二级命令中有两个命令:

　　"旧版本"命令用于删除同一个文件的旧版本,就是将除了最新版本的文件以外的所有同名的文件全部删除。注意使用"旧版本"命令将删除数据库中的旧版本,而在硬盘中这些文件依然存在。

　　"所有版本"命令删除选中文件的所有版本,包括最新版本。注意此时硬盘中的文件也不存在了。

2.3.6　删除内存中文件

　　左键单击"文件"菜单条中的"拭除"命令,弹出一个二级菜单,如图 2-52 所示。

图 2-52　拭除操作

在此二级命令中有两个命令:

"当前"命令用于擦除进程中的当前版本。

"不显示…"命令用于擦除进程中除当前版本之外的所有同名的版本。

2.4　模型显示

Pro/ENGINEER 提供了 4 种模型显示方式，分别是线框模型，隐藏线模型，无隐藏线模型和着色模型，此 4 种显示方式通过左键单击"模型显示"工具条的"线框" ⬚，"隐藏线" ⬚，"无隐藏线" ⬚ 和"着色" ⬚ 4 个命令来切换。下面以一个长方体为例，例举这 4 种模型显示效果。

线框模型显示效果如图 2-53 所示；隐藏线模型显示效果如图 2-54 所示；无隐藏线模型显示效果如图 2-55 所示；着色模型显示效果如图 2-56 所示。

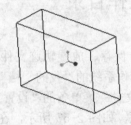 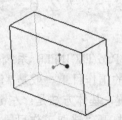

图 2-53　线框模型　　　　　　　　　　　图 2-54　隐藏线模型

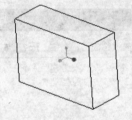 

图 2-55　无隐藏线模型　　　　　　　　　图 2-56　着色模型

"基准显示"工具条的命令"基准平面开/关" ⬚，"基准轴开/关" ⬚，"基准点开/关" ⬚ 和"坐标系开/关" ⬚ 分别用于控制基准平面、基准轴、基准点和坐标系的显示与否，在此就不再举例，请读者自己点击这 4 个命令，观察主设计区中的显示变化。

2.5　鼠标+键盘操作

Pro/ENGINEER 提供了快捷的鼠标和键盘操作，通过这些操作，用户可以快捷的平移、缩放和旋转设计对象，希望读者熟练掌握这几种操作，以提高设计效率。

2.5.1　平移

Shift＋鼠标中键：以鼠标放置点为中心，平移设计对象。

2.5.2　旋转

Alt＋鼠标中键：以鼠标放置点为中心，旋转设计对象，再次单击鼠标中键则退出旋转操作；或直接按住鼠标中键，也可以旋转设计对象。

2.5.3　缩放

Ctrl＋鼠标中键：以鼠标放置点为中心，缩放设计对象；或直接滚动鼠标中键，也可以缩放设计对象。

2.6　设置工作目录

工作目录是指 Pro/ENGINEER 系统在打开、保存、放置轨迹文件是默认的文件夹，Pro/ENGINEER 默认的工作目录一般是 Windows 操作系统的"我的文档"文件夹。工作目录可以由用户重新设置，基体方法是：左键单击"文件"菜单条的"设置工作目录…"命令，Pro/ENGINEER 系统打开"选取工作目录"对话框，如图 2-57 所示，在此对话框中可以选取工作目录或新建工作目录。

图 2-57 设置工作目录

2.7　3D 模型的控制

在 3D 实体模型的设计中，Pro/ENGINEER 的视图菜单能够让用户很方便地在计算机屏幕上用各种视角来观察实体，并提供了多种控制观察方式的功能，包括视角、视距、彩色光影、纹理、剖视等，使模型看起来栩栩如生。

视图菜单条中各命令展开项如图 2-58 所示。视图工具条如图 2-59 所示。

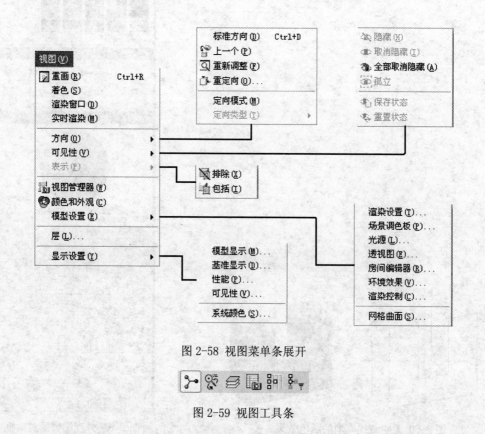

图 2-58　视图菜单条展开

图 2-59　视图工具条

视图工具条中的各项命令依次为："旋转中心开/关" ，"定向模式开/关" ，"设置层、层项目和显示状态" ，"启动视图管理器" ，"模型树显示选项" ，"按类型和状态切换模型树项目的显示" 。比较视图菜单条和视图工具条，视图菜单中的命令要多于视图工具条，下面详述 3D 模型视图的控制操作。

2.7.1　基本操作

重画当前视图 ：将当前设计窗口重画，同时具有清屏作用。

着色：产生彩色着色模型。如图 2-60 所示，左键单击此命令可以将模型赋上颜色，左边的图是未赋色模型，右边的图是赋上系统默认的颜色，注意此时设计环境中的模型为无隐藏线模型状态。

　　用户可以自行设定模型的颜色，步骤如下：

　　左键单击视图菜单条中的"颜色和外观"命令，系统打开"外观编辑器"对话框，如图 2-61 所示。

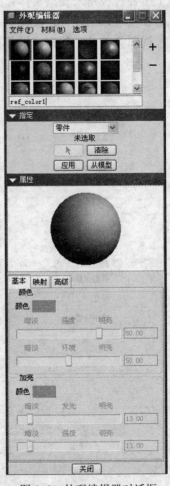

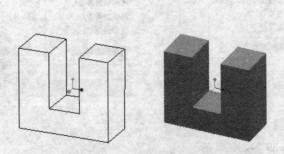

图 2-60 无隐藏线模型的赋色效果　　　　　　　图 2-61 外观编辑器对话框

　　左键单击"外观编辑器"顶部的颜色或纹理，也可以添加其他的颜色或纹理；选中颜色或纹理后，可以在此对话框中部的圆上看到预览效果，在"指定"子项中可以设定颜色或纹理添加到整个零件、曲面或面组等；对话框下部可以设定颜色、纹理、反射等选项的操作。左键单击"应用"命令就可以将选中的颜色或纹理添加到零件上。

　　可见性：可以取消全部的隐藏项，也可以孤立某个隐藏项等。隐藏操作将在第 8 章讲述。

　　视图管理器 ：通过视图管理器，可以对视图进行全面的管理，如复制、创建、显示、修改或移除剖面等；命名、检索、保存或删除视图等；控制模型和性能显示的选项，包括设置模型方向、选取视图管理器、模型设置（如光照和透视图）及设置系统和图元颜色的选项等；使用视图可见性取消全部隐藏等，在此不再细述。

2.7.2　方向操作

标准方向：将当前设计环境中的模型旋转为默认的 3D 视角。默认的 3D 视角可以是等角、不等角或用户自定义的视角。

上一个：恢复到模型上一次使用的视角。

重新调整：将当前模型按当前的视向调整，使模型最大的显示在屏幕中。

重定向👆：可以精确设定模型的视向，使用步骤如下：左键单击此命令，系统打开"方向"对话框，如图 2-62 所示。

从"方向"对话框中可以看到，通过设定两个参照，就可以精确设定当前模型的视角，一般来说这两个参照是两个互相垂直的平面。左键单击"参照"子项的下拉箭头，用户可以子项选取参照视向，如图 2-63 所示。

图 2-62　方向对话框　　　　　　　　　　图 2-63　设定方向

按如图 2-64 所示方式设定模型的前面和顶面，此时模型的视向发生了改变，如图 2-65 所示，左键单击对话框中的"确定"命令表示接受此设定的视向，否则，可以重新设定。

精确设定完当前模型的视角后，可以将此视角保存起来，方便以后再用，步骤如下。

左键单击"方向"对话框中的"已保存的视图"下拉按钮，在此对话框的下部弹出如图 2-66 所示的部分，在此部分可以选择已有的视向或给当前视向起名并将其保存。

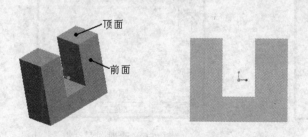

图 2-64　指定视向　　　　图 2-65　设定好的视向　　　　图 2-66　已保存的视图

在"已保存的视图"子项下的"名称"编辑框中输入名称，左键单击保存命令就将当前视角按输入名称保存。

以后要使用已保存的视角，可以在"方向"对话框中的"已保存的视图"列表中选取；更简单的方法是左键单击"视图"工具条中的"已保存的视图列表" 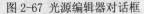命令，在弹出的选择框中选取所要的视角即可。

定向模式：定向模式命令可以提供除标准的旋转、平移、缩放之外的更多查看功能。打开定向模式后，可相对于特定几何重定向视图，并可更改视图重定向样式，如动态、固定、延迟、速度或漫游。

2.7.3　模型设置操作

光源：添加和编辑光源。4.0 版提供了 4 种光源：散射光源、聚光源、平行光源和天空光源。左键单击此命令，系统打开"光源编辑器"对话框，如图 2-67 所示。

对话框右侧上部的是可以添加的 3 种光源，对话框下部可以编辑光源，上部显示现有的光源，还可以通过对话框中的"颜色"命令来设置光源的颜色。

透视图：将当前模型设为透视状态。左键单击此命令，系统打开"透视图"对话框，如图 2-68 所示。

图 2-67 光源编辑器对话框

图 2-68 透视图对话框

在此对话框中可以设定透视类型：漫游、走过、范围或沿路径。调整"眼距离"滑动条可以设定眼睛到模型的距离，距离越近则模型越大。调整"旋转眼"子项和"平移眼"

子项可以调整眼睛到模型之间的视向。旋转透视效果的模型时，在模型中出现一个眼睛图标，如图 2-69 所示，透视效果的模型如图 2-70 所示，左键单击"视图管理器"命令，便可取消模型的透视效果，取消透视效果的模型如图 2-71 所示。

　　房间编辑器：将当前设计环境中的模型放在房间里，可以设定并编辑房间的天花板、地板及四周墙壁的颜色或纹理等操作。左键单击此命令，系统打开"房间编辑器"对话框，并且在当前设计环境中显示出房间，如图 2-72 所示。

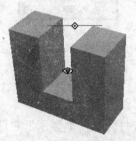
图 2-69 旋转透视模型

图 2-70 透视模型效果

图 2-71 非透视模型效果

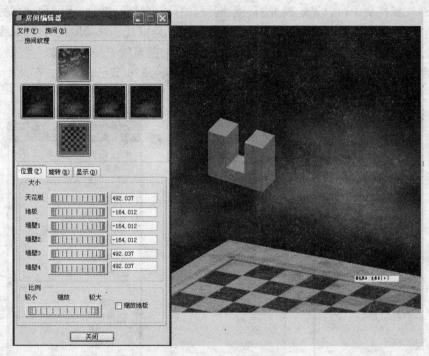
图 2-72 房间编辑器对话框及显示效果

　　渲染控制：左键单击此命令，系统打开"渲染控制"工具条，如图 2-73 所示。

　　渲染控制工具条中的命令依次为："为对象指定颜色和外观"　，"指定对象的光源"　，"打开场景调色板"　，"将环境效果指定给视图"　，"用于图像的编辑器"　，"为当前窗口激活渲染房间编辑器"　，"用于照片级逼真渲染参数的编辑器"　，"激活渲染工具栏"　，"使用当前渲染引擎渲染当前窗口"　，"切换实时渲染效果"　。

　　网格曲面：在指定面上显示网格。左键单击此命令，系统打开"网格"对话框，左键单击模型的右侧面，此面上出现网格，并且可以在"网格"对话框中调整网格间距，如图

2-74 所示。

图 2-73 渲染控制工具条　　　　　　　　图 2-74 网格曲面对话框及显示效果

2.7.4　显示设置操作

模型显示：设定模型的各项显示效果。左键单击此命令，系统打开"模型显示"对话框，此对话框中的 3 个属性页如图 2-75 所示。

"普通"属性页中可以设定模型的显示造型，有线框、隐藏线、无隐藏线和着色 4 种模型显示状态，其中线框模式表示物体所有的线（包括隐藏线和非隐藏线），隐藏线模式表示物体的隐藏线用灰色表示，无隐藏线模式表示物体的隐藏线不显示出来，着色模式表示给物体的所有面都赋上颜色，4 种模型显示的效果在本章 2.6 节已经介绍，在此不再赘述；"显示"子项中可以设定颜色、公差等项。

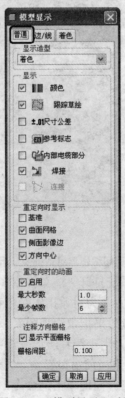
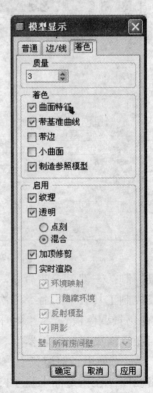

图 2-75 "模型显示"对话框

　　"边/线"属性页中的"边质量"子项可以设定模型边的显示质量；"相切边"子项可以设定相切边（如倒圆角形成的边就是相切边）的显示状态，相切边在实体上是看不出来的，但如果在非着色模式下，不显示相切边的模型看起来是比较怪的，相切边的显示状态有：实线、不显示、双点划线、中心线和灰色。图 2-76 中从右至右，从上之至下依次为着色模型、无隐藏线模型（相切边为实线状态）、无隐藏线模型（相切边为不显示状态）、无隐藏线模型（相切边为双点划线状态）、无隐藏线模型（相切边为中心线状态）、无隐藏线模型（相切边为灰色状态）。

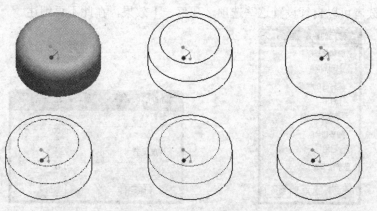

图 2-76　相切边的显示样式效果

　　"着色"属性页中可以设定模型显示的质量等操作，"启用"子项中可以设定模型的纹理等操作。

　　基准显示：左键单击此命令，系统打开"基准显示"对话框，如图 2-77 所示。通过此对话框，可以设定基准平面、基准轴、基准点、基准坐标系、曲线标签、曲线中的剖面标签及旋转中心的显示与否。

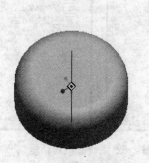
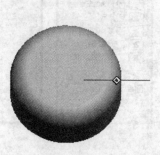

图 2-77 基准显示对话框　　图 2-78 打开旋转中心时的旋转效果　　图 2-79 关闭旋转中心时的旋转效果

　　旋转中心的显示与否的命令也同样存在于视图工具条中。系统默认情况下，旋转中心为开，旋转中心的标识是一个红、绿、蓝色的 3 个相互垂直的轴，类似于一个坐标系。旋转中心打开时，模型以旋转中心为中心旋转，如图 2-78 所示；如果将旋转中心关闭，再旋转设计环境中的模型，则以鼠标放置点为中心旋转，同样，如果将鼠标落在设计环境中的模型上，则可以让模型以模型上的点为中心旋转，如图 2-79 所示。

　　性能：设置视图的性能选项，如隐藏线的移除、旋转是的帧数和细节级别，"视图性能"对话框如图 2-80 所示，读者可以自行启用这些选项，观察一下效果，在此不再细述。

　　可见性：设置视图的可见性选项，如修剪和深度提示的百分比，"可见性"对话框如图2-81 所示，读者可以自行设置这些选项，观察一下效果，在此不再细述。

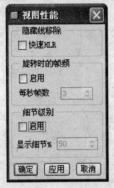

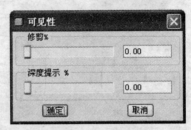

图 2-80 视图性能对话框　　　　　　　图 2-81 可见性对话框

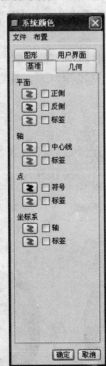

图 2-82 系统颜色对话框

　　系统颜色：设置当前设计环境中的图形、基准、几何和用户界面的颜色。系统默认设计环境中的各种特征都有其各自的颜色，方便用户的观察。系统颜色对话框中的 4 个属性页如图 2-82 所示。

　　左键单击各项前面的颜色标签，就可以打开"颜色编辑器"对话框，用户可以在此对话框中设定新的颜色。其中，图形属性页中的"信纸"项代表的是尺寸值的颜色。

2.8　上机实验

1. 练习 Pro/ENGINEER Windfire 的鼠标和键盘快捷操作。
2. 练习 Pro/ENGINEER Windfire 的模型显示操作。
3. 练习 Pro/ENGINEER Windfire 的视图控制操作。

2.9　复习思考题

1. Pro/ENGINEER Windfire 的硬盘文件和进程中的文件有何异同？
2. Pro/ENGINEER Windfire 的删除操作和拭除操作有何区别？
3. Pro/ENGINEER Windfire 的"模型显示"工具条的"着色　"命令和"视图"菜单中的"着色"命令有何异同？
4. Pro/ENGINEER Windfire 的工作目录有何作用，如何设置？

第 3 章　草图绘制

本章导读

Pro/ ENGINEER 是一个特征化、参数化、尺寸驱动的三维设计软件。建立特征时往往需要先草绘特征的截面形状，在草图绘制中就要创建特征的许多参数和尺寸。另外，基准的创建和操作也需要进行草图绘制。在本章中将讲述绘制草图和编辑草图，以及草图的尺寸标注和几何约束。

知识重点

1. 草图绘制基本概念。
2. Pro/ENGINEER Windfire 草图环境的介绍及操作。
3. Pro/ENGINEER Windfire 的目的管理器及其操作。
4. 介绍 Pro/ENGINEER Windfire 的草图绘制操作。
5. 介绍 Pro/ENGINEER Windfire 的草图尺寸标注操作。
6. 介绍 Pro/ENGINEER Windfire 工作目录的几何形状工具。
7. 介绍 Pro/ENGINEER Windfire 模型的几何约束。

3.1　基本概念

使用 Pro/ENGINEER 进行 3D 实体建模时，必须先建立 3D 的基本实体，然后在这个基本实体上进行各项操作，如添加实体、切除实体等，这是使用 Pro/ENGINEER 进行 3D 设计的基本思路。这个基本的实体，可以由多种方式生成，如拉伸、旋转等。要进行拉伸、旋转此类的操作，就会用到 Pro/ENGINEER 中一个非常重要的操作：草图绘制。

草图绘制就是建立 2D 的截面图，然后以此截面生成拉伸、旋转等特征实体。Pro/ENGINEER 的 2D 截面图是参数化的，其实 Pro/ENGINEER 的 "参数化设计" 特性也往往是由 2D 截面设计中指定参数来得到的。Pro/ENGINEER 的初学者在进行 2D 草图绘制时要养成一个草图绘制的好习惯，并切实体会 2D 草图绘制时的 "参数化" 精神。

构成 2D 截面的要素有 3 个：2D 几何图形（Geometry）数据、尺寸（Dimension）数据和 2D 几何约束（Alignment）数据。用户在草图绘制环境下，绘制大致的 2D 几何图形形状，不必是精确的尺寸值，然后再修改尺寸值，系统会自动以正确的尺寸值来修正几何形状。除此之外，Pro/ENGINEER 对 2D 截面上的某些几何图形会自动假设某些关联性，如对称、对齐、相切等限制条件，以减少尺寸标注的困难，并达到全约束的截面外形。·

3.2　进入草绘环境

进入草绘环境的方法有两种：一是左键单击"文件"工具条的"创建新对象" 命令，在弹出的"新建"对话框中选取"草图"单选按钮，如图 3-1 所示。

左键单击"新建"对话框中的"确定"命令，系统进入草绘环境。

二是在"零件"设计环境下，左键单击"右工具箱"中"基准"工具条中的"草绘工具" 命令，系统弹出"草绘"对话框，此对话框默认打开的是"放置"属性页，如图 3-2 所示。

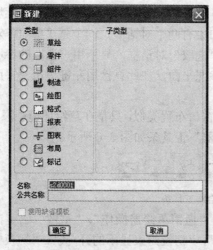

图 3-1　新建草绘文件

图 3-2　草绘"放置"属性页

此对话框要求用户选取草绘平面及参照平面，一般来说，草绘平面和参照平面是相互垂直的两个平面。在此步骤中，单击左键选取前（FRONT）面为草绘平面，此时系统默认把右（RIGHT）面设为参照面，设计环境中的基准面如图 3-3 所示。

此时"草绘"属性页中显示出草绘平面和参照平面，如图 3-4 所示。

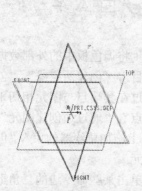

图 3-3　系统默认基准平面

图 3-4　"草绘"属性页

图 3-5　"参照"对话框

左键单击"草绘"对话框中的"草绘"命令，系统进入草绘设计环境，此时系统打开"参照"对话框，如图 3-5 所示。在"参照"对话框中显示出用户选取的草绘平面及参照平面的名称，左键单击此对话框中的"关闭"命令，用户就可以在此环境中绘制 2D 截面图。

用户完成 2D 截面草图后，左键单击"右工具箱"中"基准"工具条中的"继续当前部分✔"命令，系统将再生所绘制的 2D 截面。

3.3　草绘环境的工具条图标简介

上述的两种方式进入的草绘环境基本是一致的，只是后者进入的草绘环境约束要多一些，因为它涉及到绘图平面和参照平面等内容。在使用 Pro/ENGINEER 的草绘环境时，大多数是通过第二种方式进入草绘环境，在这里详细说明以第二种方式进入的草绘环境。

如图 3-5 所示，一进入草绘环境时，窗口中有两个对话框，一个是"参照"对话框，提示用户是否再选取的参照平面，另外一个"选取"对话框，显示用户选取的参照个数，由于再进入草绘环境中已经设好绘图平面及参照平面，在此直接用左键单击"参照"对话框中的"关闭"命令，关闭这两个对话框。

草绘环境的布置和 Pro/ENGINEER 的工作窗口布置类似，只是在草绘环境中添加了"草绘器"和"草绘器工具"两个工具条。"草绘器"工具条如图 3-6 所示。

图 3-6　草绘器工具条

"草绘器工具"工具条中的命令依次为："撤销草绘器操作"，"重做"，"定向草绘平面使其于屏幕平行"，"切换尺寸显示的开/关"，"切换约束显示的开/关"，"切换栅格显示的开/关"，"切换剖面顶点显示的开/关"。此工具条中的第一、二个命令就是撤销、重做的命令，后 4 个命令一看命令名就知道它们分别是控制尺寸、约束、栅格和剖面顶点显示的命令，在此不再多说。"草绘器"工具条的第三个命令"定向草绘平面使其于屏幕平行"的用途如下：如果在草绘设计中，旋转了草绘绘制平面，使草绘平面不再和屏幕平行时，左键单击此命令，将使草绘平面重新和屏幕平行，方便用户绘制草图的工作。

图 3-7　"草绘器工具"工具条

"草绘器工具"工具条（如图 3-7 所示）中的命令依次为："将调色板中的外部数据插入到活动对象"，"继续当前部分"，"退出当前剖面"，"选取项目"，"创建两点线"，"创建矩形"，"通过拾取圆心和圆上一点来创建圆"，"通过 3 点或通过在其端点与图元相切来创建弧"，"在两图元间创建一个圆角"，"创建样条曲线"，"创建点"，"通过边创建图元"，"创建定义尺寸"，"修改尺寸值、样条几何或文本图元"，"在剖面上施加草绘器约束"，"创建文本，作为剖面一部分"，"动态修剪剖面图元"，"镜像选定图元"。

左键单击这些命令，就可以直接使用这些命令。如使用左键单击某些命令边的三角形按钮，则打开这些命令的下拉命令条。

"创建两点线"命令有如图 3-8 所示的 3 个下拉命令，依次为"创建两点线"，"创建与两个图元相切的线"，"创建两点中心线"。

　　"通过拾取圆心和圆上一点来创建圆"命令有如图 3-9 所示的 5 个下拉命令，依次为"通过拾取圆心和圆上一点来创建圆"，"创建同心圆"，"通过拾取 3 个点来创建圆"，"创建与 3 个图元相切的圆"，"创建一个完整的椭圆"。

　　"通过 3 点或通过在其端点与图元相切来创建弧"命令有如图 3-10 所示的 5 个下拉命令，依次为"通过 3 点或通过在其端点与图元相切来创建弧"，"创建同心弧"，"通过选取弧圆心和端点来创建圆弧"，"创建与 3 个图元相切的圆弧"，"创建一个锥形弧"。

| 图 3-8 创建线工具条 | 图 3-9 创建圆工具条 | 图 3-10 创建弧工具条 |

　　"在两图元间创建一个圆角"命令有如图 3-11 所示的两个下拉命令，依次为"在两图元间创建一个圆角"，"在两图元间创建一个椭圆形圆角"。

　　"创建点"命令有如图 3-12 所示的两个下拉命令，依次为"创建点"，"创建参照坐标系"。

　　"通过边创建图元"命令有如图 3-13 所示的两个下拉命令，依次为"通过边创建图元"，"平移边创建图元"。

　　"动态修剪剖面图元"命令有如图 3-14 所示的 3 个下拉命令，依次为"动态修剪剖面图元"，"将图元修剪（剪切或延伸）到其他图元或几何"，"在选取点的位置处分割图元"。

　　"草绘器工具"工具条中的命令的应用将在下面详细讲述。

| 图 3-11 创建圆角工具条 | 图 3-12 创建点工具条 | 图 3-13 通过边创建边工具条 | 图 3-14 修剪工具条 |

3.4　草绘环境常用菜单条简介

　　以第二种方式进入的草绘环境的菜单条上将添加一组新菜单："草绘"菜单条，并且"编辑"菜单条也有一些变化，这两个菜单提供了一些"草绘器"和"草绘器工具"工具条上所没有的功能，下面简单介绍一下这两个菜单条。

3.4.1　草绘菜单条

　　"草绘"菜单条如图 3-15 所示。

　　通过此菜单条，可以在 2D 设计环境中绘制各种二维图形，添加基准、文本、尺寸和约束等内容。此菜单条中的某些功能在"草绘器工具"工具条中已经有了，在此不再重复介绍。此节主要介绍一些"草绘器工具"工具条中没有的功能，详述如下：

　　"目的管理器"命令：目的管理器的功能是在绘制 2D 截面图时，绘制的图形的尺寸由系统自动进行标注，用户可以修改这些尺寸。

　　"数据来自文件…"命令：选取已有的 2D 截面图，直接插入到当前的 2D 设计环境中。

　　"选项…"命令：打开"草绘器优先选项"对话框，如图 3-16 所示，在此对话框中，可以设定 2D 设计环境中的各种特征如栅格、顶点、约束的显示；可以选取具体的约束显示的符号；可以设定显示的参数的精确度等设置，读者可以自己切换到"草绘器优先选项"对话框中的其他属性页中查看一下这些设置功能。

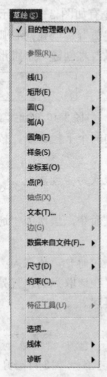

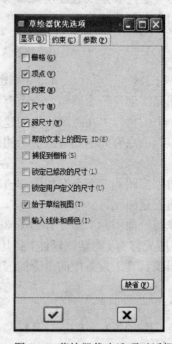

图 3-15　草绘菜单条　　　　　　　　　　　图 3-16　草绘器优先选项对话框

3.4.2　编辑菜单条

"编辑"菜单条提供了 2D 设计环境中的"Undo"、"Redo"功能；"复制"、"粘贴"功能；"镜像"、"修剪"等功能，如图 3-17 所示；"选取"命令提供了对鼠标选取的各种操作

图 3-17　编辑菜单条

选项。这些功能在此就不再一一介绍，将在下面部分详细讲述。

3.5 草绘环境的设置

本节详细介绍 2D 设计环境中网格及其间距、约束、目的管理器等的设置操作。

3.5.1 设置网格及其间距

左键单击"草绘"菜单条的"选项…"命令，打开"草绘器优先选项"对话框，在此对话框中的"显示"属性页中选中"栅格"检查框，如图 3-18 所示，则 2D 设计环境中显示出栅格。

左键单击"参数"标签，切换到"草绘器优先选项"的"参数"属性页，如图 3-19 所示。在此对话框中，通过左键单击"栅格间距"的下拉框来确定栅格间距的设定方式。栅格间距的设定有两种方式：一是系统根据设计对象的具体尺寸"自动"调整栅格的间距；二是通过用户"手动"设定栅格的间距。图中所示的方式是自动设置栅格的间距，栅格间距为"30"。

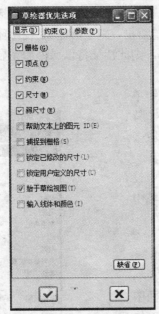

图 3-18 草绘器优先选项"显示"属性页

图 3-19 草绘器优先选项"参数"属性页

3.5.2 设置拾取过滤

左键单击当前工作窗口中的"拾取过滤区"下拉框，可以选取过滤选项，如图 3-20 所示。在此项中，默认的是"全部"选项，也就是通过鼠标可以拾取全部特征，如果选中"几何"选项，则只能选取设计环境中的几何特征，其他选项含义也一样，读者可以自己操作一下。

图 3-20 拾取过滤选项

3.5.3　设置优先选项

左键单击"编辑"菜单条中的"选取"命令，弹出"选取"命令的二级菜单，如图 3-21 所示。

左键单击二级菜单中的"优先选项…"命令，打开"选取优先选项"对话框，如图 3-22 所示。

图 3-21 选取菜单条　　　　　　　图 3-22 "选取优先选项"对话框

选中"选取优先选项"对话框中的"预选加亮"检查框，则鼠标在 2D 设计环境中移动时，如果鼠标落在某个特征上，如基准面、基准轴等，则此特征将以绿色加亮显示，不选"预先加亮"则不会加亮显示。

"选取"二级菜单中的"依次"命令表示通过左键单击可以一一选取设计环境中的特征，但是只能选取一个特征，如果同时按住 Ctrl 键，在选取特征时，则可以选取多个特征；"链"表示可以选取作为所需链的一端或所需环一部分的图元，从而选取整个图元；"所有几何"表示选中设计环境中的所有几何体；"全部"表示可以选中设计环境中的所有特征，包括几何体、基准、尺寸等。

3.5.4　取消目的管理器

前面已经说过，目的管理器的功能是在绘制 2D 截面图时，绘制的图形的尺寸由系统自动进行标注，用户可以修改这些尺寸。但是，系统标注的尺寸，可能并非全部都是用户所需要的尺寸，而且，在 2D 截面的参数化设计过程中，正确的标注尺寸是非常重要的技巧，如果习惯了系统自动标注尺寸，可能会失去标注尺寸的能力。本书建议读者在开始学习阶段，关闭目的管理器功能，在熟悉 Pro/ENGINEER 的草图绘制环境后，再使用该功能。本书在

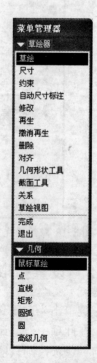

图 3-23 "菜单管理器"菜单条

前面的一些例子中将关闭此功能，在后面的例子中再打开此功能。

关闭目的管理器的方法很简单，在"草绘"菜单条中，左键单击"目的管理器"命令，去掉其前面的对号，就关闭目的管理器了，此时系统将弹出"菜单管理器"菜单条，如图3-23所示。

3.6　几何图形的绘制

在本节中，主要讲述常用几何图形及其他特征的生成，本节使用第二种方式进入2D草图绘制环境，应为此设计环境主要还是针对2D截面设计的，一般不只是用于绘制二维图。具体进入2D草绘设计环境的方法前面已经介绍，在此不再赘述，下面就直接在此设计环境中进行操作。注意，这些几何图形和其他特征的生成是在关闭目的管理器的环境中进行的，此时的"菜单管理器"完全展开后如图3-24所示。

"菜单管理器"中的命令详细介绍如下：

"草绘"命令：可以绘制"点"、"直线"、"矩形"、"圆弧"、"圆"和"高级几何"，其中"高级几何"特征是"圆锥曲线"、"坐标系"、"椭圆倒角"、"样条"和"文本"等。

"尺寸"命令：可以标注尺寸。用户可以通过修改尺寸值来驱动2D截面的形状，如果尺寸标注不足或过多的话，系统用红色将其标识出来。

"约束"命令：将2D截面上所有的几何定位限制条件都标示出来。

"自动尺寸标注"命令：每当绘制一个几何元素时，系统自动将其尺寸标注上。

"修改"命令：修改标注后的尺寸值。

"再生"命令：根据当前设计环境中几何元素的尺寸，重新生成2D截面的形状。此时系统将检查2D截面的合理性，只有整个2D截面的几何元素完全生成成功，才表示2D截面绘制完成。

"撤消再生"命令：取消"再生"操作，回到上一步未再生的状态。

"删除"命令：删除当前设计环境中已有的几何元素或尺寸参数。

"对齐"命令：将一个没有定位的几何元素定位到当前设计环境中已定位的点、线、边等几何元素。其下的"取消对齐"可以将已设定的对齐关系取消。

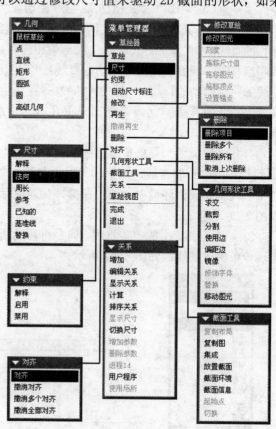

图3-24　草绘器菜单条展开

"几何形状工具"命令：绘制几何线条的辅助工具，如：两个几何元素的交点、修剪或延伸线条、分割几何元素、使用设计环境中已有实体的边、平移设计环境中已有实体的边、将几何线条以一条中心线做镜像、修饰字体、用新的几何线条替换设计环境中已有的几何线条和移动图形元素。

"截面工具"命令：截面工具包括：复制已存在的零件布局图、复制已存在的工程图或其他格式的图、比较两个图的差异、放置以前绘制好的截面图、修改截面绘制环境、获得当时设计环境中截面上特征的信息、设置起始点和在多个 2D 截面上切换。

"关系"命令：设置尺寸间的关系式，提供多种运算所需的数学函数。

下面具体讲述各种元素的设计。

3.6.1　直线

进入"菜单管理器"时，默认选中的是"几何"菜单中的"鼠标草绘"命令，在 2D 设计环境中单击左键就可以绘制直线。

左键单击"几何"菜单中的"直线"命令，出现"线类型"三级菜单，如图 3-25 所示。

在"线类型"三级菜单中提供了"几何"线（实线）和"中心线"（虚线）两种线型的绘制，两者的绘制方式一样。"线类型"提供了 8 种绘制直线的方式，分别是："2 点"、"平行"、"垂直"、"相切"、"2 相切"、"点/相切"、"水平"、"竖直"。

"2 点"方式就是生成一条两点为端点的直线；"平行"方式就是生成一条和已有直线平行的直线；"垂直"方式就是生成一条和已有直线垂直的直线；"相切"方式就是生成一条和已有圆、圆弧、曲线等相切的直线；"2 相切"方式就是生成和两条已有的圆、圆弧、曲线等同时相切的直线；"点/相切"方式就是生成一条通过指定点并和已有的圆、圆弧、曲线等相切的直线；"水平"方式就是生成一个水平的直线；"竖直"方式就是生成一条竖直的直线。

打开"线类型"菜单条时系统默认的选项为"2 点"命令，使用此命令同样也可以在 2D 设计环境中绘制直线，效果和"鼠标草绘"命令的一样。绘制直线的具体步骤如下：

1．在 2D 设计环境中，单击左键，移动鼠标，此时出现一根类似于橡皮筋似的直线，如图 3-26 所示。

2．单击左键，生成一条直线，但是再移动鼠标则在以第二次单击左键的地方为起点又出现一条橡皮筋线，如图 3-27 所示。

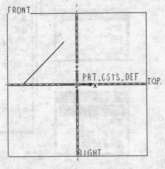
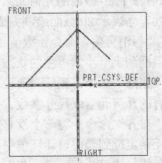

图 3-25　"线类型"菜单条　　　　图 3-26　绘制直线　　　　图 3-27　绘制直线时的橡皮筋线

3．若再次单击左键则又生成一条直线，此时单击鼠标中键，则退出"直线"命令，此时设计环境中只有一条直线，如图3-28所示。

4．左键单击"线类型"菜单条中的"平行"命令，然后用左键单击设计环境中的那条直线，此时直线变成红色。再用单击左键确定所要生成平行直线的起点，此时出现一条平行于原有直线的橡皮筋线，如图3-29所示。

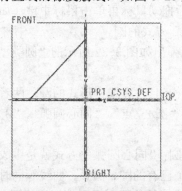

图 3-28 结束直线绘制状态　　　　　　　　　图 3-29 绘制直线的平行线

5．单击左键，则生成一条平行于原有直线的直线。"垂直"命令和"平行"命令类似，在此不再赘述。"相切"、"2 相切"、"点/相切"命令在讲到绘制圆弧时再使用，"竖直"和"水平"命令是生成一条竖直和水平的直线，较简单，在此也不再赘述。

6．左键单击"草绘器"菜单条中的"删除"命令，然后用单击左键拾取设计环境中的那两条直线，将其删除。

3.6.2　矩形

左键单击"草绘器"菜单条中的"草绘"命令，在弹出的"几何"菜单条中单击"矩形"命令，绘制矩形的步骤如下。

1．在当前 2D 设计环境中，单击左键，移动鼠标，此时出现 4 根类似于橡皮筋似的直线，围成一个矩形，如图3-30 所示。

2．单击左键，生成一个矩形，如图3-31 所示。

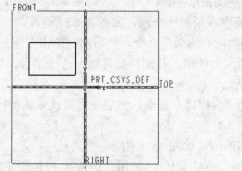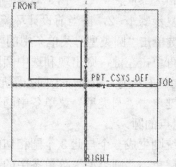

图 3-30 绘制矩形时的橡皮线　　　　　　　　图 3-31 生成矩形

3．左键单击"草绘器"菜单条中的"删除"命令，然后用单击左键一一拾取设计环境中的矩形的 4 条边，将其删除。

3.6.3　圆

左键单击"草绘器"菜单条中的"草绘"命令，当"几何"菜单条中默认选项是"鼠标草绘"命令时，在设计环境中单击鼠标中键，然后拖动鼠标再单击鼠标中键（如果单击左键则取消圆的生成），可以生成一个"圆心＋半径"方式的圆。

左键单击"几何"菜单条中的选项"圆"命令，弹出如图 3-32 所示的"圆类型"菜单条。

同样，系统可以生成"几何"（实线）形式和"构建"（虚线）形式的圆，两者的绘制方式一样。系统提供了 5 种生成圆的方式，分别是："圆心/点"、"同心圆弧"、"3 相切"、"圆角"和"3 点"，系统默认的是"圆心/点"方式。

"圆心/点"方式就是通过圆心和半径生成一个圆；"同心圆弧"方式就是生成一个和已有圆同心的圆；"3 相切"方式就是生成一个和 3 个已有的圆、圆弧、曲线等同时相切的圆；"圆角"方式就是生成除 Splines 曲线或两平行线之外的两个元素之间生成圆角，这两个元素可以是直线、圆、圆弧或曲线；"3 点"方式就是生成由 3 个点定位的圆。

系统默认的是"圆心/点"方式，圆的具体绘制步骤如下所示。

1. 在 2D 设计环境中，单击左键，移动鼠标，此时出现一个随鼠标移动而改变半径的圆，如图 3-33 所示。

2. 单击左键，生成一个圆形，如图 3-34 所示。

　　　　　　　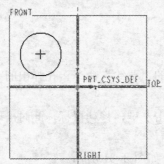　　　　　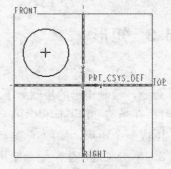

图 3-32 圆类型菜单条　　　　图 3-33 绘制圆时的橡皮筋线　　　　图 3-34 生成圆

3. 重复步骤 1～2，在当前设计环境中在绘制两个圆，如图 3-35 所示。

4. 左键单击"圆类型"菜单条中的"同心圆弧"命令，然后左键单击左下部的圆（确定圆心），再单击左键，则出现和选中圆同心的圆，并随鼠标移动而改变半径，如图 3-36 所示，再次单击左键，生成一个同心圆形。

5. 左键单击"圆类型"菜单条中的"3 相切"命令，然后左键依次单击如图 3-37 所示 3 个带黑点的圆。

6. 系统则生成一个与此 3 个圆相切的圆，如图 3-38 所示。

7. 左键单击"圆类型"菜单条中的"3 点"命令，使用左键依次单击如图 3-39 中所示的 3 个黑点。

8. 系统生成一个 3 个点定位方式的圆，如图 3-40 所示。

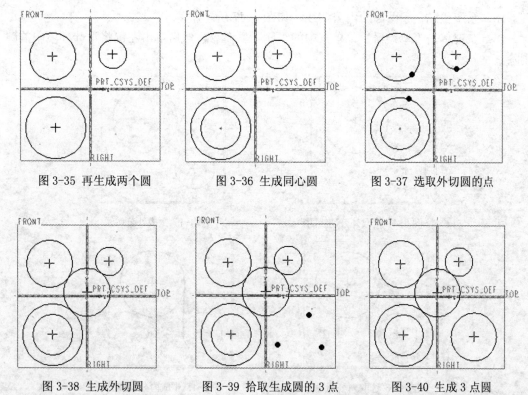

图 3-35　再生成两个圆　　　　　图 3-36　生成同心圆　　　　　图 3-37　选取外切圆的点

图 3-38　生成外切圆　　　　　图 3-39　拾取生成圆的 3 点　　　　　图 3-40　生成 3 点圆

9. "圆类型"菜单条中的"圆角"命令，具体绘制的方法是单击左键选取需要产生圆角的两个元素（直线、圆、弧、样条曲线）即可。单击左键拾取如图 3-41 所示带黑点的两个圆。

10. 系统生成两个圆之间的圆角，如图 3-42 所示。

11. 左键单击"草绘器"菜单条中的"删除"命令，然后用单击左键一一拾取设计环境中的圆，将其删除。左键单击"草绘器"菜单条中的"草绘"命令，保持"几何"菜单条中的"鼠标草绘"命令，使用鼠标中键绘制如图 3-43 所示的两个圆。

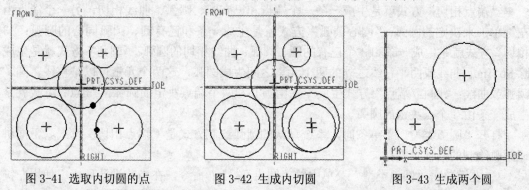

图 3-41　选取内切圆的点　　　　　图 3-42　生成内切圆　　　　　图 3-43　生成两个圆

12. 左键单击"草绘器"菜单条中的"直线"命令，在弹出的"线类型"菜单条中选择"两相切"命令，然后使用左键单击如图 3-44 所示的两圆上两黑点处。

13. 系统生成一条两圆的外公切线，如图 3-45 所示。

14. 再使用左键单击如图 3-46 所示的两圆上两黑点处。

15. 系统生成一条两圆的内公切线，如图 3-47 所示。

16. 左键单击"草绘器"菜单条中的"删除"命令，然后单击左键将设计环境中的圆删除。

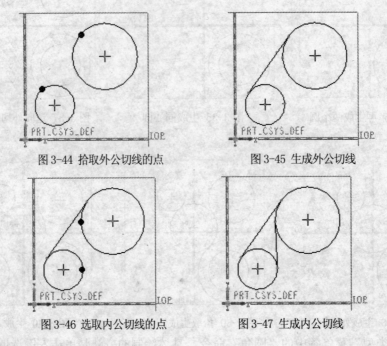

图 3-44 拾取外公切线的点　　　　　图 3-45 生成外公切线

图 3-46 选取内公切线的点　　　　　图 3-47 生成内公切线

3.6.4　圆弧

左键单击"几何"菜单条中的选项"圆弧"命令，弹出如图 3-48 所示的"圆弧类型"菜单条。

系统提供了 6 种绘制圆弧的方式，分别如下："端点相切"、"同心圆弧"、"3 相切"、"圆角"、"圆心/端点"和"3 点"。

"端点相切"方式就是生成一条一个端点和已有圆、圆弧、曲线相切，另一个端点由左键单击来决定的圆弧；"同心圆弧"方式就是生成一条和已有圆、圆弧同心的圆弧；"3 相切"方式就是生成一条和 3 个已有的圆、圆弧、曲线相切的圆弧；"圆角"方式就是生成除 Splines 曲线或两平行线之外的两个元素之间生成圆弧，这两个元素可以是直线、圆、圆弧或曲线；"圆心/端点"方式生成一条由圆心和两个端点决定的圆弧；"3 点"方式就是生成一条由 3 个点决定的圆弧。

打开"圆弧类型"菜单条时，系统默认的圆弧绘制方式是"端点相切"方式。下面讲述圆弧绘制的具体步骤：

1. 左键单击"圆弧类型"菜单中的"圆点/端点"命令，在当前设计环境中使用左键单击一下，此点为圆弧的圆心，然后移动鼠标，在设计环境中在使用左键单击一下，这点为圆弧的起始端点，此时移动鼠标将出现一条橡皮筋似的圆弧，如图 3-49 所示。

2. 单击左键，生成一条圆弧，如图 3-50 所示。

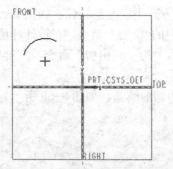

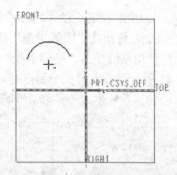

图 3-48　圆弧类型菜单条　　　图 3-49　绘制圆弧时的橡皮筋线　　　图 3-50　生成圆弧

3．左键单击"圆弧类型"菜单中的"端点相切"命令，使用左键单击一下当前设计环境中的圆弧的一个端点，然后移动鼠标，设计环境中出现一条切于已有圆弧的橡皮筋似的圆弧，如图 3-51 所示。

4．单击左键，生成一条切于已有圆弧的圆弧，如图 3-52 所示。

5．左键单击"圆弧类型"菜单中的"3 点"命令，使用左键单击一下当前设计环境，此点为圆弧的起点，然后移动鼠标，在设计环境中再用左键单击一下，此点为圆弧终点，此时移动鼠标，设计环境终将出现一条固定起始点、终点但是半径变化的橡皮筋似的圆弧，如图 3-53 所示。

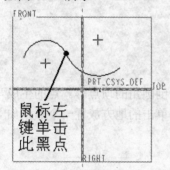

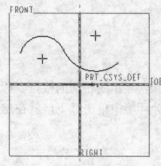

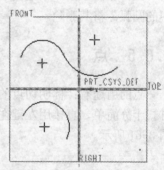

图 3-51　选取圆弧切点　　　图 3-52　生成端点相切类型圆弧　　　图 3-53　绘制 3 点弧时的橡皮筋线

6．单击左键，以"3 点"方式生成一条圆弧，如图 3-54 所示。

7．左键单击"圆弧类型"菜单中的"同心圆弧"命令，使用左键单击一下左下部的圆弧，则此圆弧的圆心为所要生成圆弧的圆心，然后移动鼠标，在设计环境中再用左键单击一下，此点为新生成圆弧起点，此时移动鼠标，设计环境终将出现一条固定圆心、起点，但是终点可变化的橡皮筋似的圆弧，如图 3-55 所示。

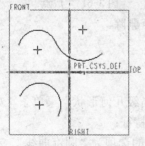

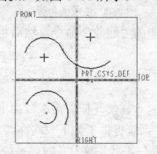

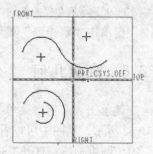

图 3-54　生成 3 点弧　　　图 3-55　绘制同心圆弧时的橡皮筋线　　　图 3-56　生成同心圆弧

8．单击左键，以"同心圆弧"方式生成一条圆弧，如图3-56所示。

9．左键单击"圆弧类型"菜单中的"3点"命令，在设计环境的右下部生成一条圆弧，然后使用左键单击"圆弧类型"菜单中的"3相切"命令，左键依次单击设计环境中如图3-57所示圆弧上的3个黑点处。

10．系统生成一条和3个圆弧相切的圆弧，如图3-58所示。

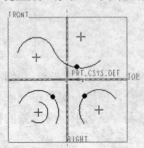 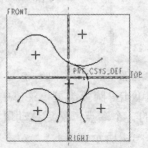

图3-57 选取3相切弧的点   图3-58 生成3相切弧

11．左键单击"圆弧类型"菜单中的"圆角"命令，左键依次单击设计环境中如图3-59所示圆弧上的两个黑点处。

12．系统生成两条弧的圆角，如图3-60所示。

13．左键单击"草绘器"菜单条中的"删除"命令，然后单击左键一一拾取设计环境中的圆弧，将其删除。

3.6.5 点

点的用途有：标明切点的位置、显示线相切的接点、标明倒圆角的顶点等。点的生成方式十分简单，直接用左键在设计环境中单击一下，就在这个单击的地方放置一个点，如图3-61所示。

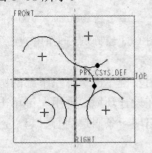 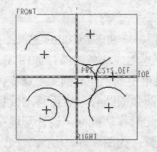 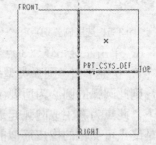

图3-59 选取圆角弧的点   图3-60 生成圆角弧   图3-61 生成点

左键单击"草绘器"菜单条中的"删除"命令，然后将此点删除。

3.6.6 高级几何

左键单击"几何"菜单条中的"高级几何"命令，弹出"高级几何形状"菜单条，如图3-62所示。从图中可以看到，系统提供了如下一些高级几何特征：

1．圆锥曲线：打开"高级几何形状"菜单条时，系统默认的选项为"圆锥曲线"。左键在设计环境中单击一下，此点为圆锥曲线的起点，移动鼠标，左键再单击一下，此点为圆锥曲线的终点，此时移动鼠标，将出现一条橡皮筋似的圆锥曲线，此时再单击左键，确定圆锥曲线的肩点，生成一条圆锥曲线，如图3-63所示。

左键单击"草绘器"菜单条中的"删除"命令，然后将圆锥曲线删除。

2. 坐标系：左键单击"高级几何形状"菜单条中的"坐标系"命令，此命令的使用方式和"点"命令类似，直接用左键在设计环境中单击一下，就在这个单击的地方放置一个坐标系，如图3-64所示。

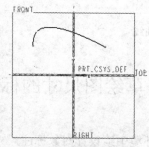

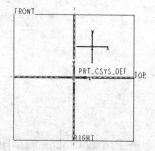

图3-62 "高级几何形状"菜单条　　　图3-63 生成圆锥曲线　　　　　图3-64 生成坐标系

左键单击"草绘器"菜单条中的"删除"命令，然后将坐标系删除。

3. 椭圆倒角：左键单击"几何"菜单条中的"圆弧"命令，在弹出的"圆弧类型"中选取"3点"方式，生成如图3-65所示的两个圆弧。

左键单击"高级几何形状"菜单条中的"椭圆倒角"命令，单击左键选取上面生成的两个圆弧，系统生成一条椭圆倒角，如图3-66所示。

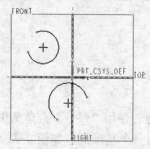

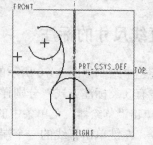

图3-65 生成两3点圆弧　　　　　　　　图3-66 生成椭圆倒角

左键单击"草绘器"菜单条中的"删除"命令，然后将设计环境中的对象删除。

4. 样条：左键单击"高级几何形状"菜单条中的"样条"命令，在设计环境中单击一下左键，此点为样条曲线的起点，然后移动鼠标，再单击左键3次，最后再单击鼠标中键，退出样条命令，此时生成如图3-67所示的一条样条曲线。

左键单击"草绘器"菜单条中的"删除"命令，然后将设计环境中的样条曲线删除。

5. 文本：左键单击"高级几何形状"菜单条中的"文本"命令，此时在工作窗口的消息显示区出现一个"输入文本"编辑框，在此框中输入文件，然后左键单击此框右侧的"确定"命令，此时消息显示区提示在设计环境中框选出一块区域放置这些文件，使用左键在设计环境中确定一块区域后，文本在此区域出现，并且文本的大小随设置的区域的大小而改变，如图3-68所示，单击鼠标中键退出文本输入命令。

左键单击"草绘器"菜单条中的"删除"命令，然后将设计环境中的文本删除。

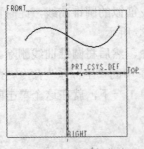

图 3-67　生成样条曲线

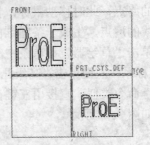

图 3-68　生成文本

3.7　草绘图尺寸的标注

在 Pro/ENGINEER 的草图绘制环境中给设计对象标注尺寸要注意两点:一是要清楚标注出设计对象的定位尺寸,一般是通过基准或其他设计对象定位;二是要清楚标注出设计对象本身的尺寸。

左键单击"草绘器"菜单中的"尺寸"命令,弹出"尺寸"菜单条,如图 3-69 所示。

"尺寸"菜单条默认的标注方式是"法向",除此之外,还提供了"周长"、"参考"标注方式。并且还提供了创建已知图元的尺寸、创建一条纵坐标尺寸基线和用等价尺寸替换尺寸的功能。下面以具体的例子讲述各种特征的尺寸标注。

3.7.1　直线尺寸的标注

在设计环境中绘制如图 3-70 所示的一条直线。

此条直线有 3 类标注方式,分别详述如下。

1. 左键单击"草绘器"菜单条中的"尺寸"命令,使用"尺寸"菜单条中默认的选项"法向"命令,左键单击直线的一个端点,然后单击一个基准面,如图 3-71 所示。

注:除基准面外,基准坐标系也可以作为尺寸标注的基准。

图 3-69　尺寸菜单条

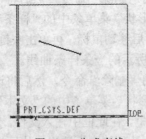

图 3-70　生成直线

图 3-71　选取尺寸标注点

然后再用鼠标中键单击此两点中间的地方,生成如图 3-72 所示的尺寸。

注:此时标注的尺寸并不出现具体的尺寸值,而只是用一个"sd*"来表示(*是流水号),由于这里进入草绘环境的方式是绘制零件截面图的方式,所以尺寸标注完必须使用"再生"命令后,"sd*"才能转换为具体的数值,但是要想"再生"成功,绘制的 2D 截面必须

是封闭的。因此，本节主要讲述尺寸的标注方式，并不进行"再生"，望读者注意。

使用同样的方式，再标注出如图3-73所示的3个尺寸。

这是直线的第一类标注方法。左键单击"草绘器"菜单条中的"删除"命令，然后将设计环境中的尺寸删除。

2. 左键单击"草绘器"菜单条中的"尺寸"命令，使用"尺寸"菜单条中默认的选项"法向"命令，左键单击直线的一个端点，然后左键单击另一个端点，再使用鼠标中键单击直线上侧位置，生成如图3-74所示的一个尺寸。

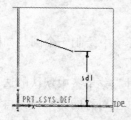
图3-72 生成尺寸标注

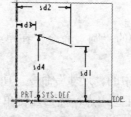
图3-73 生成其他尺寸标注

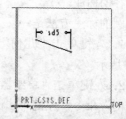
图3-74 生成水平尺寸标注

使用同样的方法，拾取直线的两个端点后，再用鼠标中键单击直线左侧位置，生成如图3-75所示的一个尺寸。再生成如图3-76所示的两个尺寸。

这是直线的第二类标注方法。左键单击"草绘器"菜单条中的"删除"命令，然后将设计环境中的尺寸删除。

3. 左键单击"草绘器"菜单条中的"尺寸"命令，使用"尺寸"菜单条中默认的选项"法向"命令，左键单击直线上任意一点，然后左键单击一个基准面，再用鼠标中键单击两者中间的位置，生成如图3-77所示的一个角度尺寸。

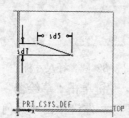
图3-75 生成竖直尺寸标注

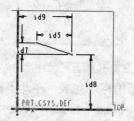
图3-76 生成其他尺寸标注

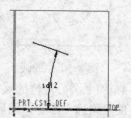
图3-77 生成角度尺寸标注

左键单击"尺寸"菜单条中默认的选项"参考"命令，左键单击直线上任意一点，然后鼠标中键单击直线上侧位置，生成如图3-78所示的直线长度尺寸。

左键单击"尺寸"菜单条中的"法向"命令，再生成如图3-79所示的两个尺寸。

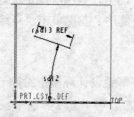
图3-78 生成参考尺寸标注

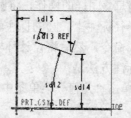
图3-79 生成其他尺寸标注

这是直线的第3类标注方法。左键单击"草绘器"菜单条中的"删除"命令，然后将设计环境中的尺寸及直线删除。

　　注：通过这些标注方式的组合，还可以形成一些别的标注方式，在此不再讲述，读者可以自己思考。草绘图的尺寸标注是非常重要的，望读者好好掌握草绘图的尺寸标注。

3.7.2　圆或圆弧的标注

　　圆和圆弧的定位标注方式和直线类似，在此不再赘述。下面主要讲述圆和圆弧的直径或半径的标注。

　　圆的标注方法是：

　　1．左键单击"几何"菜单条中的"圆"命令，在草绘设计环境中绘制一个圆，如图3-80所示。

　　2．左键单击"草绘器"菜单条中的"尺寸"命令，使用"尺寸"菜单条中默认的选项"法向"命令，左键单击圆周线上任意一点，然后左键单击圆周线上对称的另一点，再使用鼠标中键单击两者中间的位置，生成如图3-81所示的一个直径尺寸。

　　3．按直线的标注方式可以定位圆心，此处不再赘述。左键单击"草绘器"菜单条中的"删除"命令，然后将设计环境中的圆的直径尺寸删除。左键单击"草绘器"菜单条中的"尺寸"命令，使用"尺寸"菜单条中默认的选项"法向"命令，左键单击圆周线上任意一点，再用鼠标中键单击圆周线外的位置，生成如图3-82所示的一个半径尺寸。

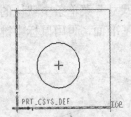　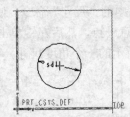　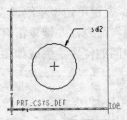

图3-80　生成圆　　　　　　图3-81　圆直径尺寸标注　　　　图3-82　圆半径尺寸标注

　　4．加上圆心定位的尺寸，此圆的标注完成，在此不再赘述。左键单击"草绘器"菜单条中的"删除"命令，然后将设计环境中的圆的半径尺寸及圆删除。左键单击"几何"菜单条中的"圆"命令，在草绘设计环境中的坐标系位置绘制一个圆，如图3-83所示。

　　5．左键单击"草绘器"菜单条中的"对齐"命令，先用左键单击圆心，再用左键单击"TOP"基准面（黑点处），如图3-84所示。

　　6．此时圆心对齐到"TOP"基准面上。对齐操作成功的话在消息显示区会出现"――对齐――"消息。同样的操作，将圆心对齐到"RIGHT"面上，则圆心就定位好了，只要把圆的直径或半径标注上，圆的标注就完成了，此处不再赘述。左键单击"草绘器"菜单条中的"删除"命令，然后将设计环境中的圆删除。

　　圆弧的标注方法是：

　　1．左键单击"几何"菜单条中的"圆弧"命令，在草绘设计环境中绘制一个圆弧，如图3-85所示。

　　2．左键单击"草绘器"菜单条中的"尺寸"命令，使用"尺寸"菜单条中默认的选项"法向"命令，左键单击圆弧线上任意一点，再用鼠标中键单击圆弧线外的位置，生成如

图 3-86 所示的一个半径尺寸。

　　3. 圆弧的标注除半径尺寸外，还需要定位圆弧的圆心和圆弧的两个端点，这些方法上面已经介绍，此处不再赘述。左键单击"草绘器"菜单条中的"删除"命令，然后将设计环境中的圆弧半径尺寸及圆弧删除。

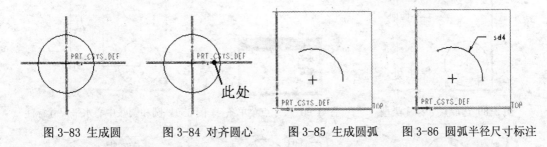

图 3-83 生成圆　　　　图 3-84 对齐圆心　　　　图 3-85 生成圆弧　　　图 3-86 圆弧半径尺寸标注

3.7.3　圆和圆弧的尺寸标注

　　圆和圆弧除了通过基准面定位的标注方式外，还可以通过设计环境中的图素来定位，下面具体讲述圆和圆弧在一起的标注方式。

　　1. 左键单击"几何"菜单条中的"圆"命令，在草绘设计环境中绘制一个圆，再单击"几何"菜单条中的"圆弧"命令，在草绘设计环境中绘制一个圆弧，如图 3-87 所示。

　　2. 左键单击"草绘器"菜单条中的"尺寸"命令，使用"尺寸"菜单条中默认的选项"法向"命令，左键单击圆的圆心，再用左键单击圆弧的圆心，然后使用鼠标中键单击两圆心之间的位置，生成如图 3-88 所示的一个尺寸。

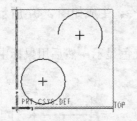　　　　　　　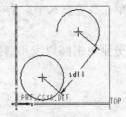

图 3-87 生成圆　　　　　　　　　　图 3-88 圆及圆弧中心尺寸标注

　　3. 左键单击"草绘器"菜单条中的"删除"命令，然后将设计环境中的尺寸删除。左键单击"草绘器"菜单条中的"尺寸"命令，使用"尺寸"菜单条中默认的选项"法向"命令，左键单击圆的圆心，再使用左键单击圆弧的圆心，然后使用鼠标中键单击如图 3-89 所示的位置。

　　4. 系统弹出"尺寸点"菜单条，如图 3-90 所示。此菜单条中，可以标注"水平"、"竖直"和"倾斜"的尺寸，其中第 3 个"倾斜"尺寸就是本小节步骤 2 所标示的尺寸。

　　5. 左键单击"尺寸点"菜单条中的"水平"命令，系统标出两圆心的水平尺寸，如图 3-91 所示。

　　6. 左键单击圆的圆心，再使用左键单击圆弧的圆心，然后使用鼠标中键单击如图 3-92 所示的位置。

　　7. 系统弹出"尺寸点"菜单条，左键单击此菜单条中的"竖直"命令，系统标出两圆心的竖直尺寸，如图 3-93 所示。

8．左键分别单击圆周线和圆弧线，此时两者由红色显示，然后用鼠标中键单击如图 3-94 所示的位置。

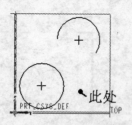

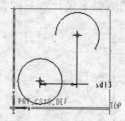

图 3-89 选取尺寸标注类型　　　图 3-90 尺寸点菜单条　　图 3-91 圆和圆弧中心水平尺寸标注

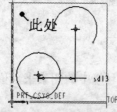

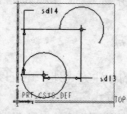

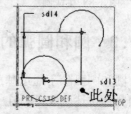

图 3-92 选取尺寸标注类型　　　图 3-93 圆及圆弧竖直尺寸标注　　图 3-94 选取尺寸标注类型

9．系统弹出"弧/点类型"菜单条，如图 3-95 所示。

10．如果需要标注圆心到圆心的尺寸，则左键单击"圆心"命令。圆心的标注上面已经讲述，在此单击左键，选择"相切"命令，系统弹出"竖直水平"菜单条，如图 3-96 所示。

11．左键单击"竖直水平"菜单条中的"水平"命令，生成如图 3-97 所示的水平相切尺寸。

12．左键分别单击圆周线和圆弧线，此时两者由红色显示，然后用鼠标中键单击如图 3-98 所示的位置。

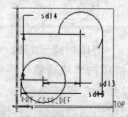

图 3-95 弧/点类型菜单条　　图 3-96 竖直水平菜单条　　图 3-97 圆及圆弧水平相切尺寸标注

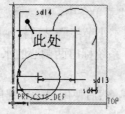

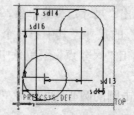

图 3-98 选取尺寸类型　　　　　图 3-99 圆及圆弧竖直相切尺寸标注

13．在弹出的"弧/点类型"中左键单击"相切"命令，再用左键单击"竖直水平"菜单条中的"竖直"命令，生成如图 3-99 所示的相切竖直尺寸。

14．左键单击"草绘器"菜单条中的"删除"命令，然后将设计环境中所有的尺寸、圆及圆弧删除。

3.7.4 圆锥曲线的标注

圆锥曲线的尺寸标注包括：

（1）两端点间的相对位置尺寸；（2）rho 值；（3）两端点的角度。

rho 值的定义如图 3-100 所示。

rho 值用来决定圆锥曲线的种类：

（1）椭圆：0.05<rho<0.5；（2）抛物线：rho=0.5；（3）双曲线：0.5<rho<0.95。

rho 值愈大，则圆锥曲线越尖，反之则愈扁，如图 3-101 所示，左边的圆锥曲线 rho 小，右边的圆锥曲线 rho 大。

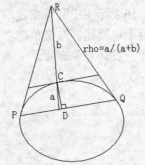

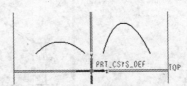

图 3-100 圆锥曲线 rho 的图形表示　　　　　图 3-101 两个 rho 的圆锥曲线的比较

圆锥曲线标注的步骤为：

1．左键单击"几何"菜单条中的"高级几何"命令，弹出"高级几何形状"菜单条中默认的选项为"圆锥曲线"命令。在当前的二维设计环境中绘制如图 3-102 所示的一条圆锥曲线。

2．左键单击"几何"菜单条中的"直线"命令，在弹出的"线类型"命令中选取"中心线"命令，表示将绘制使用虚线表示的中心线，然后使用"竖直"方式绘制如图 3-103 所示的一条竖直的中心线。

注：绘制竖直中心线的方法是直接使用左键单击圆锥曲线的端点即可。

3．同样的操作，在圆锥曲线的另一个端点绘制一条水平的中心线，如图 3-104 所示。

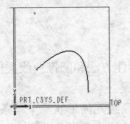
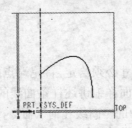
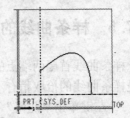

图 3-102 生成圆锥曲线　　　　图 3-103 生成竖直中心线　　　　图 3-104 生成水平中心线

4．左键单击"草绘器"菜单条中的"尺寸"命令，以上面绘制的两条中心线为基准标注圆锥曲线的端点位置尺寸，如图 3-105 所示。

　　5. 左键单击圆锥曲线，然后移动鼠标到图 3-106 所示的位置单击鼠标中键。

　　6. 在设计环境中标注出此圆锥曲线的 rho 值，如图 3-107 所示。

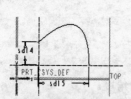 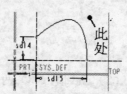 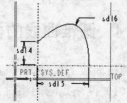

图 3-105 圆锥曲线端点尺寸标注　　图 3-106 圆锥曲线 rho 值的标注　　图 3-107 生成圆锥曲线 rho 尺寸标注

　　7. 此步将标注圆锥曲线端点的角度值，如图 3-108 所示黑点边上的数字表示标注的步骤，其中前 3 步是单击左键，第 4 步是单击鼠标中键。

　　8. 在设计环境中标注出的圆锥曲线一端点的角度值，如图 3-109 所示。

　　9. 重复步骤 7，标注圆锥曲线另一个端点的角度值，标注完成后如图 3-110 所示。

　　10. 圆锥曲线的标注方法上面已经介绍。除此之外，还要标注出圆锥曲线端点的定位尺寸，定位尺寸的标注方法前面已经详细介绍过了，此处不再赘述。左键单击"草绘器"菜单条中的"删除"命令，然后将设计环境中所有的尺寸、设计对象删除。

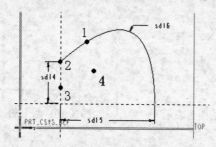

图 3-108　选取 rho 角度标注的点

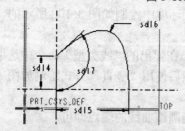 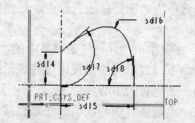

图 3-109　生成圆锥曲线端点角度标注　　　　图 3-110　生成圆锥曲线另一端点角度标注

3.7.5　样条曲线的标注

　　样条曲线首尾两端点的位置尺寸必须给定，首尾端点的角度标注方法和圆锥曲线类似，但是样条曲线的拾取稍有不同，下面详细讲述样条曲线的标注步骤。

　　1. 左键单击"几何"菜单条中的"高级几何"命令，弹出"高级几何形状"菜单条中选取"样条"命令。在当前的二维设计环境中绘制如图 3-111 所示的一条样条曲线。

　　2. 使用"几何"菜单条中的"直线"命令在样条曲线的两端点处绘制两条水平的中心

线，如图 3-112 所示。

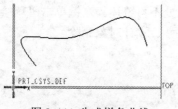 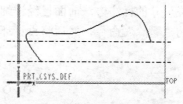

图 3-111 生成样条曲线　　　　　　图 3-112 生成两条水平中心线

3．左键单击"草绘器"菜单条中的"尺寸"命令，左键分别拾取样条曲线的两端点，标注出样条曲线两端点的位置尺寸，如图 3-113 所示。

4．此步将标注样条曲线端点的角度值，如图 3-114 所示黑点边上的数字表示标注的步骤，其中前 4 步是单击左键，第 5 步是单击鼠标中键，第 1、2 步表示在样条曲线上用左键单击两次。

注：在样条曲线上单击左键两次的原因是由于样条曲线由头尾两端点及许多中间点所形成，因此在选取样条曲线时，选第一次会选到中间点，再选一次才会选到样条曲线。

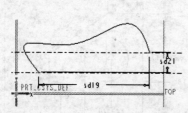 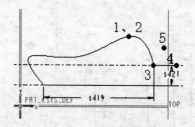

图 3-113 样条曲线端点尺寸标注　　　图 3-114 选取样条曲线端点角度标注点

5．在设计环境中标注出的样条曲线一端点的角度值如图 3-115 所示。

6．重复步骤 4，标注样条曲线另一个端点的角度值，标注完成后如图 3-116 所示。

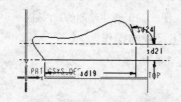 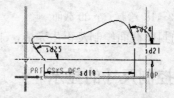

图 3-115 生成样条曲线端点角度标注　　　图 3-116 生成样条曲线另一端点角度标注

7．样条曲线中间点的尺寸标注就是将中间点的位置标注出来。当鼠标落在样条曲线上时，系统将用绿色"×"号显示中间点。中间点位置的标注可以通过中心线、基准面、基准坐标系等特征进行标注，中间点标注后如图 3-117 所示。

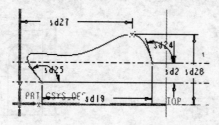

图 3-117 样条曲线中间点尺寸标注

　　8. 样条曲线的标注方法上面已经介绍。除此之外，还要标注出样条曲线端点的定位尺寸，定位尺寸的标注方法前面已经详细介绍过了，此处不再赘述。左键单击"草绘器"菜单条中的"删除"命令，然后将设计环境中所有的尺寸、设计对象删除。

3.8　修改标注

　　在本节中，通过绘制并再生一个封闭的截面，讲述尺寸的显示、尺寸的移动、尺寸值的修改、尺寸值的精度显示等内容。

　　绘制并再生一个封闭截面的步骤如下：

　　1. 在 2D 设计环境中绘制如图 3-118 所示封闭截面，并标注上尺寸。

　　2. 左键单击"草绘器"菜单条中的"再生"命令，此封闭截面再生成功后如图 3-119 所示。

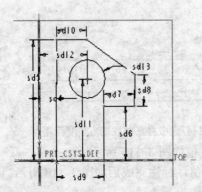

图 3-118　绘制一个 2D 截面

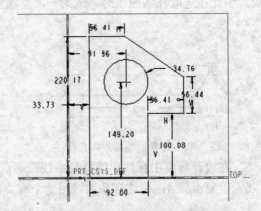

图 3-119　再生绘制的 2D 截面

　　此时的封闭截面绘制及再生完成，下面具体讲述尺寸的操作。

3.8.1　控制尺寸的显示

　　此时设计环境中的 2D 截面如图 3-119 所示。系统的"草绘器"工具条如图 3-120 所示，其命令依次为："切换尺寸显示的开/关"、"切换约束显示的开/关"、"切换栅格显示的开/关"和"切换剖面顶点显示的开/关"。

　　左键单击"切换尺寸显示的开/关 ▦"命令，此时设计环境中 2D 截面如图 3-121 所示。

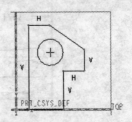

图 3-121　关闭尺寸显示

图 3-120　"草绘器"工具条

再次使用左键单击"切换尺寸显示的开/关 🔳"命令，此时设计环境中的 2D 截面显示出尺寸值，此处不再赘述。

3.8.2   修改尺寸值

设计环境中的 2D 截面再生成功后，"草绘器"菜单条自动选取到"修改"命令，此时"修改草绘"菜单条中默认的选项为"修改图元"命令，如图 3-122 所示。

左键单击当前设计环境中 2D 封闭截面上的圆的半径尺寸，则此尺寸变成红色并且在"消息显示区"中出现一个编辑框，提示"输入一新值"，在此编辑框中输入一个新的尺寸值，然后单击此对话框中的"接受值" ✅命令，再使用鼠标单击"再生"命令，则圆的半径修改为新的尺寸值，如图 3-123 所示。

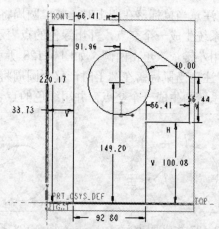

图 3-123 修改圆半径尺寸

图 3-122 修改草绘菜单条

注：修改尺寸值后，设计对象必须"再生"后才能发生变化，可以修改多个尺寸后再使用"再生"命令再生整个设计对象，这样可以提高设计效率。

左键单击"草绘器"菜单条中的"删除"命令，然后将设计环境中所有的尺寸及设计对象删除。

3.9   几何形状工具

左键单击"草绘器"菜单条中的"几何形状工具"命令，弹出"几何形状工具"菜单条，如图 3-124 所示。

在本节中，注要讲述"求交"、"裁减"、"分割"、"镜像"和"移动图元"命令，"使用边"和"偏距边"要用到设计环境中已有图形的边，将在以后介绍。

3.9.1   求交

求交命令就是得到两个相交图元的交点，并且将此两图元都在交点处打断，具体操作步骤如下。

1．在当前设计环境中绘制如图 3-125 所示的两个圆。

2．左键单击"几何形状工具"菜单条中的"求交"命令，然后用左键依次单击两圆，如图 3-126 所示的黑点处。

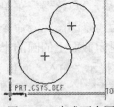

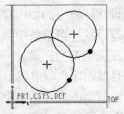

图 3-124　几何形状工具菜单条　　　　图 3-125　生成两个圆　　　　图 3-126　选取两圆

注：注意当鼠标落在圆上时，整个圆周将以绿色表示，此时的圆周还是一个整体。

3．系统生成一个交点，并用绿色的点表示，如图 3-127 所示。

4．用左键依次单击两圆，如图 3-128 所示的黑点处。

注：注意当鼠标落在圆上时，整个圆周将以绿色表示，此时的圆周还是一个整体。

5．系统再生成一个交点，并用绿色的点表示，如图 3-129 所示。

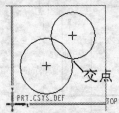

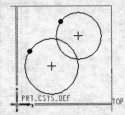

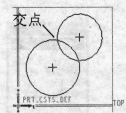

图 3-127　生成两圆交点　　　　图 3-128　拾取两圆　　　　图 3-129　生成两圆另一个交点

注：此时再用鼠标落在圆周上，则部分圆周将以绿色表示，此时的圆周被分成两部分。

6．左键单击"草绘器"菜单条中的"删除"命令，然后将设计环境中的设计对象删除，此时可以看到设计环境中的两个圆周被分为 4 部分。

3.9.2　裁减

裁减命令可以将图元多余部分剪除，或将图元延长到另一个图元，具体操作步骤如下：

1．在当前设计环境中绘制如图 3-130 所示的 3 条直线。

2．左键单击"几何形状工具"菜单条中的"裁减"命令，然后用左键依次单击两条直线，如图 3-131 所示的黑点处。

3．系统裁减掉两直线多余的部分，如图 3-132 所示。

4．再用左键依次单击两条直线，如图 3-133 所示的黑点处，注意黑点边上标出点击的顺序。

5．系统延长一条直线到指定直线，并裁减掉另一条直线多余的部分，如图 3-134 所示。

6．左键单击"草绘器"菜单条中的"删除"命令，然后将设计环境中的设计对象依次删除。

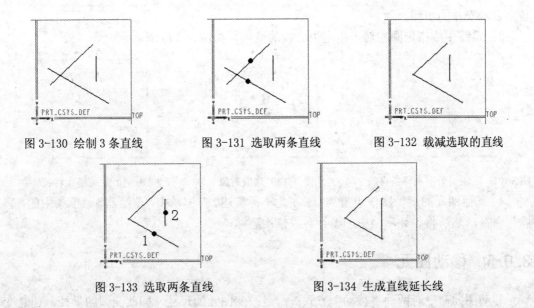

图 3-130 绘制 3 条直线　　　图 3-131 选取两条直线　　　图 3-132 裁减选取的直线

图 3-133 选取两条直线　　　　　　图 3-134 生成直线延长线

3.9.3　分割

分割命令就是将指定图元在左键单击点处分割，具体操作步骤如下。

1．在当前设计环境中绘制一条直线，如图 3-135 所示。

2．左键单击"几何形状工具"菜单条中的"分割"命令，然后用左键单击直线，如图 3-136 所示的黑点处。

3．系统在左键单击处生成一个断点，将直线分为两部分，如图 3-137 所示，分割点用绿色表示。

4．其他图元的分割操作也是类似，在此不再赘述。左键单击"草绘器"菜单条中的"删除"命令，然后将设计环境中的设计对象依次删除。

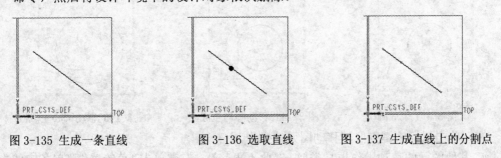

图 3-135 生成一条直线　　　图 3-136 选取直线　　　图 3-137 生成直线上的分割点

3.9.4　镜像

镜像命令就是选取一个图元，以某条中心线为镜像轴线，生成此图元对称于镜像轴线的另一个图元，镜像操作具体步骤如下：

1．在设计环境中绘制如图 3-138 所示的一个圆及一条中心线。

2．左键单击"几何形状工具"菜单条中的"镜像"命令，再用左键单击圆，再用左键单击中心线，然后鼠标中键单击中心线另一侧，如图 3-139 所示，黑点表示鼠标单击处，数字表示操作的步骤。

3．系统生成指定圆相对于指定中心线的镜像，如图3-140所示。

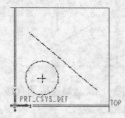
图3-138　生成一个圆及一条直线

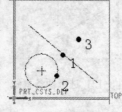
图3-139　选取对象

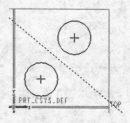
图3-140　生成镜像特征

4．其他图元的镜像操作也是类似，在此不再赘述。左键单击"草绘器"菜单条中的"删除"命令，然后将设计环境中的设计对象依次删除。

3.9.5　移动图元

移动图元命令有两种"移动"方式：一是改变图元的尺寸，如改变圆的半径，使之变大或变小，或是移动直线的端点，使直线变长或变短，并移动直线的端点等；二是只移动图元，并不改变其尺寸大小。移动图元操作具体步骤如下。

1．在设计环境中绘制如图3-141所示的圆。

2．左键单击"几何形状工具"菜单条中的"移动图元"命令，再用左键单击圆周，此时圆周用红色表示，移动鼠标，随鼠标移动出现一个橡皮筋似的圆，如图3-142所示，单击左键，生成一个新半径值的圆。

注：单击鼠标中键则取消移动图元的操作。

3．左键单击圆心，此时圆周用红色表示，移动鼠标，选中的圆随鼠标移动而移动，如图3-143所示，单击左键，将圆移到一个新的位置。

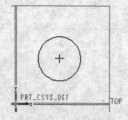

图3-141　生成圆

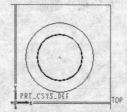
图3-142　移动圆周生成圆

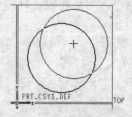
图3-143　移动圆心生成圆

注：单击鼠标中键则取消移动图元的操作。

4．其他图元的移动操作也是类似，在此不再赘述。左键单击"草绘器"菜单条中的"删除"命令，然后将设计环境中的设计对象依次删除。

3.10　系统几何约束

2D截面绘制并标注尺寸后，要进行"再生"操作，进行截面外形尺寸的重新计算，以检查所有的尺寸和关系，若截面尺寸合理并且关系完整，则再生成功。

当一个截面进行再生时，系统会自动检测所有的几何元素及所给的尺寸，若有未作尺寸的几何元素，系统就会依照本身的假设去计算各几何元素的位置及尺寸（自动对齐），如果系统假设的部分（含尺寸标注位置）并非所需的限制条件，则可以在绘制截面时，加大各几何元素的差异，使得再生不会去使用这些假设条件，比如，一条直线绘制的近似于水平，系统往往将认为其为水平，因此可以修改一下此直线，使之不再近似于水平，则系统就不会再认为此直线为水平。

3.10.1　系统几何约束基础知识

Pro/ENGINEER系统中，有如下一些几何约束：

1．水平或竖直线：接近水平或竖直的线会被视为水平线或竖直线。系统以符号"H"表示水平线，以符号"V"表示竖直线。

2．平行或垂直线：若两条线接近平行或垂直则被视为平行线或垂直线。系统以符号"∥"表示平行线，以符号"⊥"表示垂直线。

3．相切：一图素如果几何与一圆弧相切，则被认为相切。系统以符号"T"表示相切。

4．相等半径：两个圆或圆弧如果半径几乎相等，则被认为相等半径。系统用符号"R*"表示相等半径，"*"表示流水号。

5．中心线对齐：两个圆或圆弧的中心点如果接近水平或竖直对齐，则被认为水平对齐或竖直对齐。系统以符号"－－"表示水平对齐或竖直对齐。

6．点位置自动对齐：如果一个点（或圆心）的位置接近某一个元素，则此点被认为位于该元素上。系统用符号"-O-"表示点位置自动对齐。

7．等长：如果两直线几乎等长，则被认为等长。系统用符号"Li"表示等长。

8．相等半径：两圆或弧的半径接近相等，则视为等半径。系统用符号"R*"表示相等半径，"*"表示流水号。

9．中心线两侧对称：两类似元素间如果有接近等距离的中心线，则被认为对称。系统用符号"－＞＜－"表示中心线两侧对称。

3.10.2　几何约束的显示

系统的"草绘器"工具条中有"切换约束显示的开/关 ⌐⌐"命令，此命令控制几何约束的显示与关闭。

此命令的使用和"切换尺寸显示的开/关 ⌐⌐"命令类似，在此不再赘述，读者可以自己单击此命令，观察设计环境的显示效果。

3.10.3　约束菜单条

左键单击"草绘器"菜单条中的"约束"命令，系统弹出"约束"菜单条，如图3-144所示。

"约束"菜单条中的命令依次为："解释"、"启用"和"禁用"，具体应用步骤如下：

1．在当前设计环境中绘制两条近似平行和相等的直线，如图 3-145 所示。

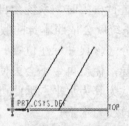

图 3-144　约束菜单条　　　　　　　　　　　图 3-145　生成两条直线

2．左键单击"草绘器"菜单条中的"约束"命令，此时设计环境中的两条直线上出现如图 3-146 所示的约束符号。

3．左键单击"约束"菜单条中的"解释"命令，然后用左键单击设计环境中的"∥"符号，则在消息显示区中显示"● 加亮直线平行"消息，并且设计环境中的"∥"符号和两直线用红色表示。

4．左键单击"约束"菜单条中的"启用"命令，表示要启用某对特征的约束符号，选取此符号后，这一对符号变成红色表示。

5．左键单击"约束"菜单条中的"禁用"命令，表示要禁用某对特征的约束符号，选取此符号后，这一对符号变成红色并且其上加上一个红色"/"，如图 3-147 所示。

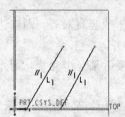

图 3-146　给两直线添加平行约束　　　　　　图 3-147　禁用两直线的平行约束

6．几何约束就介绍到此，望读者在以后的 2D 截面绘制时多注意这些约束，合理利用这些约束，可以大大提高设计的效率。左键单击"草绘器"菜单条中的"删除"命令，然后将设计环境中的设计对象依次删除。

3.11　实例

上面讲述的都是第二种方法进入草图绘制环境，即在"零件"设计环境下，左键单击"右工具箱"中"基准"工具条中的"草绘工具" 命令，进入 2D 截面的绘制。以下这两个实例，使用第一种方法进入草图绘制环境，即使用左键单击"文件"工具条的"创建新对象" 命令，在弹出的"新建"对话框中选取"草图"单选按钮，左键单击"新建"对话框中的"确定"命令，进入 2D 草图绘制环境。Pro/ENGINEER 系统的 2D 草绘图文件的后缀为".sec"。在 2D 草图绘制环境中设计的"*.sec"文件，可以在"零件"设计环境中作为截面引入。以下这两个实例就是先绘制两个 2D 截面，作为以后零件设计的 2D 截面。

注：二维草绘环境进入的具体方法详见本章第 2 节。

3.11.1　气缸杆 2D 截面图

气缸杆的 2D 截面图绘制步骤如下：

1. 使用第一种方法进入 2D 设计环境，注意在"新建"对话框中输入文件名为"qgg"，进入 2D 设计环境后，左键单击"草绘"菜单条中的"目的管理器"命令，将目的管理器关闭。

2. 在 2D 设计环境中绘制如图 3-148 所示的截面，注意只是大致绘制一个截面。

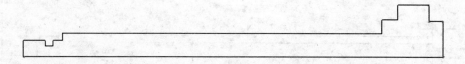

图 3-148　粗略绘制 2D 截面

3. 给当前设计环境中的 2D 截面标注上如图 3-149 所示的尺寸。

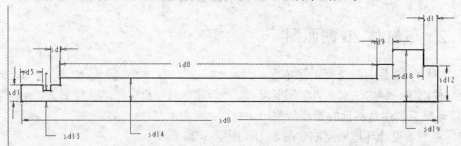

图 3-149　标注 2D 截面尺寸

4. 左键单击"草绘器"菜单条中的"再生"命令，设计环境中的 2D 截面再生后如图 3-150 所示。

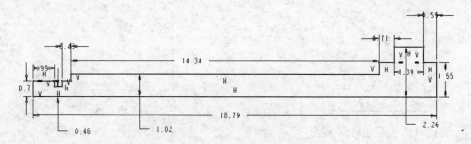

图 3-150　再生 2D 截面

注：注意"再生"后的 2D 截面图上的约束符号。

5. 使用左键依次拾取各个尺寸值，将其值修改，修改后的尺寸值如图 3-151 所示。

注：图中不易看清的尺寸在其上用括号中的数字标识出。

6. 左键单击"草绘器"菜单条中的"再生"命令，设计环境中的 2D 截面再生后如图 3-152 所示。

7. 左键单击"草绘器"菜单条中的"完成"命令，设计环境中的 2D 截面设计完成。左键单击工具条上的"保存 ⊡"命令，将设计环境中的 2D 截面保存，文件名为"qgg.sec"，然后左键单击"窗口"菜单条中的"关闭"命令，关闭当前设计环境。

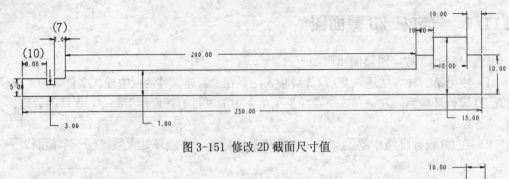

图 3-151　修改 2D 截面尺寸值

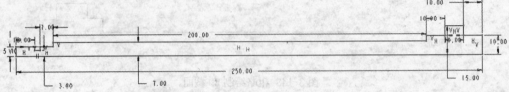

图 3-152　再生修改尺寸值后的 2D 截面

3.11.2　气缸体 2D 截面图

气缸体的 2D 截面图绘制步骤如下。

1．使用第一种方法进入 2D 设计环境，"新建"对话框中输入文件名为"qgt"，进入 2D 设计环境后，注意将目的管理器关闭。

2．在当前设计环境中绘制如图 3-153 所示的 2D 截面。

3．给当前设计环境中的 2D 截面标注上如图 3-154 所示的尺寸。

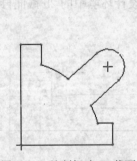

图 3-153　绘制粗略 2D 截面

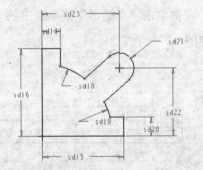

图 3-154　标注 2D 截面尺寸

4．左键单击"草绘器"菜单条中的"再生"命令，设计环境中的 2D 截面再生后如图 3-155 所示。

5．使用左键依次拾取各个尺寸值，将其值修改，修改后的尺寸值如图 3-156 所示。

注：图中不易看清的尺寸在其上用括号中的数字标识出。

6．左键单击"草绘器"菜单条中的"再生"命令，设计环境中的 2D 截面再生后如图 3-157 所示。

7．在当前设计环境中的标注的尺寸为"32"的两条直线删除，然后在大圆圆心位置绘制一条竖直中心线和一条水平中心线，使用"几何形状工具"菜单条中的"镜像"命令，分别以刚才绘制的中心线为镜像对称轴做当前设计对象的镜像，镜像后的设计环境中的对象如图 3-158 所示。

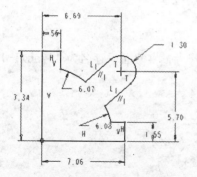

图 3-155 再生 2D 截面尺寸

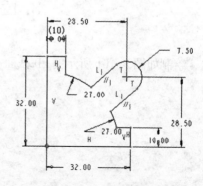

图 3-156 修改 2D 截面尺寸

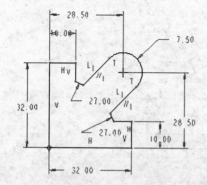

图 3-157 再生修改尺寸后的 2D 截面

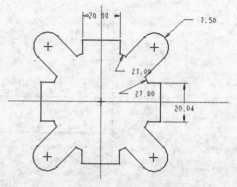

图 3-158 生成截面镜像

8．在当前设计环境中的对象上添加 4 个尺寸，如图 3-159 所示。

9．左键单击"草绘器"菜单条中的"再生"命令，设计环境中的 2D 截面再生后如图 3-160 所示。

10．左键单击"草绘器"菜单条中的"完成"命令，设计环境中的 2D 截面设计完成。左键单击工具条上的"保存 🖫"命令，将设计环境中的 2D 截面保存，文件名为"qgt.sec"，然后左键单击"窗口"菜单条中的"关闭"命令，关闭当前设计环境。

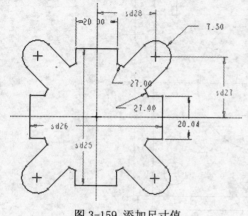

图 3-159 添加尺寸值

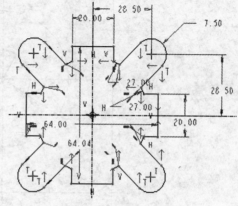

图 3-160 再生 2D 截面

3.12   上机实验

1. 绘制如图 3-161 所示的 2D 截面，并且标注尺寸，将截面保存名为"lianxi-1.sec"文件。

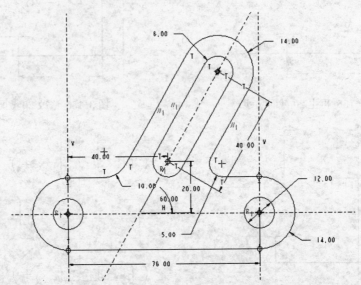

图 3-161 实验图 1

操作提示：使用到的命令有中心线、直线、圆、圆弧和在两图元间创建一个圆角等。

2. 绘制如图 3-162 所示的 2D 截面，并且标注尺寸，将截面保存名为"lianxi-2.sec"文件。

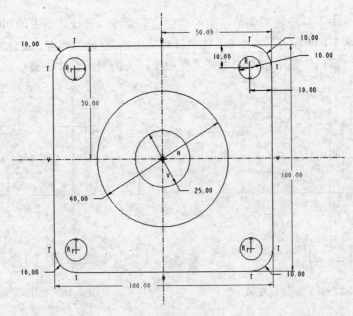

图 3-162 实验图 2

操作提示：使用到的命令有中心线、圆、矩形、在两图元间创建一个圆角和镜像等。

3. 绘制如图 3-163 所示的 2D 截面，并且标注尺寸，将截面保存名为"lianxi-3-sec"文件。

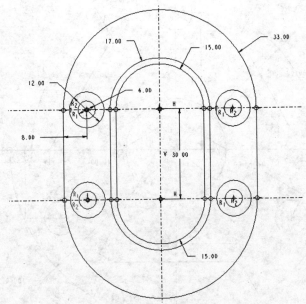

图 3-163 实验图 3

操作提示：使用到的命令有中心线、圆弧、直线、圆和镜像等。

4. 绘制如图 3-164 所示的 2D 截面，并且标注尺寸，将截面保存名为"lianxi-4.sec"文件。

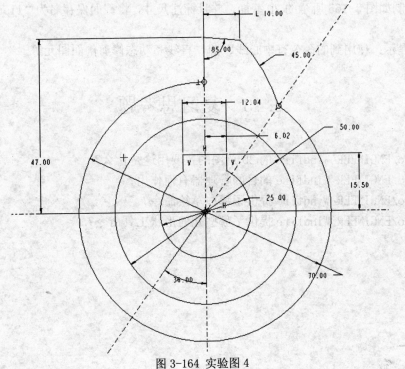

图 3-164 实验图 4

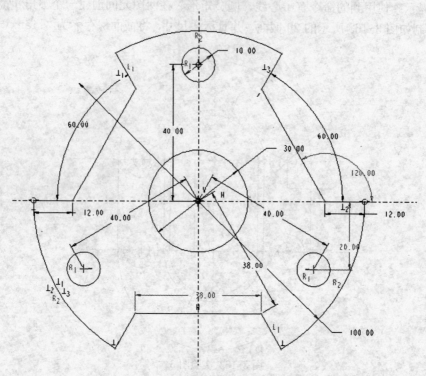

图 3-165 实验图 5

　　操作提示：使用到的命令有中心线、圆、直线、圆弧和在动态修剪剖面图元等。

　　5. 绘制如图 3-165 所示的 2D 截面，并且标注尺寸，将截面保存名为"lianxi-5.sec"文件。

　　操作提示：使用到的命令有中心线、圆、直线和动态修剪剖面图元等。

3.13　复习思考题

1. Pro/ENGINEER Windfire 的 2D 草图的主要用途是什么？
2. Pro/ENGINEER Windfire 的目的管理器有何作用？
3. Pro/ENGINEER Windfire 提供了哪些草绘命令？
4. Pro/ENGINEER Windfire 提供了哪些几何形状工具命令？

第 4 章　基准特征

本章导读

基准（Datum）是建立模型的参考，在 Pro/ENGINEER 系统中，基准虽然不属于实体（Solid）或曲面（Surface）特征，但是它也是特征的一种。基准特征的主要用途是作为 3D 对象设计的参考或基准数据：比如要在平行于某个面的地方生成一个特征，就可以先生成这个平行某个面的基准面，然后在这个基准面上生成特征；还可以在这个特征上再生成其他特征，当这个基准面移动时，这个特征及在这个特征上生成的其他特征也相应的移动。

知识重点

1. 基准面的用途、创建、方向及基准面的显示控制。
2. 基准轴的用途、创建、及基准轴的显示控制。
3. 基准点的用途、创建及基准点的显示控制。
4. 基准曲面的用途、创建。
5. 基准坐标系的用途、创建、及基准坐标系的显示控制。

4.1　基准平面

本小节主要讲述基准平面的用途、创建、方向及基准面的显示控制。

4.1.1　基准平面的用途

基准平面在设计环境中是一个无限大的平面，其用符号"DIM*"标识，其中"*"表示流水号。基准平面的用途主要有 5 种，详述如下：

1. 尺寸标注参考。系统进入"零件"设计环境时，设计环境中默认存在 3 个相互垂直的基准平面，分别是"Front"面（前面）、"Right"面（右面）和"Top"面（顶面），如图 4-1 所示。

在尺寸标注时，如果可选择零件上的面或通过原先建立的基准平面来标注尺寸，则最好选择原先建立的基准平面，因为这样可以减少不必要的父子特征关系。

2. 确定视向。3D 实体的视向需通过两个相互垂直的面才能确定，基准面恰好可以成为决定 3D 实体视向的平面。

3. 绘图平面。建立 3D 实体时常常需要绘制 2D 剖面，如果建立 3D 实体时在设计环境中没有适当的绘图平面可供使用，则可以建立基准平面作为 2D 剖面的绘图平面。

　　4．装配参考面。零件在装配时可以利用平面来进行装配，因此，可以使用基准平面作为装配参考面。

　　5．产生剖视图。如图需要显示 3D 实体的内部结构，需要定义一个参考基准面，利用此参考基准面来剖此 3D 实体，得到一个剖视图。

4.1.2　基准平面的创建

　　基准平面的建立方式有两个，详述如下。

　　1．直接创建：直接创建的基准平面在设计环境中永久存在，此面可以重复用于其他特征的创建。直接创建的基准平面在辅助其他特征创建时非常方便，但是，如果这种在设计环境中永久存在的基准平面太多，屏幕上的过多的基准面会影响设计人员的设计。

　　直接创建基准平面的方法是：左键单击"基准"工具条中的"基准平面工具" □ 命令，系统弹出"基准平面"对话框，如图 4-2 所示。

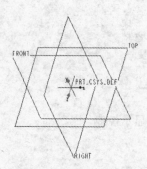

图 4-1　系统默认基准平面

图 4-2　基准平面对话框

　　"基准平面"对话框中默认打开的时"放置"属性页，此属性页决定基准平面的放置位置。在这里，使用左键单击"Front"面，此时的设计环境中的"Front"基准平面被红色和黄色的线加亮，并且出现一个黄色的箭头，如图 4-3 所示，其中黄色箭头代表基准平面的正向。

　　此时的"基准平面"对话框的"放置"属性页如图 4-4 所示。

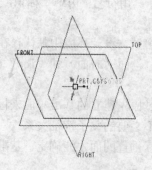

图 4-3　选取草绘平面

图 4-4　基准平面放置属性页

　　左键单击"参照"编辑框中的"偏移"项，系统弹出一个列表框，如图 4-5 所示。

　　在此列表框中可以看到，新建基准平面的方式除了"偏移"外，还有"穿过"、"平行"和"法向"。"偏移"方式是新建基准平面与某一平面或坐标系平行但偏移一段距离；"穿过"方式是新建的基准平面必须穿过某轴、平面的边、参考点、顶点或圆柱面；"平行"方式是新建的基准平面必须与某一平面平行；"法向"方式是新建的基准平面和某一轴、平面的边或平面垂直。

　　左键单击"放置"属性页中下拉列表框的"偏移"选项，然后在"平移"下拉框中输入数字"50"，左键单击"基准平面"对话框中的"确定"命令，在设计环境中生成一个沿"Front"面正向偏移"50"的新基准平面，此平面的名为"DTM1"，如图 4-6 所示。

图 4-5　选取放置类型

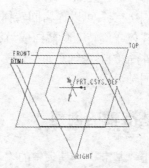

图 4-6　生成新基准平面

　　"基准平面"对话框中的"显示"属性页中可以切换偏移的方向，"属性"属性页中可以设定新基准平面的名称，读者可以自己切换到这两个属性页，观察一下这两个属性页的功能。

　　2．间接创建：在设计 3D 实体特征时，如果设计环境中没有合适的基准面可供使用，可以在实体特征设计时创建基准平面，所以此基准平面又叫临时性基准面，它并不是永久存在于设计环境中，当这个 3D 实体特征设计完成后，此基准平面和所创建的 3D 实体成为一个组，临时基准面就不再在当前设计屏幕上显示。使用间接创建的基准面的好处是不会因为屏幕上基准面太多而影响设计人员的设计，建议读者在以后的设计中多使用临时性基准面。

　　临时性基准面的创建和使用将在后面的 3D 实体设计时详细介绍。

4.1.3　基准平面的方向

　　Pro/Engineer 系统中基准面有正向和负向之分。同一个基准面有两边，一边用黄色的线框显示，表示这是 3D 实体上指向实体外的平面方向，即正向。另一边用红色线框显示，表示平面的负向。当使用基准面来设置 3D 实体的方向是，需要确定基准面正向所指的方向。

4.1.4　基准平面的显示

　　通过"基准显示"工具条中的"基准平面开/关 ☑"命令可以控制设计环境中的基准面的显示，在此不再详述，读者可以自己观察此命令的使用效果。

4.2　基准轴

本小节主要讲述基准轴的用途、创建及基准轴的显示控制。

4.2.1　基准轴的用途

基准轴用黄色中心线表示，并用符号"A_*"标识，其中"*"表示流水号。基准轴的用途主要有两种，详述如下。

1. 作为中心线。可以作为回转体，如圆柱体、圆孔和旋转体等特征的中心线。拉伸一个圆成为圆柱体或旋转一个截面成为旋转体时会自动产生基准轴。

2. 同轴特征的参考轴。如果要使两特征同轴，可以对齐这两个特征的中心线，就确保这两个特征同轴。

4.2.2　基准轴的创建

左键单击"基准"工具条中的"基准轴工具 ╱ "命令，系统弹出"基准轴"对话框，如图 4-7 所示。

"基准轴"对话框中默认打开的时"放置"属性页，此属性页决定基准轴的放置位置。在当前设计环境中有一个长方体，左键单击此长方体的顶面，此时长方体的"Front"顶面被红色加亮并在左键单击处出现一条垂直于顶面的基准轴，此轴有 3 个控制手柄，如图 4-8 所示，

注：长方体的生成可以参考第 5 章，长方体的生成方式是最基本的拉伸特征方式。

此时的"基准轴"对话框的"放置"属性页如图 4-9 所示。

图 4-7 基准轴对话框

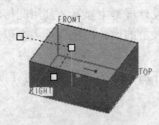

图 4-8 放置轴在长方体顶面

图 4-9 选取基准轴参照

左键单击"参照"编辑框中的"法向"项，系统弹出一个列表框，如图 4-10 所示。

在此列表框中可以看到，新建基准轴的方式除了"法向"外，还有"穿过"。"法向"方式是新建的基准轴和某一平面垂直；"穿过"方式是新建的基准轴必须穿过某参考点、顶点或面。

左键单击"放置"属性页中下拉列表框的"法向"选项，然后将鼠标落在新建轴的一个操作柄上，此操作柄变成黑色，如图 4-11 所示。

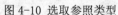

图 4-10 选取参照类型

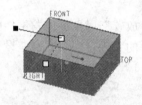

图 4-11 选取轴的操作柄

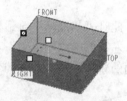

图 4-12 移动轴的操作柄

按住左键，拖动选定的操作柄，落在长方体的一条边上，如图 4-12 所示。

松开左键,此时设计环境中拖动到边的操作柄和轴之间出现一个尺寸,如图 4-13 所示。

此时"基准轴"对话框中的"放置"属性页如图 4-14 所示。

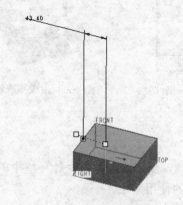

图 4-13 显示轴放置尺寸

图 4-14 "基准轴"对话框

同样的操作，将新建轴的另一个操作柄拖到长方体的另一条边上，此时的设计环境上又出现一个尺寸，如图 4-15 所示。

此时"基准轴"对话框中的"放置"属性页如图 4-16 所示，从图中可以看到，"确定"命令此时为可点击状态。

左键双击设计环境中的尺寸，尺寸值变为可编辑状态，如图 4-17 所示。

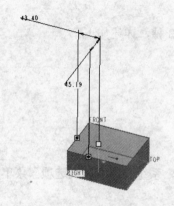

图 4-15 放置基准轴的另一个操作柄

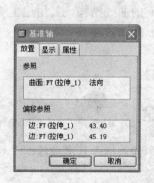

图 4-16 基准轴"放置"属性页

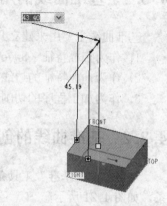

图 4-17 修改基准轴放置尺寸

在下拉编辑框中输入数字"70"，按键盘"回车"键。

同样的操作,将另一尺寸值改为"70",此时设计环境中新建轴的位置如图 4-18 所示。

此时"基准轴"对话框中的"放置"属性页也发生相应的变化,如图 4-19 所示。

左键单击"基准轴"对话框中的"确定"命令,在设计环境中生成一条垂直于长方体顶面的新基准轴,此轴的名为"A_1",如图 4-20 所示。

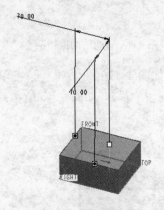

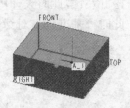

图 4-18 移动基准轴   图 4-19 基准轴"放置"属性页   图 4-20 生成基准轴

4.2.3 基准轴的显示

通过"基准显示"工具条中的"基准轴开/关" 命令可以控制设计环境中的基准轴的显示,在此不再详述,读者可以自己观察此命令的使用效果。

4.3 基准曲线

本小节主要讲述基准曲线的用途、创建。

4.3.1 基准曲线的用途

基准曲线主要用来建立几何的曲线结构,其用途主要有 3 种,详述如下:

1. 作为扫描特征(Sweep)的轨迹线。
2. 作为曲面特征的边线。
3. 作为加工程序的切削路径。

4.3.2 基准曲线的创建

左键单击"基准"工具条中的"插入基准曲线 ～"命令,系统弹出"曲线选项"菜单条,如图 4-21 所示。

从"曲线选项"菜单条中可以看到,创建曲线的方式有 4 种,分别是:

1．经过点：创建一条通过指定点的曲线（或直线）。

2．自文件：创建一条来自文件的曲线。Pro/Engineer 可以接受
的文件格式有"IGES"、"SET"和"VDA"等。

3．使用剖截面：以剖面的边来创建一条新曲线。

4．从方程：使用方程式来创建一条新曲线。

图 4-21 曲线选项菜单条

左键单击"退出"命令，退出曲线的创建。曲线的创建将在后面详细介绍。

4.4 基准点

本节主要讲述基准点的用途、创建、基准点的显示控制以及通过基准点创建基准曲线。

4.4.1 基准点的用途

基准点大多用于定位，基准点用符号"PNT*"标识，其中"*"表示流水号。基准点的
用途主要有 3 种，详述如下：

1．作为某些特征定义参数的参考点。

2．作为有限元分析网格上的施力点。

3．计算几何公差时，指定附加基准目标的位置。

4.4.2 基准点的创建

左键单击"基准"工具条中的"基准点工具" ⚹ 命令右侧的"展开" ▸ 命令，系统弹
出如图 4-22 所示的工具条。

此工具条上的命令从左至右依次为：基准点工具、草绘的基准点工具、偏移坐标系基
准点工具和域基准点工具，下面详述这 4 个创建新基准点命令的使用方法。

左键单击"基准点工具" ⚹ 命令，系统弹出"基准点"对话框，如图 4-23 所示。

图 4-22 基准工具条　　　　　　图 4-23 "基准点"对话框

"基准点"对话框中默认打开的是"放置"属性页，此属性页决定基准点的放置位置。
在当前设计环境中有一个长方体，左键单击此长方体的顶面，在点击处出现一个基准点，

此点有 3 个控制手柄，如图 4-24 所示。

此时的"基准点"对话框的"放置"属性页如图 4-25 所示。

从图上可以看到，"基准点"对话框中的"确定"命令是不可用状态，表示此时新建的基准点还未定位好。左键单击"参照"编辑框中的"在…上"项，系统弹出一个列表框，如图 4-26 所示。

在此列表框中可以看到，新建基准点的方式除了"在其上"外，还有"偏移"。"在其上"方式是新建的基准点就在平面上；"偏移"方式是新建的基准点以指定距离偏移选定的平面。

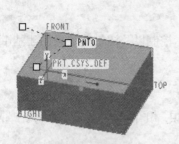

图 4-24 放置基准点

图 4-25 基准点放置属性页

左键单击"放置"属性页中下拉列表框的"在其上"选项，然后将鼠标落在新建基准点的一个操作柄上，此操作柄变成黑色，如图 4-27 所示。

图 4-26 选取基准点参照类型

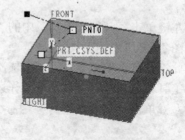

图 4-27 选取基准点操作柄

按住左键，拖动选定的操作柄，落在长方体的一条边上，松开左键，此时设计环境中拖动到边的操作柄和新建基准点之间出现一个尺寸，如图 4-28 所示。

同样的操作，将新建基准点的另一个操作柄拖到长方体的另一条边上，此时的设计环境上又出现一个尺寸，如图 4-29 所示。

此时"基准点"对话框中的"放置"属性页也发生相应的变化，如图 4-30 所示。

左键双击设计环境中的尺寸，尺寸值变为可编辑状态，在下拉编辑框中输入数字"70"，按键盘"回车"键。同样的操作，将另一尺寸值改为"70"，此时设计环境中新建基准点的位置如图 4-31 所示。

此时"基准点"对话框中的"放置"属性页如图 4-32 所示，从图中可以看到，"确定"命令此时为可点击状态。

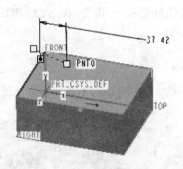

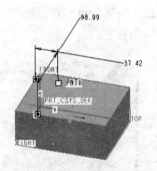

图 4-28 移动基准点操作柄　　　　　　　　图 4-29 移动基准点另一个操作柄

左键单击"基准点"对话框中的"确定"命令，在设计环境中生成一个新的基准点，此点的名为"PNT0"，如图 4-33 所示。

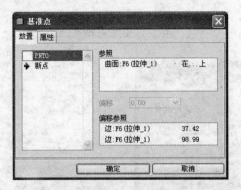

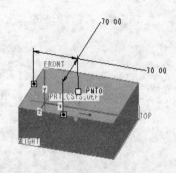

图 4-30 基准点"放置"属性页　　　　　　　图 4-31 修改基准点放置尺寸

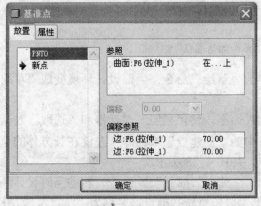

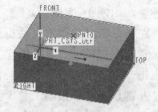

图 4-32 基准点"放置"属性页　　　　　　　　图 4-33 生成基准点

使用"基准点工具" ×× 命令新建基准点的步骤如上所示，下面接着讲述"草绘的基准点工具" ▦ 命令新建基准点的步骤。

左键单击"基准点工具" ×× 命令，系统弹出"草绘的基准点"对话框，如图 4-34 所示。

"草绘的基准点"对话框中默认打开的时"放置"属性页，此属性页决定基准点的放置位置。左键单击当前设计环境中的"Front"面的标签，此时"Front"面和"Right"面被红边加亮，如图 4-35 所示。

此时"草绘的基准点"对话框的"放置"属性页如图 4-36 所示，此时对话框中的"草绘"命令为可用状态。

图 4-34 "草绘的基准点"对话框   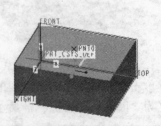

图 4-35 选取基准点放置位置

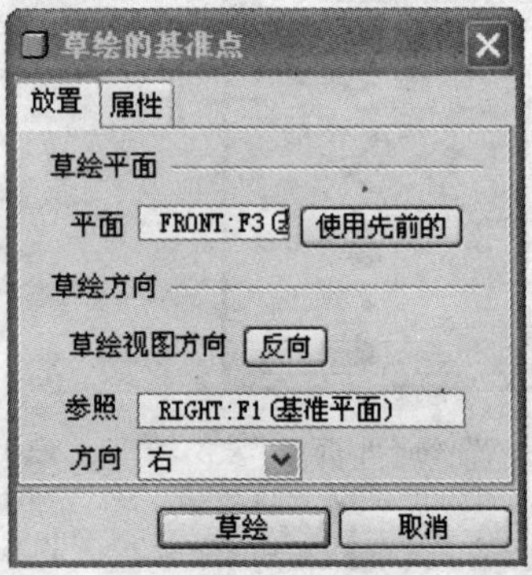

图 4-36 "草绘的基准点"对话框

左键单击"草绘的基准点"对话框中的"草绘"命令，当前设计环境变成"草绘"设计环境，如图 4-37 所示。

左键单击"参照"对话框中的"关闭"命令，将"参照"对话框和"选取"对话框关闭，然后左键单击"草绘器工具"工具条中的"创建点" × 命令，左键在长方体的草绘面上点击一下，生成一个带有标注尺寸的点，如图 4-38 所示。

左键单击"草绘器工具"工具条中的"继续当前部分" ✔ 命令，转动当时设计环境中的长方体，可以看到在"Front"基准面上生成一个新基准点，名称为"PNT1"，如图 4-39 所示。

使用"草绘基准点工具" ⬚ 命令新建基准点的步骤如上所示，下面接着讲述"偏移坐标系基准点工具" ×̽ 命令新建基准点的步骤。

左键单击"偏移坐标系基准点工具" ×̽ 命令，系统打开"偏移坐标系基准点"对话框，如图 4-40 所示。

"偏移坐标系基准点"对话框中默认打开的是"放置"属性页，此属性页决定基准点的放置位置。左键单击当前设计环境中的默认坐标系"PRT_CSYS_DEF"，此时坐标系用红色加亮，如图 4-41 所示。

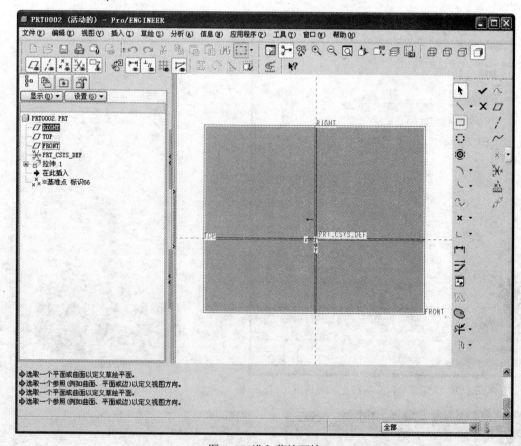

图 4-37 进入草绘环境

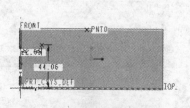

图 4-38 绘制基准点

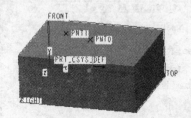

图 4-39 生成基准点

此时的"偏移坐标系基准点"对话框的"放置"属性页如图 4-42 所示。

左键单击"名称"下面的那一栏，此时"偏移坐标系基准点"对话框的"放置"属性页如图 4-43 所示。

此时设计环境中的长方体上出现 3 个尺寸，如图 4-44 所示。

左键单击"偏移坐标系基准点"对话框的"放置"属性页中"X 轴"下面的"0.00"项，此时这一项为可编辑状态，输入数值"20"，同样的操作，将"Y 轴"和"Z 轴"下面的项都输入数值"20"，如图 4-45 所示。

此时设计环境中的长方体上的 3 个尺寸也发生一致的变化，如图 4-46 所示。

左键单击"偏移坐标系基准点"对话框中的"确定"命令，系统生成一个新的基准点，名称为"PNT2"，如图 4-47 所示。

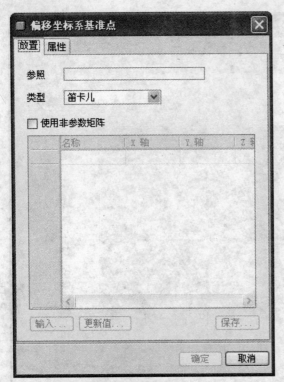

图 4-40 "偏移坐标系基准点"对话框（1）

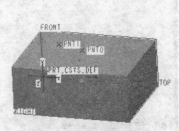

图 4-41 选取参照坐标系

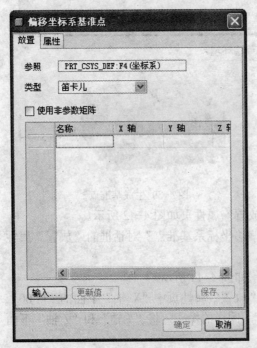

图 4-42 "偏移坐标系基准点"对话框（2）

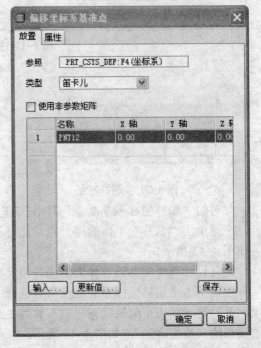

图 4-43 设置基准点偏移距离

    使用"偏移坐标系基准点工具" ✕ 命令新建基准点的步骤如上所示，下面接着讲述"域基准点工具" ⬚ 命令新建基准点的步骤。

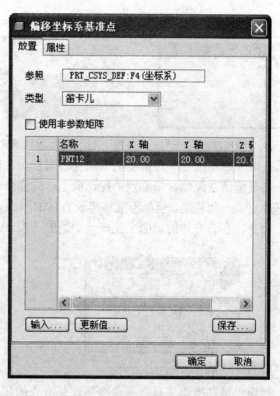

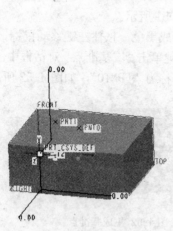

图 4-44 创建基准点　　　　　　　　　图 4-45 偏移坐标系基准点对话框

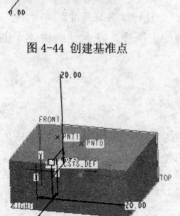

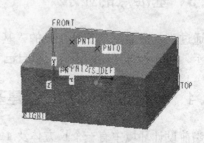

图 4-46 设定基准点偏移距离　　　　　　　图 4-47 生成基准点

左键单击"域基准点工具" 命令，系统打开"域基准点"对话框，如图 4-48 所示。

"域基准点"对话框中默认打开的时"放置"属性页，此属性页决定基准点的放置位置。将鼠标落在当前设计环境中长方体的最前面上，此面被绿色加亮并且鼠标变成一个绿色的"×"号，如图 4-49 所示。

将鼠标移动到当前设计环境中长方体的顶面，此时顶面将被绿色加亮并且鼠标变成绿色"×"号，此时长方体最前面的绿色加亮被取消。观察设计环境的"消息显示区"，可以看到，此时的提示为：选取一个参照（例如曲线、边、曲面或面组）以放置点。此处的参照指的就是"域"，新建基准点只能落在某个域上。

左键单击当前设计环境中长方体的顶面，此时顶面被红色加亮，并且左键点击处出现一个临时的基准点"FPNT0"，此临时基准点有一个操作柄，如图 4-50 所示。

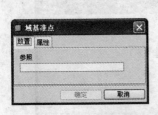
图 4-48　"域基准点"对话框

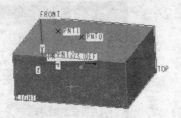
图 4-49　选取基准点放置位置

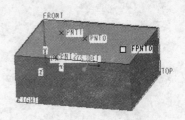
图 4-50　生成临时基准点

此时"域基准点"对话框的"放置"属性页如图 4-51 所示。

将鼠标落在此临时基准点的操作柄上，此操作柄变成黑色。按住左键移动鼠标，此临时基准点也一起移动，但是不能移出长方体的顶面。左键单击"域基准点"对话框中的"确定"命令，在长方体的顶面上生成一个新的基准点，名称为"FPNT0"，如图 4-52 所示。

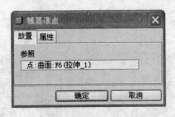
图 4-51　域基准点对话框

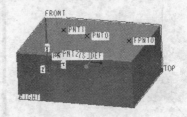
图 4-52　生成基准点

使用"域基准点工具" ⵁ 命令新建基准点的步骤如上所述。在此详细讲述了创建基准点的 4 种方式，每种方式各有特点，望读者掌握。

4.4.3　基准点的显示

通过"基准显示"工具条中的"基准点开/关" ⽘ 命令可以控制设计环境中的基准点的显示，在此不再详述，读者可以自己观察此命令的使用效果。

4.4.4　"通过点"方式创建基准曲线

当前设计环境中有一个长方体及 4 个基准点，在此使用"通过点"方式来创建一条基准曲线。

左键单击"基准"工具条中的"插入基准曲线" ～ 命令，在弹出的"曲线选项"菜单条中默认选取的是"通过点"命令，左键单击"曲线选项"菜单条中的"完成"命令，系统弹出"曲线：通过点"对话框、"连结类型"菜单条和"选取"对话框，分别如图 4-53～图 4-55 所示。

使用左键依次单击设计环境中的"PNT1"、"PNT0"和"FPNT0"3 个基准点，此时这 3 个基准点被红色加亮并生成一条蓝色的样条曲线，如图 4-56 所示。

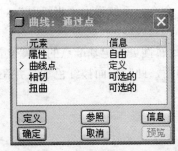

图 4-53 "曲线：通过点"对话框　　图 4-54 "连结类型"菜单条　图 4-55 "选取"对话框

　　左键单击"连结类型"菜单条中的"完成"命令，然后再用左键单击"曲线：通过点"对话框中的"确定"命令，系统生成一条通过选定 3 个基准点的样条曲线，此样条曲线用蓝色表示，为能清楚看到这条曲线，将基准点的显示关闭，此时设计环境中的设计对象如图 4-57 所示。

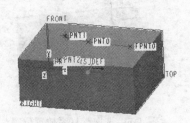

图 4-56 选取创建基准曲线的点　　　　　　图 4-57 生成基准曲线

　　注：长方体在实体状态显示下，其内部的基准曲线无法显示出来。

　　基准曲线的其他生成方式将在以后讲述。

4.5　基准坐标系

　　本小节主要讲述基准坐标系的用途、创建及基准坐标系的显示控制。

4.5.1　基准坐标系的用途

　　基准坐标系用符号"CS*"标识，其中"*"表示流水号。基准坐标系的用途主要有 4 种，详述如下：

　　1. 零部件的装配时，如要用到"坐标系重合"的装配方式，需用到基准坐标系。

　　2. IGES、FEA 和 STL 等数据的输入与输出都必须设置基准坐标系。

　　3. 生成 NC 加工程序时必须使用基准坐标系作为参考。

4. 进行重量计算时必须设置基准坐标系以计算重心。

4.5.2 基准坐标系的创建

左键单击"基准"工具条中的"基准坐标系工具 ✳"命令，系统弹出"坐标系"对话框，如图 4-58 所示。

"坐标系"对话框中默认打开的是"原始"属性页，此属性页决定基准点的放置位置。在当前设计环境中有一个长方体，左键单击此长方体的顶面，此时顶面被红色加亮并在鼠标点击处出现一个基准坐标系，如图 4-59 所示。

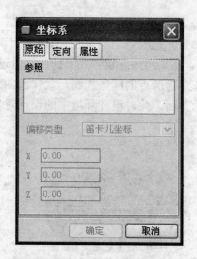

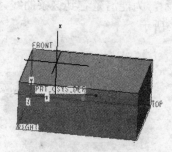

图 4-58 "坐标系"对话框   图 4-59 选取坐标系放置位置

此时的"坐标系"对话框的"原始"属性页如图 4-60 所示。

左键单击当前设计环境种默认的坐标系"PRT_CSYS_DEF"，此时设计环境中出现新建坐标系偏移默认坐标系的 3 个偏移尺寸值，如图 4-61 所示。

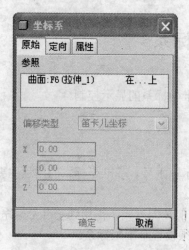

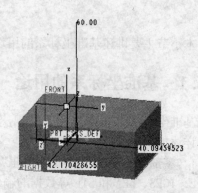

图 4-60 "坐标系"对话框   图 4-61 显示坐标系偏移尺寸

此时的"坐标系"对话框的"原始"属性页如图 4-62 所示。

可以在"原始"属性页中的"X"、"Y"和"Z"编辑框中直接输入新建坐标系偏移默认坐标系的偏移值,也可以使用左键双击设计环境中的坐标值进行偏移值的修改,在此不再赘述。将"X"、"Y"和"Z"都设为"60",然后左键单击"坐标系"对话框中的"确定"命令,系统生成一个新基准坐标系,名称为"CS0",如图 4-63 所示。

可以通过"坐标系"对话框中的"定向"属性页,可以设定坐标系轴的方向,"属性"属性页中可以设定坐标系的名称。"原始"属性页中的偏移类型还有"柱坐标"和"球坐标"等偏移类型,读者可以切换到这些内容看一看。

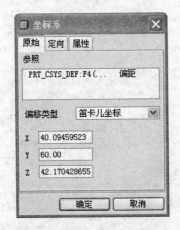

图 4-62 坐标系"原始"属性页

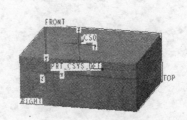

图 4-63 生成基准坐标系

4.5.3 基准坐标系的显示

通过"基准显示"工具条中的"坐标系开/关 ⚏"命令可以控制设计环境中的基准坐标系的显示,在此不再详述,读者可以自己观察此命令的使用效果。

4.6 上机实验

1. 练习基准面的创建。
2. 练习基准轴的创建。
3. 练习基准点的创建。
4. 练习基准曲线的创建。
5. 练习基准坐标系的创建。

4.7 复习思考题

1. 请说明基准面的用途。

2. 请说明基准轴的用途。

3. 请说明基准点的用途。

4. 请说明基准曲线的用途。

5. 请说明基准坐标系的用途。

第 5 章　基础特征设计

本章导读

Pro/ENGINEER 中常用的基础特征包括拉伸、旋转、扫描和混合。除此之外，还有作为实体建模时参考的基准特征，如基准面、基准轴、基准点、基准坐标系等。Pro/ENGINEER 不但是一个以特征造型为主的实体建模系统,而且对数据的存取也是以特征作为最小单元。Pro/ENGINEER 创建的每一个零件都是由一串特征组成，零件的形状直接由这些特征控制，通过修改特征的参数就可以修改零件。

知识重点

本章主要介绍如下几点：

1. 介绍 Pro/ENGINEER Windfire 基础特征造型的基本概念。
2. 介绍 Pro/ENGINEER Windfire 的拉伸特征设计。
3. 介绍 Pro/ENGINEER Windfire 的旋转特征设计。
4. 介绍 Pro/ENGINEER Windfire 的扫描特征设计。
5. 介绍 Pro/ENGINEER Windfire 的混合特征设计。

5.1　基本概念

特征造型和参数化设计是 Pro/ENGINEER 的基本特点，详细介绍如下。

5.1.1　特征造型

特征造型是 CAD 技术的一大飞跃。通过特征造型，使用者不再需要面对复杂且乏味的点、线和面了，可以直接进行特征造型建模。Pro/ENGINEER 中常用的基础特征包括拉伸、旋转、扫描和混合。除此之外，还有作为实体建模时参考的基准特征，如基准面、基准轴、基准点、基准坐标系等。Pro/ENGINEER 不但是一个以特征造型为主的实体建模系统，而且对数据的存取也是以特征作为最小单元。Pro/ENGINEER 创建的每一个零件都是由一串特征组成，零件的形状直接由这些特征控制，通过修改特征的参数就可以修改零件。

5.1.2　参数化设计

最初的 CAD 系统所构造的产品模型都是几何图素（点、线、圆等）的简单堆叠，仅仅描述了设计产品的可视形状，不包含设计者的设计思想，因而难以对模型进行改动，生成新的产品实例，参数化的设计方法正是解决这一问题的有效途径。

通常，参数化设计是指零件或部件的形状比较定型，用一组参数约束该几何图形的一组结构尺寸序列，参数与设计对象的控制尺寸有显式对应，当赋予不同的参数序列值时，就可以驱动达到新的目标几何图形，其设计结果是包含设计信息的模型。参数化为产品模型的可变性、可重用性、并行设计等提供了手段，使用户可以利用以前的模型方便地重建模型，并可以在遵循原设计意图的情况下方便地改动模型，生成系列产品，大大提高了生产效率。参数化概念的引入代表了设计思想上的一次变革，即从避免改动设计到鼓励使用参数化设计修改设计。

Pro/ENGINEER 提供了强大的参数化设计功能。配合 Pro/ENGINEER 的单一数据库，所有设计过程中使用的尺寸（参数）都存在数据库中，设计者只需更改 3D 零件的尺寸，则 2D 工程图（Drawing）、3D 组合（Assembly）、模具（Mold）等就会依照尺寸的修改做几何形状的变化，以达到设计修改工作的一致性，避免发生人为改图的疏漏情形，且减少许多人为改图的时间和精力消耗。也正因为有参数化的设计，用户才可以运用强大的数学运算方式，建立各尺寸参数间的关系式（Relation），使得模型可自动计算出应有的外型，减少尺寸逐一修改的繁琐费时，并减少错误发生。

5.2　拉伸特征

本节主要介绍拉伸特征的基本概念、创建步骤和编辑操作。

5.2.1　拉伸特征简介

拉伸（Extrude）特征：指定的 2D 截面沿垂直于 2D 截面的方向生成的三维实体。

5.2.2　拉伸特征的创建

拉伸特征的创建方式有两种：一是先使用左键单击"草绘工具" ⊠ 命令，绘制完 2D 截面后，再使用左键单击"拉伸工具" ⊡ 命令，完成拉伸特征的创建；二是先使用左键单击"拉伸工具" ⊡ 命令，然后选取一个 2D 截面或使用左键单击"草绘工具" ⊠ 命令绘制一个 2D 截面，完成拉伸特征的创建。本小节将详细介绍这两种创建方式，本章介绍的草图绘制过程使用"目的管理器"工具。

注：草图绘制过程中是否使用"目的管理器"工具的最大区别在于：使用"目的管理器"工具，2D 截面图的尺寸由系统自动标注，不使用"目的管理器"工具，2D 截面的尺寸由使用者自己标注。不使用"目的管理器"工具绘制 2D 截面图的方法详见本书第 3 章"草图绘制"。

第一种拉伸特征创建方式步骤：

1. 打开 Pro/ENGINEER 系统，新建一个"零件"设计环境。左键单击"草绘工具" ⊠ 命令，系统弹出"草绘"对话框，如图 5-1 所示。

2.左键单击"FRONT"面的标签"FRONT",将这个面设为草绘面,此时系统默认将"RIGHT"面设为参照面,此时的"草绘"对话框如图 5-2 所示。

3. 左键单击"草绘"对话框中的"草绘"命令,进入草图绘制环境。左键单击"草绘器工具"工具条中的"创建矩形"  命令,然后在草绘设计环境中绘制一个矩形,此时矩形的尺寸由系统自动标注上,如图 5-3 所示。

4. 左键单击"草绘器工具"工具条中的"选取项目" 命令,退出绘制矩形命令,左键双击矩形上的一个尺寸,此尺寸变为可编辑状态,如图 5-4 所示。

5. 在尺寸编辑框中输入尺寸值"200.00",然后按键盘"回车"键,可以看到矩形大小随尺寸值动态改变,尺寸修改后的矩形如图 5-5 所示。

图 5-1 草绘对话框

图 5-2 选取草绘面及参照面

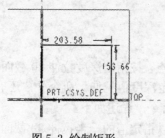

图 5-3 绘制矩形

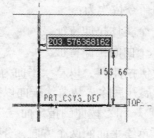

图 5-4 修改矩形尺寸

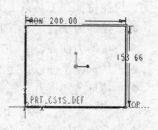

图 5-5 矩形再生

6. 同样的操作,将矩形的另一个尺寸修改为"150",尺寸修改后的矩形如图 5-6 所示。

7. 截面绘制完成后,左键单击"草绘器工具"工具条中的"继续当前部分" 命令,退出草绘环境,进入零件设计环境,此时草绘截面用红色线表示,如图 5-7 所示。

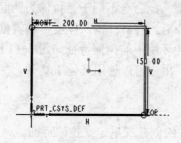

图 5-6 修改另一个尺寸

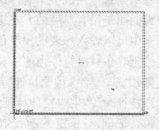

图 5-7 生成拉伸截面

8. 左键单击"基础特征"工具条中的"拉伸工具" 命令,则上一步绘制的 2D 草绘图将作为此拉伸特征的 2D 截面，如图 5-8 所示，图中特征中心处的尺寸表示拉伸的深度，也就是拉伸特征的拉伸长度。

9．左键双击拉伸深度尺寸，然后输入尺寸值"100.00"，按"回车"键，此时拉伸深度修改为"100.00"。左键单击"拉伸特征"工具条中的"建造特征"✓命令，系统完成拉伸特征的创建。旋转并缩放当前设计环境中的拉伸特征，拉伸特征如图 5-9 所示。

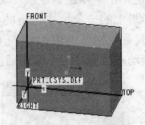

图 5-8　生成拉伸预览体　　　　　　　　　　图 5-9　生成拉伸特征

10．"拉伸特征"工具条如图 5-10 所示。

图 5-10　"拉伸特征"工具条

"拉伸特征"工具条上面的命令依次为：

● 拉伸为实体□：生成一个实体拉伸特征。

● 拉伸为曲面◻：生成一个曲面拉伸特征。

● 从草绘平面以指定深度值拉伸⊥：以草绘平面为起点，按指定深度拉伸 2D 截面。

● 拉伸方式展开按钮▼：展开后除"从草绘平面以指定深度值拉伸"命令外，还有两个命令，"双向拉伸 ⊟"和"拉伸到指定面⊥"命令，详述如下。

● 双向拉伸 ⊟：沿垂直于草绘平面的两个方向，分别以指定值的一半拉伸 2D 截面。

● 拉伸到指定面⊥：以草绘平面为起点，拉伸到指定的面。

● 拉伸深度尺寸输入框76.29：输入拉伸特征的深度。

● 更改拉伸方向✕：切换拉伸特征的拉伸方向。

● 去除材料◿：拉伸特征为减材料，此命令在已有实体特征上生成减料特征时才可以使用。

● 加厚草绘⊏：生成一个有厚度的拉伸框架。此命令不同于"拉伸为曲面"命令，因为曲面是没有厚度的。左键单击此命令后，打开"输入厚度"编辑框，在此编辑框中可以输入想要的厚度值，此时设计环境中的拉伸特征如图 5-11 所示。

● 暂停工具条▮▮：暂停当前工具条的使用，用户可以使用其他工具条。

● 几何预览☑60°：预览拉伸特征的生成效果。

● 建造特征✓：生成拉伸特征。

● 取消特征创建/重定义✕：取消拉伸特征的创建或重定义拉伸特征。

第二种拉伸特征创建方式步骤：

1．左键单击"基础特征"工具条中的"拉伸工具"⬭命令，此时系统要求选取一个 2D 截面或重新绘制一个 2D 截面。若是直接选取"特征树"浏览器中的已有草绘，则直接生成一个拉伸体；若是要重新绘制一个 2D 截面，则左键单击"草绘工具" 命令，系统打开"草绘"对话框，如图 5-12 所示。

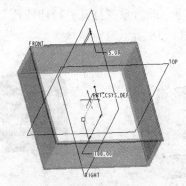

图 5-11 加厚特征预览体

图 5-12 草绘对话框

2．如何进入草绘环境及拉伸截面的操作和第一种拉伸特征的创建方式一样，在此不再赘述。

5.2.3 拉伸特征的编辑

鼠标右键单击"模型树"浏览器中的"拉伸"特征，弹出快捷菜单，如图 5-13 所示。

从上面的快捷菜单可以看到，可以对拉伸特征进行删除、组、隐含、重命名、编辑、编辑定义以及阵列等多项操作。下面着重讲述"编辑"和"编辑定义"命令的操作。

"编辑"命令使用步骤：

1．左键单击快捷菜单条中的"编辑"命令，此时设计环境中的拉伸体的边被红色加亮并且尺寸也显示出来，如图 5-14 所示。

2．左键双击尺寸值"200.00"，此尺寸值变成可编辑状态，如图 5-15 所示。

3．输入新尺寸值"150.00"，然后按键盘"回车"键，此时尺寸值变成"150.00"，并用绿色加亮表示，但是拉伸体并没有随之发生变化，如图 5-16 所示。

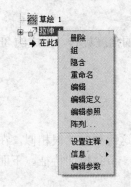

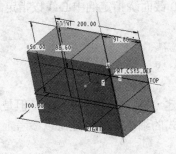

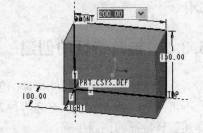

图 5-13 快捷菜单条　　　图 5-14 编辑长方体特征　　　图 5-15 修改长方体尺寸

4．左键单击当前设计环境的"编辑"菜单条中的"再生" <!-- icon -->命令，设计环境中的拉伸体形状发生改变，如图 5-17 所示。

5．同样的操作，可以修改拉伸体的其他尺寸，在此不再赘述。

"编辑定义"命令使用步骤：

1．左键单击快捷菜单条中的"编辑定义"命令，此时系统打开"拉伸特征"工具条，并且设计环境中的拉伸体也回到待编辑状态，如图5-18所示。

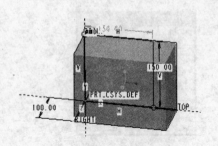
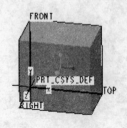
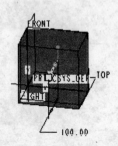

图5-16 尺寸修改效果预览　　　　图5-17 再生长方体特征　　　　图5-18 编辑长方体特征

2．通过"拉伸特征"工具条，可以重新设定拉伸体的拉伸类型，方向，深度等，方法和创建拉伸特征时的方法一样，在此不再赘述。重新定义完成后，左键单击"建造特征" ☑命令，重新生成拉伸特征；或者单击"取消特征创建/重定义" ✕命令，设计环境中的拉伸特征不发生任何改变。

3．鼠标右键单击"模型树"浏览器中的"拉伸"特征，在弹出快捷菜单中选取"删除"命令，将设计环境中的拉伸体删除，关闭当前设计窗口。

5.3　旋转特征

本节主要介绍旋转特征的基本概念、创建步骤和编辑操作。

5.3.1　旋转特征简介

旋转（Revolve）特征：指定的2D截面绕指定的中心线按指定的角度旋转，生成的3D实体。

5.3.2　旋转特征的创建

旋转特征的创建和拉伸特征的创建一样，也有两种方式，但是这两种方式很相似，在此不再区分，读者要想知道这两种方式的细微差别之处可以参考上一节：拉伸特征。下面详述旋转特征的创建步骤。

1．在Pro/ENGINEER系统中新建一个"零件"设计环境。左键单击"草绘工具" ◿命令，系统弹出"草绘"对话框，选取"FRONT"基准面为绘图平面，使用系统默认的参考面，进入草图绘制环境，在设计环境中绘制如图5-19所示的2D截面。

2．左键单击"草绘器工具"工具条中的"创建两点线" ◿命令右侧的"展开▶"按钮，在弹出的工具条中单击"创建两点中心线"！命令，在当前草图绘制环境中绘制一条竖直中心线，如图 5-20 所示。

3. 左键单击"草绘器工具"工具条中的"继续当前部分" ✔命令，退出草绘环境，进入零件设计环境，如图 5-21 所示。

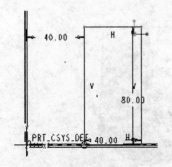
图 5-19　绘制旋转截面

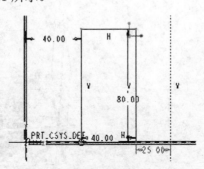
图 5-20　绘制旋转中心轴

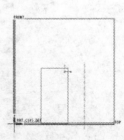
图 5-21　生成旋转截面及轴

4. 左键单击"草绘器工具"工具条中的"旋转工具"✛命令，此时系统以 360° 旋转出一个预览旋转体，并同时打开"旋转特征"工具条，如图 5-22 所示。

注：将当时设计环境中的特征旋转一下，以便于观察。

5. 将"旋转特征"工具条中的角度值改为"270"，此时设计环境中的预览旋转体如图 5-23 所示。

6. 左键单击"建造特征"☑命令，生成旋转特征，如图 5-24 所示。

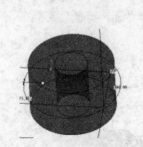
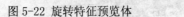
图 5-22　旋转特征预览体

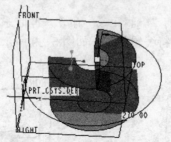
图 5-23　修改旋转角度

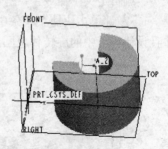
图 5-24　生成旋转特征

7. "旋转特征"工具条如图 5-25 所示。

图 5-25　"旋转特征"工具条

"旋转特征"工具条中的命令许多和"拉伸特征"工具条中的命令基本类似，如"旋转成实体"□、"旋转成曲面"▢、"切换旋转方向"╱等，在此不再赘述。

5.3.3　旋转特征的编辑

鼠标右键单击"模型树"浏览器中的"旋转"特征，弹出快捷菜单，如图 5-26 所示。从上面的快捷菜单看到，可以对旋转特征进行删除、成组、隐藏、重命名、编辑、编辑定义以及阵列等多项操作。下面着重讲述"编辑"和"编辑定义"命令的操作。

"编辑"命令：

1. 左键单击快捷菜单条中的"编辑"命令，此时设计环境中的旋转体的边被红色加亮并且尺寸也显示出米，如图5-27所示。

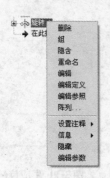

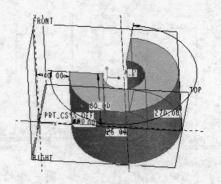

图5-26 快捷菜单条　　　　　　　　　　图5-27 编辑旋转特征

2. 左键双击尺寸值"270.00"，此尺寸值变成可编辑状态，输入新尺寸值"180.00"，按键盘"回车"键，然后使用左键单击当前设计环境的"编辑"菜单条中的"再生" 命令，此时设计环境中的旋转体发生改变，如图5-28所示。

3. 同样的操作，可以修改旋转体的其他尺寸，在此不再赘述。

"编辑定义"命令：

1. 左键单击快捷菜单条中的"编辑定义"命令，此时系统打开"旋转特征"工具条，并且设计环境中的旋转体也回到待编辑状态，如图5-29所示。

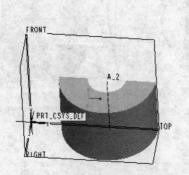

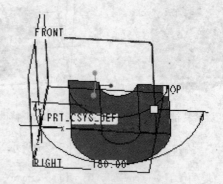

图5-28 再生旋转体　　　　　　　　　　图5-29 编辑旋转特征

2. 通过"旋转特征"工具条，可以重新设定旋转体的旋转类型、方向、角度等，方法和创建旋转特征时的方法一样，在此不再赘述。重新定义完成后，左键单击"建造特征" 命令，重新生成旋转特征；或者单击"取消特征创建/重定义" ✕命令，设计环境中的旋转特征不发生任何改变。

3. 鼠标右键单击"模型树"浏览器中的"旋转"特征，在弹出快捷菜单中选取"删除"命令，将设计环境中的旋转体删除，关闭当前设计窗口。

5.4　扫描特征

5.4.1　扫描特征简介

扫描（Sweep）特征：将指定剖面沿一条指定的轨迹扫出一个实体特征。

5.4.2　扫描特征的创建

扫描特征的创建和拉伸特征的创建一样，也有两种方式，但是这两种方式很相似，在此不再区分，读者要想知道这两种方式的细微差别之处可以参考拉伸特征这一节。下面详述扫描特征的创建步骤。

1．在 Pro/ENGINEER 系统中新建一个"零件"设计环境。左键单击"草绘工具"命令，系统弹出"草绘"对话框，选取"FRONT"基准面为绘图平面，使用系统默认的参照面，进入草图绘制环境，左键单击"草绘器工具"工具条中的"创建样条曲线"命令，在设计环境中绘制如图 5-30 所示的轨迹线。

2．左键单击"草绘器工具"工具条中的"继续当前部分"命令，生成一条样条曲线并退出草图绘制环境，进入零件设计环境，如图 5-31 所示。

3．左键单击"草绘器工具"工具条中的"可变剖面扫描工具"命令，此时系统默认把上步绘制的样条曲线作为扫描轨迹线，并同时打开"扫描特征"工具条，如图 5-32 所示。

4．左键单击"扫描特征"工具条中的"创建或编辑扫描剖面"命令，系统进入草绘设计环境，并自动旋转样条曲线使之垂直于屏幕，然后将基准面、基准轴、基准点和基准坐标系的显示关闭，此时设计环境中的样条曲线如图 5-33 所示。

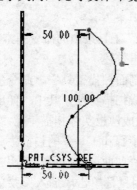

图 5-30　绘制扫描轨迹线

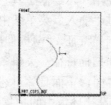

图 5-31　生成扫描轨迹线

5．左键单击"草绘器工具"工具条中的"创建圆"命令，在当前设计环境中绘制一个圆，如图 5-34 所示。

6．左键单击"草绘器工具"工具条中的"继续当前部分"命令，系统进入零件设计环境，在当前设计环境中生成一个预览扫描特征，旋转此扫描特征，如图 5-35 所示。

7. 左键单击"建造特征" 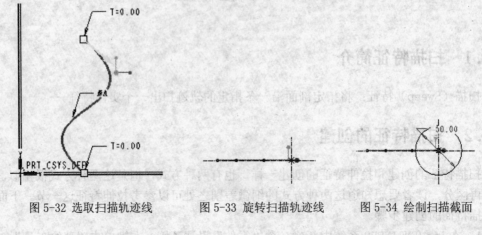 命令，生成扫描特征，如图 5-36 所示。

图 5-32 选取扫描轨迹线　　　图 5-33 旋转扫描轨迹线　　　图 5-34 绘制扫描截面

图 5-35 扫描预览特征　　　　　　　图 5-36 生成扫描特征

注：等剖面扫描是变剖面扫描的特殊形式，变剖面扫描将在下一章中介绍。

8. "扫描特征"工具条如图 5-37 所示。

图 5-37 "扫描特征"工具条

9. "扫描特征"工具条中的命令许多和"拉伸特征"工具条中的命令基本类似，如"扫描成实体"、"扫描成曲面"、"去除材料"等，在此不再赘述。

除了通过使用"草绘器工具"工具条中的"可变剖面扫描工具"  命令生成扫描特征外，也可以通过"插入"菜单条中的"扫描"命令生成扫描特征，其中"伸出项…"命令用于生成实体扫描特征，"薄板伸出项…"命令用于生成薄板实体扫描特征，"曲面…"命令用于生成曲面扫描特征。菜单条中的扫描特征生成步骤和工具条的扫描生成命令类似，主要区别在于界面，下面具体讲述"扫描"菜单中的"曲面…"命令的使用方法。

1. 将当前设计环境中的扫描特征删除，然后使用鼠标单击"插入"菜单条中的"扫描"命令，在弹出的菜单条中选取"曲面…"命令，系统弹出"曲面：扫描"对话框和"菜单管理器"菜单条，如图 5-38 所示。

2. 此时"曲面：扫描"对话框中所指的是"轨迹"选项，左键单击"菜单管理器"菜单条中的"选取轨迹"命令，此时"菜单管理器"菜单条发生改变并打开"选取"菜单条，如图 5-39 所示。

3. 左键单击当前设计环境中的样条曲线，此时设计环境中的样条曲线用红色的粗线条显示，如图 5-40 所示。

4．左键单击"菜单管理器"中的"链"菜单条下的"完成"命令，此时设计环境中的"曲面：扫描"对话框和"菜单管理器"菜单条发生如图 5-41 所示的变化，。

5．左键单击"菜单管理器"的"属性"菜单条中的"完成"命令，系统自动进入草绘环境，在此环境中绘制如图 5-42 所示的扫描截面。

6．左键单击"草绘器工具"工具条中的"继续当前部分" ✔ 命令，系统进入零件设计环境，左键单击"曲面：扫描"对话框中的"确定"命令，生成一个扫描特征，旋转此扫描特征，如图 5-43 所示。

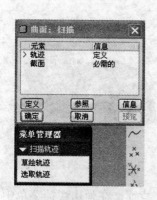

图 5-38 "曲面：扫描"对话框

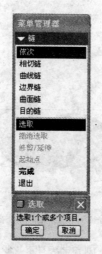

图 5-39 "链"菜单条

图 5-40 选取扫描轨迹线

图 5-41 "属性"菜单条

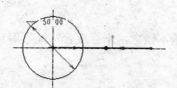

图 5-42 绘制扫描截面

图 5-43 生成扫描特征

5.4.3 扫描特征的编辑

鼠标右键单击"模型树"浏览器中的"变截面扫描"特征，弹出快捷菜单，如图 5-44 所示。

从上面的快捷菜单可以看到，可以对扫描特征进行删除、组、隐含、重命名、编辑、编辑定义以及阵列等多项操作。下面着重讲述"编辑"和"编辑定义"命令的操作。

"编辑"命令：左键单击快捷菜单条中的"编辑"命令，此时设计环境中的扫描体的边被红色加亮并且尺寸也显示出来，如图 5-45 所示。

在此可以修改扫描截面的尺寸，具体方法不再赘述。

"编辑定义"命令：

1. 左键单击快捷菜单条中的"编辑定义"命令，此时系统打开"扫描特征"工具条，并且设计环境中的扫描体也回到待编辑状态，如图5-46所示。

2. 通过"扫描特征"工具条，可以重新设定扫描体的扫描类型、截面形状等，方法和创建扫描特征时的方法一样，在此不再赘述。重新定义完成后，左键单击"建造特征"☑命令，重新生成扫描特征；或者单击"取消特征创建/重定义"✖命令，设计环境中的扫描特征不发生任何改变。

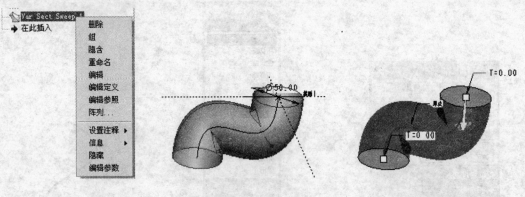

图5-44 快捷菜单条   图5-45 编辑扫描特征截面   图5-46 编辑扫描特征

3. 鼠标右键单击"模型树"浏览器中的"变截面扫描"特征，在弹出快捷菜单中选取"删除"命令，将设计环境中的扫描体删除，关闭当前设计窗口。

5.5 混合特征

本节主要介绍混合特征的基本概念，平行混合特征、旋转混合特征及一般混合特征的创建步骤和编辑操作。

5.5.1 混合特征简介

混合（Blend）特征：将多个剖面合成一个3D实体。混合特征的生成方式有3种：平行方式、旋转方式和一般方式。其中旋转方式和一般方式又叫非平行混合特征，与平行混合相比，非平行混合特征具有以下特殊优点：

● 截面可以是非平行截面，但并非一定是非平行截面，截面之间的角度设为0°即可创建平行混合。

● 可以通过从IGES文件中输入的方法来创建一个截面。

5.5.2　平行混合特征的创建

1．在 Pro/ENGINEER 系统中新建一个"零件"设计环境。左键单击"插入"菜单条中的"混合"命令，弹出如图 5-47 所示的菜单条，"混合"菜单条中的命令有："伸出项…"命令用于生成实体混合特征，"薄板伸出项…"命令用于生成薄板实体混合特征，"曲面…"命令用于生成曲面混合特征。

2．左键单击"混合"菜单条中的"伸出项…"命令，系统弹出"菜单管理器"中的"混合选项"菜单条，如图 5-48 所示。

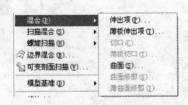

图 5-47　混合菜单条　　　　　图 5-48　混合选项菜单条

注："混合选项"菜单条中的命令详述如下：

- "平行"命令表示用于混合特征生成的剖面相互平行；"旋转的"命令表示用于混合特征生成的剖面绕一轴旋转，剖面间的夹角最大不能超过 120°；"一般"命令表示用于混合特征生成的剖面可以是空间中任意方向、位置、形状的剖面。
- "规则截面"命令表示用于混合特征生成的剖面为草绘平面或在现有零件上选取的面；"投影截面"命令表示用于混合特征生成的剖面为草绘平面或在现有零件上选取的面的投影面。
- "选取截面"命令表示用于混合特征生成的剖面是选取现有零件的面；"草绘截面"命令表示用于混合特征生成的剖面是由用户绘制的面。

3．使用"混合选项"菜单条中的默认选项，左键单击此菜单条中的"完成"命令，系统打开"伸出项：混合，平行…"对话框和"菜单管理器"中的"属性"菜单条，如图 5-49 所示。

注："属性"菜单条中的命令详述如下：

- "直的"命令表示用于混合特征生成的剖面之间用直线相连。
- "光滑"命令表示用于混合特征生成的剖面被光滑的连接。

4．左键单击"属性"菜单条中的"完成"命令，此时"伸出项：混合，平行…"对话框中转到"截面"子项，"菜单管理器"中显示"设置草绘平面"和"设置平面"菜单条，并打开"选取"对话框，如图 5-50 所示。

注："设置平面"菜单条中的命名详述如下：

- "平面"命令用于选取草绘平面。
- "产生基准"命令用于绘制基准。

● "放弃平面"命令用于放弃所选的平面。

5. 左键单击平面的标签"FRONT","菜单管理器"打开"方向"菜单条,并且在"FRONT"面上出现一个红色箭头,如图5-51所示。

注:如果使用左键单击"方向"菜单条中的"反向"命令,"FRONT"面上的箭头方向将反向,再此使用左键单击"方向"菜单条中的"反向"命令,"FRONT"面上的箭头再一次反向。

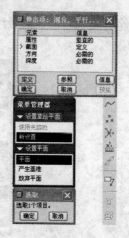
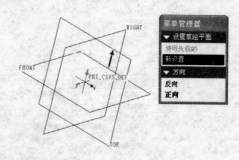

图5-49 "属性"菜单条　　　图5-50 "设置草绘平面"菜单条　　　图5-51 选取草绘平面方向

6. 左键单击"方向"菜单条中的"正向"命令,"FRONT"面上的箭头消失并且"菜单管理器"中打开"草绘视图"菜单条,如图5-52所示。

注:"草绘视图"菜单条中设定草绘截面时的参照面。

7. 左键单击"草绘视图"菜单条中的"右"命令,然后单击左键选取"RIGHT"面为右参照面,此时系统进入草图绘制环境,在草绘环境中绘制如图5-53所示的圆。

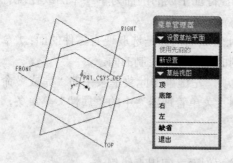
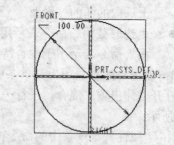

图5-52 草绘视图菜单条　　　　　　　图5-53 绘制混合截面

8. 左键单击"草绘器工具"工具条中的"继续当前部分" ✔ 命令,第一个剖面再生成功。再用左键单击"草绘"菜单条中"特征工具"下的"切换剖面"命令,此时上一步绘制的圆变成灰色,表示此时草绘环境进入了下一个剖面的绘制,然后在当前设计环境中绘制如图5-54所示的圆。

9. 左键单击"草绘器工具"工具条中的"继续当前部分" ✔ 命令,第二个剖面再生成功,此时"伸出项:混合,平行…"对话框转到"深度"子项,如图5-55所示。

10. 此时系统在消息显示区中显示"输入截面 2 的深度"编辑框，如图 5-56 所示。

11. 在"输入截面 2 的深度"编辑框中输入数值"50"，然后左键单击"接受值"✓命令，在用左键单击"伸出项：混合，平行…"对话框中的"确定"命令，系统生成一个混合特征，旋转该特征，如图 5-57 所示。

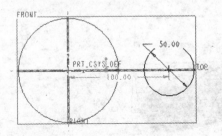

图 5-54　绘制第二个混合截面

图 5-55　"伸出项：混合，平行"对话框

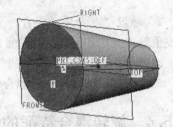

图 5-56　输入混合特征深度　　　　　　　　　图 5-57　生成混合特征

12. 创建平行的混合特征就讲述到这里，关闭当前设计环境并且不保存设计对象。

5.5.3　平行混合特征的编辑

鼠标右键单击"模型树"浏览器中的"混合"特征，弹出快捷菜单，如图 5-58 所示。

从上面的快捷菜单可以看到，可以对扫描特征进行删除、成组、隐藏、重命名、编辑、编辑定义以及阵列等多项操作。下面着重讲述"编辑"和"编辑定义"命令的操作。

"编辑"命令：左键单击快捷菜单条中的"编辑"命令，此时设计环境中的混合体的边被红色加亮并且尺寸也显示出来，如图 5-59 所示。

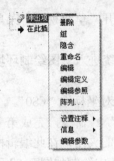

图 5-58　快捷菜单条

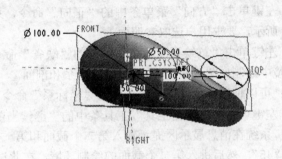

图 5-59　编辑混合特征截面

在此可以修改混合截面的尺寸及混合特征长度，具体方法不再赘述。

"编辑定义"命令：

1．左键单击快捷菜单条中的"编辑定义"命令，此时系统打开"混合项：混合，平行…"对话框，并且设计环境中的混合体也回到待编辑状态，如图5-60所示。

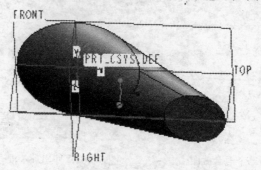

图 5-60 编辑混合特征

2．通过"混合项：混合，平行…"对话框，可以重新设定混合体的截面形状、混合深度值等，方法和创建混合特征时的方法一样，在此不再赘述。

3．鼠标右键单击"模型树"浏览器中的"混合"特征，在弹出快捷菜单中选取"删除"命令，将设计环境中的混合体删除，关闭当前设计窗口。

5.5.4　旋转混合特征的创建

1．打开Pro/ENGINEER系统，新建一个"零件"设计环境。左键单击"插入"菜单条命令，鼠标移到此菜单条的"混合"命令，在弹出的子菜单条中单击"伸出项"命令，系统打开"混合选项"菜单条，如图5-61所示。

2．左键单击"混合选项"菜单条中的"旋转的"命令选项，然后左键单击此菜单条中的"完成"命令，系统打开"伸出项：混合，…"对话框和"属性"菜单条，如图5-62所示。

3．选取"属性"菜单条中的"光滑"和"开放"选项，然后鼠标单击此菜单条中的"完成"命令，系统打开"设置草绘平面"菜单条，如图5-63所示。

4．左键单击设计环境中的"FRONT"基准面，系统打开"方向"菜单条，如图 5-64所示。

5．左键单击"方向"菜单条中的"正向"命令，系统打开"草绘视图"菜单条，如图5-65所示，要求用户选取参照面。

6．左键单击"草绘视图"菜单条中的"缺省"命令，系统进入草图绘制环境，在此设计环境中绘制如图5-66所示的相对坐标系和剖面。

注：可以使用"草绘"菜单条中的"坐标系"命令建立相对坐标系"CS0"。

7．左键单击"草绘器工具"工具条中的"继续当前部分" ✔ 命令，完成第一个截面的绘制；系统在消息显示区提示输入第二个截面和第一个截面的夹角，在此编辑框中输入角度值"45"，然后进入第二个截面的绘制环境，在此设计环境中绘制如图5-67所示的相对坐标系和截面。

图 5-61　"混合选项"菜单条　　　　图 5-62　"属性"菜单条　　　　图 5-63　"设置草绘平面"菜单条

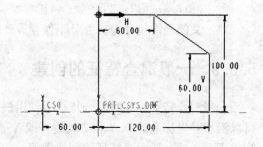

图 5-64　"方向"菜单条　图 5-65　"草绘视图"菜单条　　图 5-66　绘制旋转混合特征截面

8. 左键单击"草绘器工具"工具条中的"继续当前部分" ✔ 命令，完成第二个截面的绘制；系统在消息显示区提示是否继续下一个截面的绘制，左键单击"Yes"命令；系统在消息显示区提示输入第三个截面和第二个截面的夹角，在此编辑框中输入角度值"45"，然后进入第三个截面的绘制环境，在此设计环境中绘制如图 5-68 所示的相对坐标系和截面。

9. 左键单击"草绘器工具"工具条中的"继续当前部分" ✔ 命令，完成第三个截面的绘制；系统在消息显示区提示是否继续下一个截面的绘制，左键单击"No"命令，此时旋转类型混合的所有定义都已经完成，左键单击"伸出项：混合，…"对话框中的"确定"命令，生成如图 5-69 所示的旋转混合特征。

10. 鼠标右键单击"设计树"浏览器中的旋转混合特征，在弹出的快捷菜单中选取"编辑定义"命令，系统重新打开"伸出项：混合，…"对话框，左键双击此对话框中的"属性"子项，系统打开"属性"菜单条，选取此菜单条中的"闭合"命令，然后左键单击"属性"菜单条中的"完成"命令，此时旋转混合特征的所有定义已经完成，左键单击"伸出项：混合，…"对话框中的"确定"命令，系统生成闭合的旋转混合特征，如图 5-70 所示。

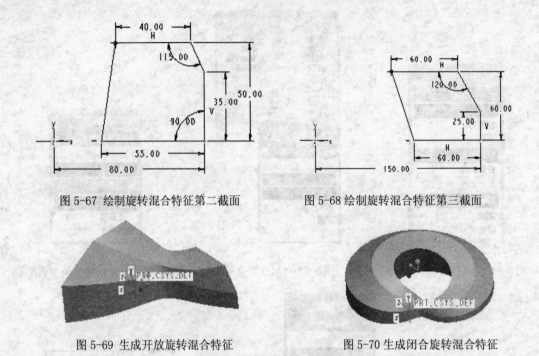

图 5-67 绘制旋转混合特征第二截面   图 5-68 绘制旋转混合特征第三截面

图 5-69 生成开放旋转混合特征   图 5-70 生成闭合旋转混合特征

11. 关闭当前设计窗口并且不保存设计对象。

5.5.5 一般混合特征的创建

一般混合特征是 3 种混合特征中使用最灵活、功能最强的混合特征。参与混合的截面，可以沿相对坐标系的 X、Y 和 Z 轴旋转或者平移，其操作步骤类似于旋转混合特征的操作步骤，下面详述一般混合特征的创建步骤。

1. 打开 Pro/ENGINEER 系统，新建一个"零件"设计环境。左键单击"插入"菜单条命令，鼠标移到此菜单条的"混合"命令，在弹出的子菜单条中单击"伸出项"命令，系统打开"混合选项"菜单条，左键单击此菜单条中的"一般"命令选项，保留此菜单条中的其他默认选项，如图 5-71 所示。

2. 左键单击"混合选项"菜单条中的"完成"命令，系统打开"属性"菜单条，左键单击此菜单条中的"光滑"选项，鼠标单击此菜单条中的"完成"命令，系统打开"设置草绘平面"菜单条，将"FRONT"基准面设为草绘平面，使用系统默认的参照面，进入草绘环境，绘制如图 5-72 所示的相对坐标系和截面。

3. 左键单击"草绘器工具"工具条中的"继续当前部分" ✔ 命令，完成第一个截面的绘制；系统在消息显示区提示输入第二个截面绕相对坐标系的 X、Y 和 Z 轴三个方向旋转角度，依次输入 X、Y 和 Z 轴三个方向旋转角度"30"、"30"和"0"；系统进入第二个截面的绘制环境，在此设计环境中绘制如图 5-73 所示的相对坐标系和截面。

注：使用"分割图元" ⌐ 命令将截面圆分为 4 部分。

4. 左键单击"草绘器工具"工具条中的"继续当前部分 ✔"命令，完成第二个截面的绘制；系统在消息显示区提示是否继续下一个截面的绘制，左键单击"Yes"命令；系统在消息显示区提示输入第三个截面绕相对坐标系的 X、Y 和 Z 轴 3 个方向旋转角度，依次输入 X、Y 和 Z 轴 3 个方向旋转角度 "30"、"30" 和 "0"；系统进入第三个截面的绘制环境，在此设计环境中绘制如图 5-74 所示的相对坐标系和截面。

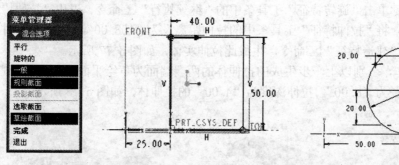

图 5-71 混合选项菜单条　　　图 5-72 绘制混合截面　　　图 5-73 绘制第二混合截面

　　5. 左键单击 "草绘器工具" 工具条中的 "继续当前部分" ✓ 命令，完成第二个截面的绘制；系统在消息显示区提示是否继续下一个截面的绘制，左键单击 "否" 命令；系统在消息显示区提示输入截面 2 的深度，在此编辑框中输入深度值 "50.00"，左键单击此提示框的 "接受值" ✓ 命令；系统在消息显示区提示输入截面 3 的深度，在此编辑框中输入深度值 "50.00"，左键单击此提示框的 "接受值" ✓ 命令；此时一般类型混合特征的所有动作都定义完成，左键单击 "伸出项：混合，…" 对话框中的 "确定" 命令，系统生成一般类型混合特征，如图 5-75 所示。

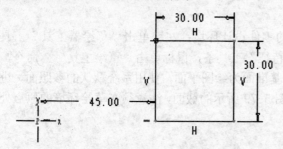

图 5-74 绘制第三混合截面　　　图 5-75 生成一般混合特征

　　6. 关闭当前设计窗口并且不保存设计对象。

5.6　实例

5.6.1　刷子插销

　　刷子插销的创建步骤为：

　　1. 新建一个名为 "shuazichaxiao" 的零件设计环境；左键单击 "草绘器工具" 工具条中的 "拉伸工具" 🗗 命令，打开 "拉伸特征" 工具条；左键单击 "草绘工具" ⬠ 命令，系统弹出"草绘"对话框，选取"FRONT"基准面为绘图平面，使用系统默认的参照面，进入草图绘制环境，在此设计环境中绘制一个直径为"5.50"的圆，如图5-76所示。

2. 左键单击"草绘器工具"工具条中的"继续当前部分" ✔命令，生成2D草绘图并退出草绘环境；左键单击"旋转特征"工具条中的"继续执行" ▶命令，退出"拉伸特征"工具条的暂停状态，将"拉伸特征"工具条中的拉伸距离设为"108.00"，左键单击"拉伸特征"工具条上的"建造特征" ✔命令，生成此拉伸实体，如图5-77所示。

3. 同样的操作，分别以上一步生成的拉伸体的两端端面为草绘平面，使用系统默认的参照面，生成直径为"8.00"，拉伸深度为"4.00"的拉伸体，如图5-78所示。

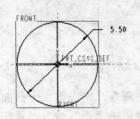 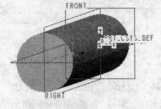 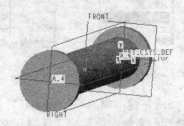

图 5-76　绘制拉伸截面　　　　图 5-77　生成拉伸特征　　　　图 5-78　生成两端拉伸特征

4. 保存当前设计对象，然后关闭当前设计环境。

5.6.2　刷子滚轮

刷子滚轮的创建步骤为：

1. 新建一个名为"shuazigunlun"的零件设计环境；左键单击"草绘器工具"工具条中的"旋转工具" ✦命令，打开"旋转特征"工具条；鼠标单击"草绘工具" ◠命令，系统弹出"草绘"对话框，选取"FRONT"基准面为绘图平面，使用系统默认的参照面，进入草图绘制环境，在此设计环境中绘制如图5-79所示的截面，注意须在草绘环境的原点处绘制一条水平的中心线。

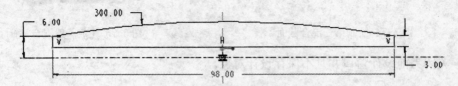

图 5-79　绘制旋转截面及中心轴

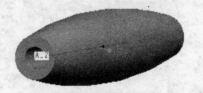

图 5-80　生成旋转特征

2. 左键单击"草绘器工具"工具条中的"继续当前部分" ✔命令，生成2D草绘图并退出草绘环境；左键单击"旋转特征"工具条中的"继续执行" ▶ 命令，退出"旋转特征"工具条的暂停状态，左键单击"旋转特征"工具条上的"建造特征" ☑ 命令，生成此旋转实体，如图 5-80 所示。

3. 保存当前设计对象，然后关闭当前设计环境。

5.6.3　刷子把手

刷子把手的创建步骤为：

1. 新建一个名为"shuazibashou"的零件设计环境；左键单击"草绘器工具"工具条中的"拉伸工具" ▱ 命令，打开"拉伸特征"工具条；左键单击"草绘工具" ⌖ 命令，系统弹出"草绘"对话框，选取"FRONT"基准面为绘图平面，使用系统默认的参照面，进入草图绘制环境，在此设计环境中绘制一个直径为 12mm 的圆，如图 5-81 所示。

2. 左键单击"草绘器工具"工具条中的"继续当前部分" ✔ 命令，生成 2D 草绘图并退出草绘环境；左键单击"旋转特征"工具条中的"继续执行" ▶ 命令，退出"拉伸特征"工具条的暂停状态，将"拉伸特征"工具条中的拉伸距离设为"100.00"，左键单击"拉伸特征"工具条上的"建造特征" ☑ 命令，生成此拉伸实体，如图 5-82 所示。

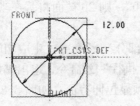
图 5-81　绘制拉伸截面

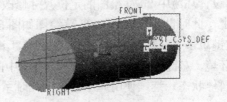
图 5-82　生成拉伸特征

3. 同样的操作，以上一步生成的拉伸体的某一端端面为草绘平面，使用系统默认的参照面，生成直径为"8.00"，拉伸深度为"7.50"的拉伸体，如图 5-83 所示。

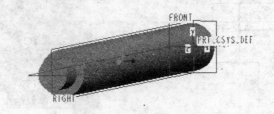
图 5-83　生成两端拉伸特征

4. 保存当前设计对象，然后关闭当前设计环境。

5.6.4　气缸体

气缸体的创建步骤为：

1. 新建一个名为"qigangti"的零件设计环境，左键单击"草绘器工具"工具条中的"拉伸工具" ▱ 命令，打开"拉伸特征"工具条。左键单击"草绘器工具"工具条中的

"继续当前部分" ✓命令，生成 2D 草绘图并退出草绘环境；左键单击"旋转特征"工具条中的"继续执行" ▶命令，退出"旋转特征"工具条的暂停状态，左键单击"旋转特征"工具条上的"建造特征" ✓命令，生成此旋转实体，如图 5-80 所示。

单击"草绘工具" ⬚命令，系统弹出"草绘"对话框，选取"FRONT"基准面为绘图平面，使用系统默认的参照面，进入草图绘制环境。左键单击"草绘"菜单中的"数据来自文件…"命令，打开本书第 3 章绘制的"qgt.sec"文件，如图 5-84 所示，从图中可以看到，系统弹出"缩放旋转"对话框，并且在设计环境中的上方用红色线条预显处"qgt.sec"2D 草绘图，此时"拉伸特征"工具条为暂停使用状态。

2. 将"缩放旋转"对话框中的"比例"选项改为"1"，"旋转"选项不变，仍为"0"，如图 5-85 所示，左键单击"缩放旋转"对话框中的"确定"命令。

图 5-84 调入拉伸截面　　　　　　　　　　　图 5-85 设置拉伸截面比例

3. 将设计环境中 2D 草绘图的定位尺寸修改为"0，0"，则 2D 截面将落在当前设计环境中心点上，此时设计环境中的 2D 草绘图如图 5-86 所示。

4. 左键单击"草绘器工具"工具条中的"继续当前部分" ✓命令，生成 2D 草绘图并退出草绘环境。左键单击"拉伸特征"工具条中的"继续执行" ▶命令，退出"拉伸特征"工具条的暂停状态，继续使用此工具条，此时系统生成预显拉伸特征，如图 5-87 所示。

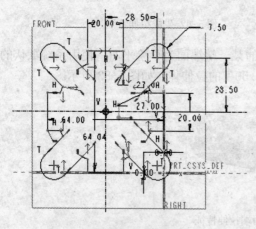

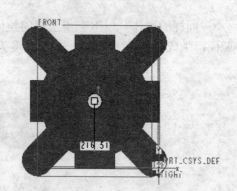

图 5-86 拉伸截面　　　　　　　　　　　图 5-87 拉伸预览体

5. 将拉伸特征深度值修改为"100.00"，然后左键单击"拉伸特征"工具条上的"建造特征" ✓命令，生成气缸体拉伸实体，如图 5-88 所示。

6. 在拉伸体上生成 4 个圆孔拉伸特征，此 4 个圆孔和半圆轮廓的圆心同心，直径为"5.00"，如图 5-89 所示。

注：绘制拉伸截面时，可以使用"绘制同心圆" ◎命令绘制这 4 个圆。

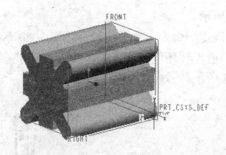

图 5-88 生成拉伸特征

图 5-89 生成拉伸孔

7. 同样的操作，在拉伸体中心处生成一个圆孔拉伸特征，此圆孔和外圆轮廓的圆心同心，直径为"40.00"，如图 5-90 所示。

图 5-90 生成气缸拉伸孔特征

8. 保存当前设计对象，然后关闭当前设计环境。

5.6.5 气缸杆

气缸杆的创建步骤为：

1. 新建一个名为"qiganggan"的零件设计环境，左键单击"草绘器工具"工具条中的"旋转工具" ⌖命令，打开"旋转特征"工具条。左键单击"草绘工具" 命令，系统弹出"草绘"对话框，选取"FRONT"基准面为绘图平面，使用系统默认的参照面，进入草图绘制环境。左键单击"草绘"菜单中的"数据来自文件…"命令，打开本书第 3 章绘制的"qgg. sec"文件，如图 5-91 所示，从图中可以看到，系统弹出"缩放旋转"对话框，并且在设计环境中的上方用红色线条预显处"qgg. sec"2D 草绘图，此时"旋转特征"工具条为暂停使用状态。

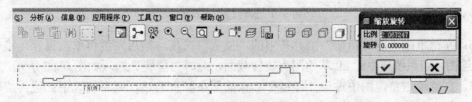

图 5-91 调入旋转截面

2. 将"缩放旋转"对话框中的"比例"选项改为"1.00"，"旋转"选项改为"90.00"，如图 5-92 所示。

3．此时设计环境中的 2D 截面如图 5-93 所示。

4．左键单击"缩放旋转"对话框中的"确定"命令，然后将设计环境中 2D 草绘图的定位尺寸修改为"0，0"，则 2D 截面将落在当前设计环境中心点上，关闭"尺寸显示" 命令，此时设计环境中的 2D 草绘图如图 5-94 所示。

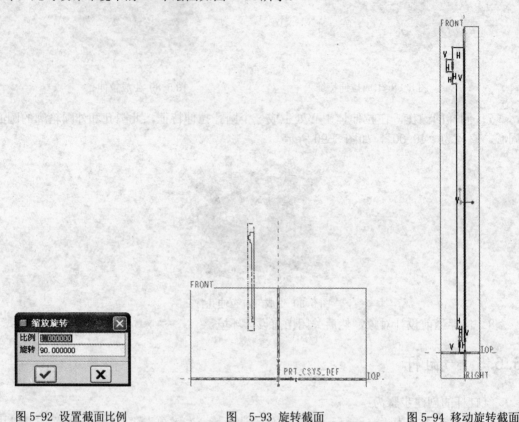

图 5-92 设置截面比例   图 5-93 旋转截面   图 5-94 移动旋转截面

5．左键单击"草绘器工具"工具条中的"继续当前部分" ✔ 命令，生成 2D 草绘图并退出草绘环境。左键单击"旋转特征"工具条中的"继续执行" ▶ 命令，退出"旋转特征"工具条的暂停状态，继续使用此工具条，此时"旋转特征"工具条如图 5-95 所示。

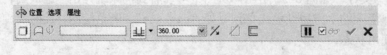

图 5-95 旋转特征工具条

6．左键单击"旋转特征"工具条中的"位置"选项，然后左键再单击设计环境中的 2D 草绘图，则系统选中此 2D 草绘图为旋转截面，此时"位置"选项如图 5-96 所示。

7．左键单击草绘图中过设计环境中心点的那条竖直的边，则系统选中此边为旋转中心轴，以 360° 旋转出预显旋转体，如图 5-97 所示。

8．左键单击"旋转特征"工具条上的"建造特征" ✔ 命令，生成气缸杆旋转实体，如图 5-98 所示。

图 5-96　位置对话框

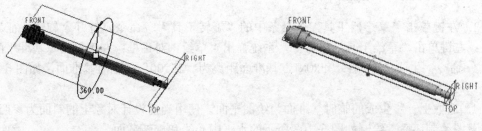

图 5-97　旋转预览体　　　　　　　　　　　　　图 5-98　生成旋转特征

9．在气缸杆的所有圆边上生成半径为"1.00"的圆角，如图 5-99 所示。

注：圆角特征的生成方式可以先参考第 6 章"工程特征设计"。

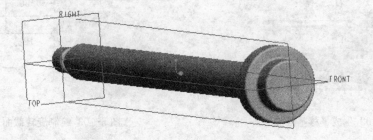

图 5-99　生成圆角特征

10．保存当前设计对象，然后关闭当前设计环境。

5.6.6　综合实例

此实例混合使用了拉伸、旋转、扫描和混合 4 种特征，具体设计步骤如下：

1．新建一个名为"zongheshili"的零件设计环境，左键单击"草绘器工具"工具条中的"拉伸工具" ⬚命令，打开"拉伸特征"工具条。左键单击"草绘工具" ⬚命令，系统弹出"草绘"对话框，选取"FRONT"基准面为绘图平面，使用系统默认的参照面，进入草图绘制环境，绘制如图 5-100 所示的截面。

2．左键单击"草绘器工具"工具条中的"继续当前部分" ✔命令，生成 2D 草绘图并退出草绘环境；左键单击"拉伸特征"工具条中的"继续执行" ▶命令，退出"拉伸特征"工具条的暂停状态，将"拉伸特征"工具条中的拉伸距离设为"50.00"，左键单击"拉伸特征"工具条上的"建造特征" ✔命令，生成此拉伸实体，如图 5-101 所示。

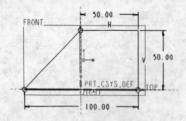

图 5-100 绘制拉伸截面

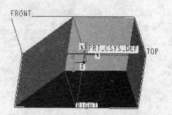

图 5-101 生成拉伸特征

3．左键单击"草绘器工具"工具条中的"旋转工具"✧命令，打开"旋转特征"工具条；左键单击"草绘工具"⬚命令，系统弹出"草绘"对话框；左键单击"基准平面工具"▱命令，生成一个偏移"FRONT"基准面距离为"25.00"的临时基准面，如图 5-102 所示。

4．选取上一步生成的临时基准面为绘图平面，使用当前设计对象上的斜面为参照面，进入草图绘制环境，绘制如图 5-103 所示的水平中心线和旋转截面。

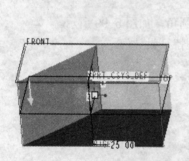

图 5-102 生成平移基准面

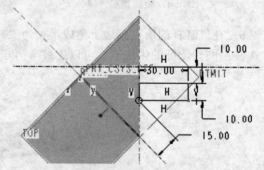

图 5-103 绘制旋转截面

5．左键单击"草绘器工具"工具条中的"继续当前部分"✔命令，生成 2D 草绘图并退出草绘环境；左键单击"旋转特征"工具条中的"继续执行"▶命令，退出"旋转特征"工具条的暂停状态，左键单击"旋转特征"工具条上的"建造特征"✔命令，生成此旋转实体，如图 5-104 所示。

6．左键单击"草绘器工具"工具条中的"可变剖面扫描工具"⬚命令，系统打开"扫描特征"工具条；鼠标单击"草绘工具"⬚命令，系统弹出"草绘"对话框；左键单击"基准平面工具"▱命令，生成一个偏移"FRONT"基准面距离为"25"的临时基准面，如图 5-105 所示。

7．选取上一步生成的临时基准面为绘图平面，使用系统默认的参照面，进入草图绘制环境，绘制如图 5-106 所示的扫描轨迹线。

8．左键单击"草绘器工具"工具条中的"继续当前部分"✔命令，生成扫描轨迹并退出草绘环境；左键单击"扫描特征"工具条中的"继续执行"▶命令，退出"旋转特征"工具条的暂停状态，左键单击此工具条中的"扫描为实体"▢命令，表示此次扫描特征为实体特征，然后左键单击"创建和编辑扫描剖面✔"命令，进入剖面绘制环境，绘制如图 5-107 所示的扫描截面。

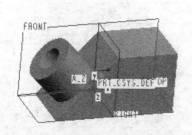

图 5-104　生成旋转特征

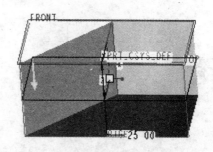

图 5-105　生成平移基准面

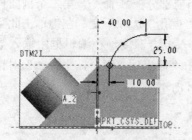

图 5-106　绘制扫描轨迹先

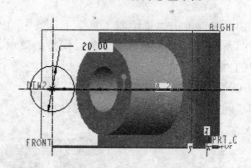

图 5-107　绘制扫描截面

9. 左键单击"草绘器工具"工具条中的"继续当前部分" ✔命令，生成扫描截面并退出草绘环境，左键单击"扫描特征"工具条上的"建造特征" ✔命令，生成此扫描实体，如图 5-108 所示。

10. 左键单击"插入"菜单条中的"混合"命令，左键单击此菜单条中的"伸出项…"命令，表示此次生成实体混合特征；选取"混合选项"菜单条中的"平行"、"规则截面"和"草绘截面"选项，然后再选取"属性"菜单条中的"直的"选项，再选取如图 5-109 所示的面为草绘平面。

图 5-108　生成扫描特征

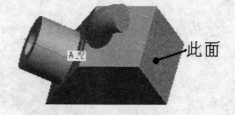

图 5-109　选择草绘截面

11. 使用系统默认的参照面，进入草绘环境，绘制如图 5-110 所示的混合截面。第一个剖面再生成功。

12. 用左键单击"草绘"菜单条中"特征工具"下的"切换剖面"命令，此时上一步绘制的矩形变成灰色，表示此时草绘环境进入了下一个剖面的绘制，然后在当前设计环境中绘制如图 5-111 所示的矩形。

注：要使两混合截面的起始点位置及方向保持一致。

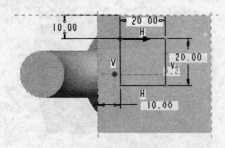
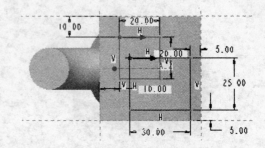

图 5-110 绘制混合截面   图 5-111 绘制第二混合截面

13. 左键单击"草绘器工具"工具条中的"继续当前部分" ✔ 命令，第二个剖面再生成功；系统打开"深度"菜单条，保持此菜单条中的"盲孔"选项不变，左键单击此菜单条中的"完成"命令，系统在消息显示区提示用户输入混合深度，在编辑框中输入数值"30.00"，然后左键单击"接受值" ✔ 命令；左键单击"伸出项：混合，平行…"对话框中的"确定"命令，系统生成此混合特征，如图 5-112 所示。

图 5-112 生成混合特征

14. 保存当前设计对象，然后关闭当前设计环境。

5.7   上机实验

1. 绘制如图 5-113 所示尺寸的 3D 零件，零件名称为"lianxi1-1"。

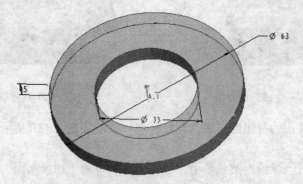

图 5-113 生成零件 lianxi1-1

操作提示：使用到的命令有拉伸或旋转等。

2. 绘制如图 5-114 所示尺寸的 3D 零件，零件名称为"lianxi1-2"。

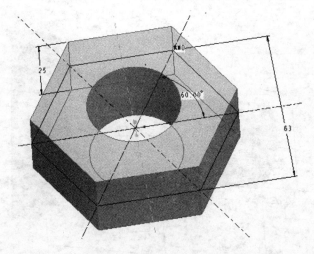

图 5-114　生成零件 lianxi1-2

操作提示：中间孔的直径为"33.00"，使用到的命令有拉伸等。

3．绘制如图 5-115 所示尺寸的 3D 零件，零件名称为"lianxi1-3"。

操作提示：绘制的是一个椭圆拉伸体，使用到的命令有拉伸等。

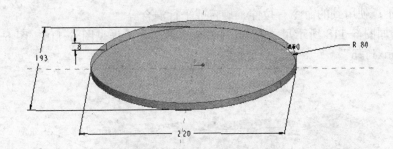

图 5-115　生成零件 lianxi1-3

4．绘制如图 5-116 所示尺寸的 3D 零件，其一端的尺寸如图 5-117 所示，零件名称为"lianxi1-4"。

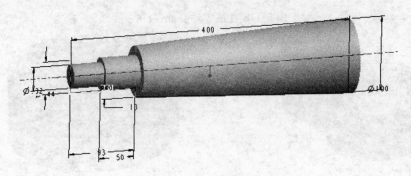

图 5-116　生成零件 lianxi1-4

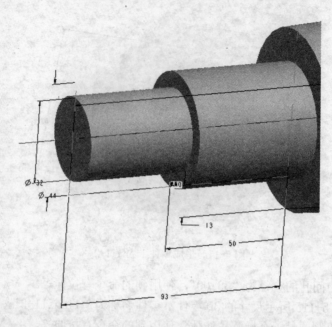

图 5-117 零件 lianxi1-4 局部详细尺寸

操作提示：使用到的命令有拉伸、旋转或平行混合等。

5. 绘制如图 5-118 所示尺寸的 3D 零件，其两端尺寸详见图 5-119～图 5-121，零件名称为"lianxi1-5"。

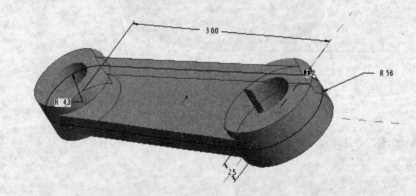

图 5-118 生成零件 lianxi1-5

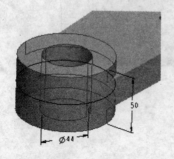

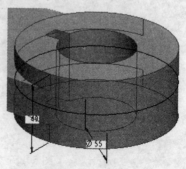

图 5-119 零件 lianxi1-5 局部详细尺寸   图 5-120 零件 lianxi1-5 局部详细尺寸

操作提示：使用到的命令有拉伸、旋转等。

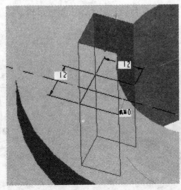

图 5-121 零件 lianxi1-5 局部详细尺寸

6. 绘制如图 5-122 所示尺寸的 3D 零件，其一端尺寸详见图 5-123 所示，零件名称为"lianxi1-6"。

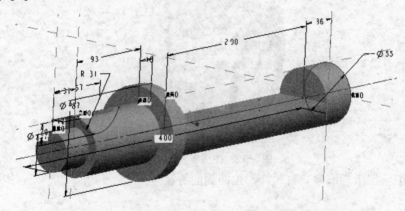

图 5-122 生成零件 lianxi1-6

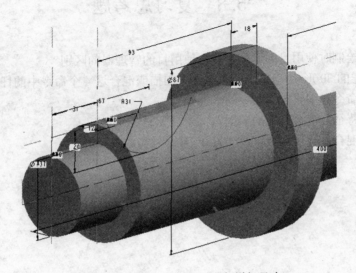

图 5-123 零件 lianxi1-6 局部详细尺寸

操作提示：使用到的命令有中心线、直线、圆、圆弧和在两图元间创建一个圆角等。

7. 绘制如图 5-124～图 5-126 所示尺寸的 3D 零件，零件名称为"lianxi1-7"。

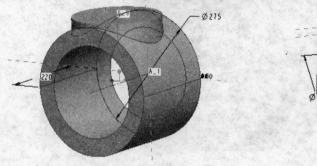

图 5-124 生成零件 lianxi1-7

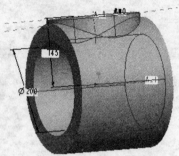

图 5-125 生成零件 lianxi1-7

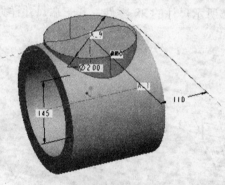

图 5-126 生成零件 lianxi1-7

操作提示：使用到的命令有拉伸、拉伸到面等。

5.8   复习思考题

1. 草图绘制时使用目的管理器和不使用目的管理器的区别？

2. 什么样的 3D 形状可以由拉伸、旋转、扫描或混合这 4 个命令中的任何一个来生成？

3. 编辑命令和编辑定义命令的区别？

4. 扫描特征和混合特征的异同？

5. 平行混合、旋转混合以及一般混合的异同？

第6章　工程特征设计

本章导读：

Pro/ENGINEER 中常用的工程特征包括孔、圆角、倒角、壳、加强筋等。Pro/ENGINEER 创建的每一个零件都是由一串特征组成，零件的形状直接由这些特征控制，通过修改特征的参数就可以修改零件。

知识重点

1. Pro/ENGINEER Windfire 的孔特征设计。
2. Pro/ENGINEER Windfire 的壳特征设计。
3. Pro/ENGINEER Windfire 的加强筋特征设计。
4. Pro/ENGINEER Windfire 的拔模特征设计。
5. Pro/ENGINEER Windfire 的圆角特征设计。
6. Pro/ENGINEER Windfire 的倒角特征设计。

6.1　孔特征

6.1.1　孔特征简介

孔特征属于减料特征，所以，在创建孔特征之前，必须要有坯料，也就是 3D 实体特征。

6.1.2　直孔特征的创建

直孔特征属于规则特征。直孔特征可以用尺寸数值及特征数据描述，生成直孔特征时只需选择直孔特征的放置位置、孔径和孔深即可。直孔特征的创建步骤如下所述。

1. 新建一个零件设计窗口，在此设计窗口中拉伸出一个长、宽、高为（200，100，200）的长方体，如图 6-1 所示。

2. 左键单击"工程特征"工具条中的"孔工具" 命令，系统打开"孔特征"工具条，如图 6-2 所示。

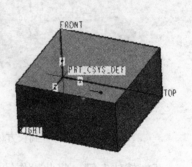

图 6-1　创建长方体特征

从"孔特征"工具条的第一行可以看到，此时的"放置"项为红色加亮，表示目前需要进行的操作是确定孔的放置位置。

图 6-2 孔特征工具条

"孔特征"工具条的第二行上的命令依次为：

- 创建直孔⬜：创建一个直孔。
- 创建标准孔：创建一个标注孔。

- 选取孔轮廓⬜∪▦：选取孔轮廓的类型。对应于直孔创建方式，孔轮廓类型有"简单"、"标准"和"草绘"3种，本小节讲述的就是简单类型直孔的创建。
- 直孔直径⌀：设定直孔的直径尺寸。
- 从放置参照以指定的深度值钻孔⬍：按指定深度值钻孔。

左键单击其右侧的"展开▸"将弹出以下命令：

- 双向钻孔⬒：在放置参照的两侧钻以指定深度值一半的孔。
- 钻孔至下一曲面≡：钻一个到下一个曲面为止的孔。
- 钻孔至于所有曲面相交⫶：钻一个通孔。
- 钻孔至于指定面相交⬍：钻一个与指定面相交的孔。
- 指定孔的深度值 75.00 ：输入创建孔的深度值。

"孔特征"工具条上的其他命令和"拉伸"工具条、"旋转"工具条等的一样，在此不再赘述。从图6-2"孔特征"工具条的第二行可以看到，此时的孔特征为"直孔"，轮廓为"简单"类型，以指定深度值钻孔，孔的深度为"75"。

3．左键单击设计环境中的长方体顶面，此时长方体顶面被红色加亮，并且出现一个直孔特征，如图6-3所示，从图中可以看到，此孔有4个操作柄，并且还显示孔直径和深度的尺寸。

4．鼠标移到孔特征的一个操作柄上，此操作柄变成黑色，如图6-4所示。

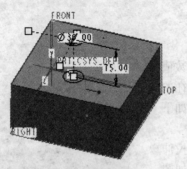

图 6-3 放置孔特征到长方体表面

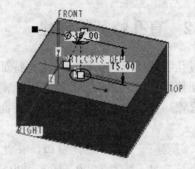

图 6-4 选取孔特征的一个操作柄

5．按住左键，将此操作柄移到长方体顶面的一条边上，此时出现这条边到孔特征中心的距离，如图6-5所示。

6. 同样的方法，将孔特征体的另一个控制放置位置的操作柄移动到长方体的另一条边上，如图 6-6 所示。

7. 左键双击尺寸值，就可以修改尺寸值。将当前设计环境中的尺寸值修改成如图 6-7 所示。

注：孔直径和深度值也可以在"孔"工具条中修改。

8. 左键单击"建造特征" ☑ 命令，在长方体上生成孔特征，如图 6-8 所示。

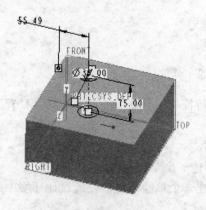

图 6-5　移动孔特征的操作柄

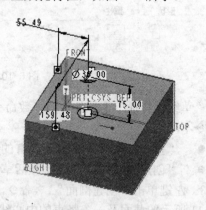

图 6-6　移动孔特征的另一个操作柄

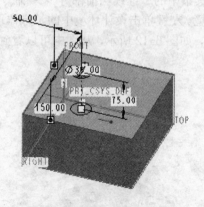

图 6-7　修改孔特征的尺寸

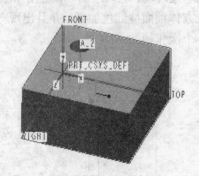

图 6-8　生成孔特征

9. 直孔特征的编辑方法和拉伸特征、扫描特征等的类似，在此不再赘述。

6.1.3　草绘孔特征的创建

草绘孔特征属于不规则特征，草绘特征必须绘制出 2D 剖面形状。草绘特征的创建和直孔特征的创建方式类似，不同之处在于草绘特征必须以胚料特征为基础进行。草绘孔特征的创建步骤如下所述：

1. 左键单击"工程特征"工具条中的"孔工具" 命令，系统打开"孔特征"工具条，如图 6-9 所示。

2. 左键单击"选取孔轮廓" U V 命令中的 "草绘"选项，此时的"草绘孔"工具条如图 6-10 所示。

图 6-9 孔特征工具条

图 6-10 草绘孔特征工具条

"草绘孔特征"工具条中的多数命令和"孔特征"工具条中的命令一样，只有下面两个命令不同：

- "打开" 命令是打开现有的草绘轮廓。
- "创建剖面" 命令是激活草绘器以新建一个草绘剖面。

3. 左键单击"创建剖面" 命令，系统新建一个草绘环境，在此设计环境中绘制如图 6-11 所示的截面及一条竖直的中心线。

4. 左键单击草绘环境中的"草绘器工具"工具条中的"继续当前部分" 命令，系统关闭草绘环境，进入绘制"草绘孔"的 3D 设计环境。左键单击设计环境中的长方体顶面，此时长方体顶面被红色加亮，并且出现一个孔特征，如图 6-12 所示，从图中可以看到，此孔有 3 个操作柄。

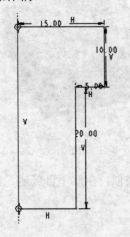

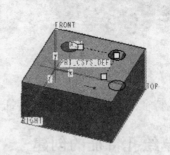

图 6-11 绘制草绘孔截面　　　　　　图 6-12 生成草绘孔预览体

5. 使用左键分别将草绘孔的操作柄移动长方体顶面的两条边上，距离都是"50.00"，如图 6-13 所示。

6. 分别将草绘孔的放置尺寸修改为"50.00"，如图 6-14 所示。

7. 左键单击"建造特征" 命令，在长方体上生成草绘孔特征，如图 6-15 所示。

8. 草绘孔特征的编辑方法和拉伸特征、扫描特征等的类似，在此不再赘述。

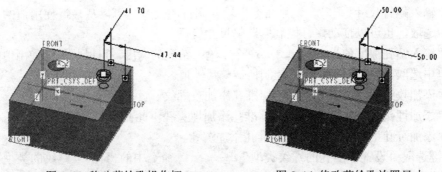

图 6-13 移动草绘孔操作柄   图 6-14 修改草绘孔放置尺寸

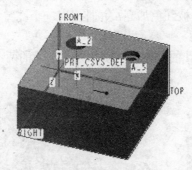

图 6-15 生成草绘孔特征

6.1.4 标准孔特征的创建

标准孔特征的创建步骤如下所述。

1. 左键单击"工程特征"工具条中的"孔工具" ⟨图标⟩命令，系统打开"孔特征"工具条，如图 6-16 所示。

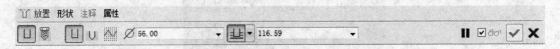

图 6-16 "孔特征"工具条

2. 左键单击"创建标准孔" ⟨图标⟩命令，系统打开"标准孔特征"工具条，如图 6-17 所示。

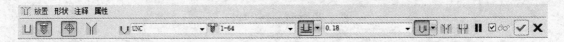

图 6-17 "标准孔特征"工具条

"标准孔"工具条中有一部分命令和"直孔"工具条中的相似，在此不再赘述。下面主要讲述"标准孔"工具条中特有的命令。

- "设置标准孔的螺纹类型" ⟨UNC⟩命令中设定螺纹的类型，螺纹类型有"ISO"、"UNC"和"UNF"3 种。

- "输入螺钉尺寸" <u>1-64</u> ⊻ 命令中输入螺钉的尺寸，可以从最近使用值的菜单中选取，也可以拖动螺钉控制柄调整尺寸值。
- "输入钻孔深度值" <u>0.18</u> ⊻ 命令中输入钻孔的深度，可以从最近使用值的菜单中选取，也可以拖动螺钉控制柄调整尺寸值。
- "添加攻螺纹" ⊕ 命令可以给标准孔添加攻螺纹。
- "添加埋头孔" M 命令可以给标准孔添加埋头孔，此命令默认为选中状态。
- "添加沉孔" ⊬ 命令可以给标准孔添加沉孔。

3．左键选取"设置标准孔的螺纹类型" <u>UNC</u> ⊻ 命令中的"ISO"螺纹的类型，选取"M6×.5"型标准螺钉，标准孔深为"10.00"，如图 6-18 所示。左键单击设计环境中的长方体顶面，此时长方体顶面被红色加亮，并且出现一个孔特征，如图 6-18 所示，从图中可以看到，此孔有 3 个操作柄。

4．使用左键分别将标准孔的操作柄移动长方体顶面的两条边上，距离都是"5.00"，如图 6-19 所示。

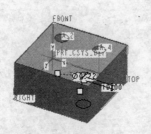

图 6-18 放置标准孔特征

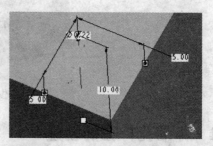

图 6-19　设置标准孔位置尺寸

5．左键单击"建造特征" ☑ 命令，在长方体上生成标准孔特征，如图 6-20 所示。

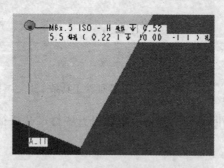

图 6-20 生成标准孔特征

6．标准孔特征的编辑方法和拉伸特征、扫描特征等的类似，在此不再赘述。

6.2　抽壳特征

"壳工具"命令可将实体内部掏空，只留一个特定壁厚的壳。

6.2.1　相等壁厚抽壳特征的创建

相等壁厚抽壳特征的创建步骤为：

1. 新建一个零件设计窗口，在此设计窗口中拉伸出一个长、宽、高为 200、100、200 的长方体，左键单击"工程特征"工具条中的"壳工具" 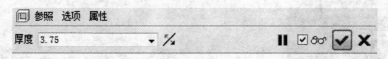命令，系统打开"壳特征"工具条，如图 6-21 所示，此时默认的厚度为"3.75"。

图 6-21　壳特征工具条

2. 此时设计环境中的长方体上出现一个"封闭"的壳特征，如图 6-22 所示。"封闭"的壳特征表示将实体的整个内部都掏空，且空心部分没有入口。

3. 左键单击当前设计环境中的长方体的顶面，此时长方体的顶面以红色加亮，并且这个面成为壳特征的开口面，如图 6-23 所示。

注：如果需要选取多于一个面为开口面，可以使用 Ctrl＋左键选取面。

4. 左键双击壳的厚度值"3.75"，此值变为可编辑状态，输入新厚度值"10"，然后左键单击"建造特征" 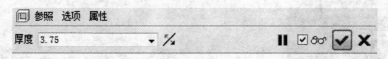命令，在长方体上生成厚度为"10"的壳特征，如图 6-24 所示。

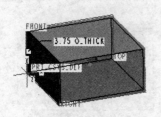　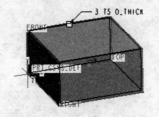　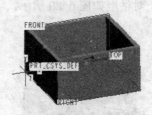

图 6-22　封闭壳特征　　　图 6-23　设置壳特征开口面　　　图 6-24　生成壳特征

5. 壳特征的编辑方法和拉伸特征、扫描特征等的类似，在此不再赘述。鼠标右键单击"模型树"浏览器中的"壳"特征，在弹出快捷菜单中选取"删除"命令，将设计环境中的壳特征删除。

6.2.2　不同壁厚抽壳特征的创建

不同壁厚抽壳特征的创建步骤为：

1. 当前设计环境中有一个长、宽、高为 200、100、200 的长方体，左键单击"工程特征"工具条中的"壳工具" 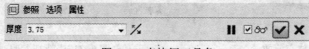命令，系统打开"壳"工具条，如图 6-25 所示，此时默认的厚度为"3.75"。

图 6-25　壳特征工具条

2. 此时设计环境中的长方体上出现一个"封闭"的壳特征，如图 6-26 所示。"封闭"

的壳特征表示将实体的整个内部都掏空，且空心部分没有入口。

3．左键单击"壳"工具条中的"参照"选项，弹出"参照"对话框，如图 6-27 所示，此编辑框中有两个子项，"移除的曲面"选项和"非缺省厚度"选项，其中"移除的曲面"选项是选定开口面，"非缺省厚度"选项是设定不同于缺省厚度的壁厚。

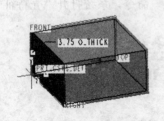

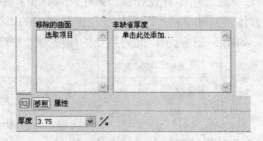

图 6-26　封闭壳特征　　　　　　　　　　　　图 6-27　壳特征参照对话框

4．此时"参照"对话框中默认的操作为选取开口面。左键单击当前设计环境中的长方体的顶面，此时长方体的顶面以红色加亮，并且这个面成为壳特征的开口面，如图 6-28 所示。

注：如果需要选取多于一个面为开口面，可以使用 Ctrl＋左键选取面。

5．左键单击"参照"编辑框中"非缺省厚度"选项下的"单击此处添加…"，此时"参照"对话框如图 6-29 所示。

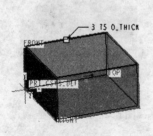

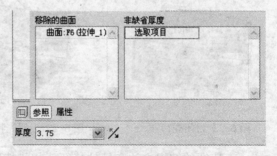

图 6-28　设置壳特征开口面　　　　　　　　　图 6-29　壳特征参照对话框

6．左键单击长方体左前面，此时左前面上出现默认壁厚值"3.75"，如图 6-30 所示。

7．此时"参照"对话框如图 6-31 所示。

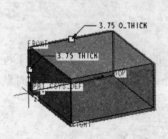

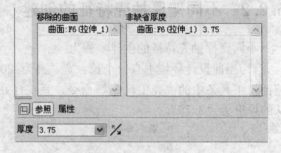

图 6-30　选择长方体左前面　　　　　　　　　图 6-31　壳特征参照对话框

8．左键双击长方体左前面上的壁厚值"3.75"，此时壁厚值为可编辑状态，将壁厚值改为"10.00"，如图 6-32 所示。

9. 此时"参照"对话框如图 6-33 所示。

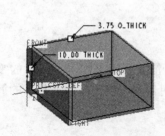

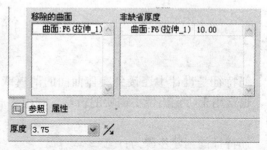

图 6-32 设置壳特征壁厚　　　　　　　图 6-33 壳特征参照对话框

注：同样，也可以通过左键单击"参照"对话框"非缺省厚度"子项下的厚度值来修改壁厚。

10. 按住 Ctrl 键，左键单击长方体的右前面，此时长方体右前面也出现默认厚度值"3.75"，如图 6-34 所示。

11. 左键双击长方体右前面上的壁厚值"3.75"，此时壁厚值为可编辑状态，将壁厚值改为"5.00"，如图 6-35 所示。

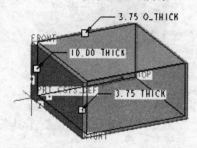

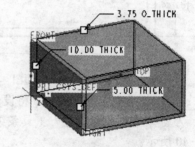

图 6-34 选取长方体右前面　　　　　　图 6-35 设置壳特征壁厚

12. 此时"参照"对话框如图 6-36 所示。

注：同样，也可以通过左键单击"参照"编辑框"非缺省厚度"子项下的厚度值来修改壁厚。

13. 左键单击"壳"工具条中的"建造特征"✅命令，在长方体上生成不同厚度的壳特征，如图 6-37 所示。

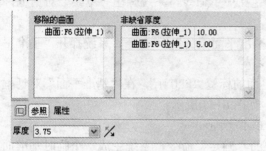

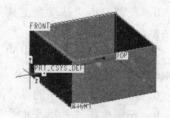

图 6-36 壳特征参照对话框　　　　　　图 6-37 生成不同壁厚壳特征

14. 壳特征的编辑方法和拉伸特征、扫描特征等的类似，在此不再赘述。鼠标右键单击"模型树"浏览器中的"壳"子项，在弹出快捷菜单中选取"删除"命令，将设计环境中的壳特征删除，关闭当前设计环境并且不保存当前设计环境中的设计对象。

6.3　筋特征

筋特征是设计中连接到实体曲面的薄翼或腹板伸出项。筋通常用来加固设计中的零件，也常用来防止出现不需要的折弯。利用"筋工具"命令可快速开发简单的或复杂的筋特征。

筋特征的创建步骤为：

1．新建一个 3D 设计环境，然后进入草图绘制环境，绘制如图 6-38 所示的 2D 图。

2．以上一步绘制的 2D 图为拉伸截面，拉伸出一个深度为"200"的 3D 实体，如图 6-39 所示。

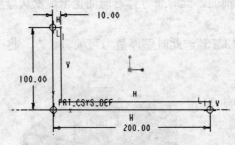

图 6-38　绘制拉伸特征截面图

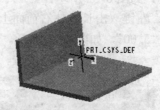

图 6-39　生成拉伸特征

注：为了便于观看此拉伸体，将设计环境中的基准面关闭。

3．左键单击"工程特征"工具条中的"筋工具" ⚑ 命令，系统打开"筋"工具条，如图 6-40 所示。

4．将设计环境中的基准面打开。左键单击"筋"工具条中的"参照"子项，打开如图 6-41 所示的"参照"对话框。

图 6-40　筋特征工具条

5．左键单击"参照"对话框中的"定义…"命令，系统弹出"草绘"对话框，如图 6-42 所示。

6．左键单击"基准"工具条中的"基准平面工具" ▱ 命令，系统打开"基准平面"对话框，如图 6-43 所示。

7．左键单击设计环境中的"FRONT"面的标签"FRONT"，在"基准平面"对话框中的"偏距"子项中输入平移距离"50.00"，如图 6-44 所示。

8．此时设计环境中的设计对象如图 6-45 所示。

9．左键单击"基准平面"对话框中的"确定"命令，系统生成一个临时基准面，此时"草绘"对话框中的草绘平面会默认的选中上步建立的临时基准面，且默认选择"RIGHT"面为参照面，如图 6-46 所示。

10．左键单击"草绘"对话框中的"草绘"命令，进入草图绘制环境，在此环境中绘制如图 6-47 所示的直线。

图 6-41 筋特征参照对话框　　　图 6-42 "草绘"对话框　　图 6-43 基准平面放置属性页

注：这一步要求绘制的是"开发"截面，系统"再生"此直线时会询问直线的端点是否和拉伸体的面对齐"Algin"，选择"是"选项。

11. 左键单击"草绘器工具"工具条中的"继续当前部分" ✔ 命令，系统退出草图绘制环境，此时"零件"设计环境中的设计对象如图 6-48 所示。

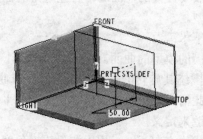

图 6-44 设置平移尺寸　　　　图 6-45 平移基准面预览面　　　图 6-46 草绘"放置"属性页

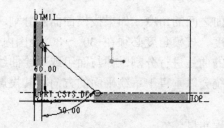
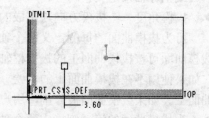

图 6-47 绘制筋特征的直线　　　　　　图 6-48 设置筋特征方向

12. 左键单击上图中的黄色箭头，使其指向拉伸体，并将默认的"筋"厚度值"3.6"修改为"5.00"，如图 6-49 所示。

13. 左键单击"筋"工具条上的"建造特征" ✔ 命令，在拉伸体上生成筋特征，如图6-50 所示。

14. 筋特征的编辑方法和拉伸特征、扫描特征等的类似，在此不再赘述。鼠标右键单击"模型树"浏览器中的"筋"特征，在弹出快捷菜单中选取"删除"命令，将设计环境中的壳特征删除，关闭当前设计环境并且不保存当前设计环境中的设计对象。

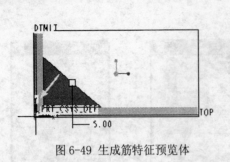

图 6-49 生成筋特征预览体

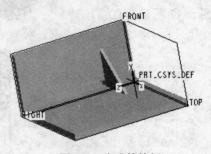

图 6-50 生成筋特征

6.4　拔摸特征

拔模特征将"-30°"和"+30°"间的拔模角度添加到单独的曲面或一系列曲面中。只有曲面是由圆柱面或平面形成时，才可进行拔模。曲面边的边界周围有圆角时不能拔模，不过，可以先拔模，然后对边进行倒圆角。"拔模工具"命令可拔模实体曲面或面组曲面，但不可拔模二者的组合。选取要拔模的曲面时，首先选定的曲面决定着可为此特征选取的其他曲面、实体或面组的类型。

对于拔模，系统使用以下术语：

● 拔模曲面——要拔模的模型的曲面。

● 拔模枢轴——曲面围绕其旋转的拔模曲面上的线或曲线（也称作中立曲线）。可通过选取平面（在此情况下拔模曲面围绕它们与此平面的交线旋转）或选取拔模曲面上的单个曲线链来定义拔模枢轴。

● 拖动方向（也称作拔模方向）——用于测量拔模角度的方向。通常为模具开模的方向。可通过选取平面（在这种情况下拖动方向垂直于此平面）、直边、基准轴或坐标轴来定义它。

● 拔模角度——拔模方向与生成的拔模曲面之间的角度。如果拔模曲面被分割，则可为拔模曲面的每侧定义两个独立的角度。拔模角度必须在-30°～30°范围内。

拔模曲面可按拔模曲面上的拔模枢轴或不同的曲线进行分割，如与面组或草绘曲线的交线。如果使用不在拔模曲面上的草绘分割，系统会以垂直于草绘平面的方向将其投影到拔模曲面上。如果拔模曲面被分割，用户可以：

● 为拔模曲面的每一侧指定两个独立的拔模角度。

● 指定一个拔模角度，第二侧以相反方向拔模。

● 仅拔模曲面的一侧（两侧均可），另一侧仍位于中性位置。

6.4.1　创建一个枢轴平面、不分离拔模的特征

一个枢轴平面、不分离拔模特征创建的步骤为：

1. 在 Pro/ENGINEER 系统中新建一个"零件"设计环境，绘制一个"200×100"的矩形截面并将其拉伸，拉伸距离为"100"，生成的拉伸体如图 6-51 所示。

2. 左键单击"工程特征"工具条中的"拔模工具" 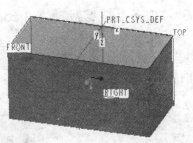 命令，系统打开"拔模特征"
工具条，如图 6-52 所示。

图 6-51　生成拉伸特征

图 6-52　"拔模特征"工具条

3. 按住 Ctrl 键，依次选取拉伸体的 4 个垂直于"RIGHT"基准面的侧面，如图 6-53
所示。

4. 左键单击"拔模特征"工具条中的"定义拔模枢轴的平面或曲线链"输入框，此
输入框中显示"选取 1 个项目"，如图 6-54 所示。

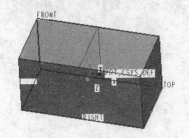

图 6-53　选取拔模面　　　　　　　　　图 6-54　"拔模特征"工具条

5. 左键单击设计环境中的"RIGHT"基准面，系统生成拔模特征的预览体，默认的角
度为"1"，如图 6-55 所示。

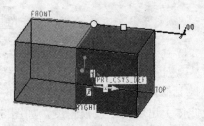

图 6-55　生成拔模预览体

6. 此时的"拔模特征"工具条变成如图 6-56 所示。

图 6-56　"拔模特征"工具条

7．将"拔模特征"工具条中的角度值修改为"2"，此时拔模预览特征也相应的改变，如图 6-57 所示。

8．左键单击"拔模特征"工具条上的"建造特征" ☑命令，在拉伸体上生成拔模特征，如图 6-58 所示。

9．一个枢轴平面、不分离拔模特征创建完成，下面在当前的设计对象上讲述一个枢轴平面、分离拔模特征创建的步骤。

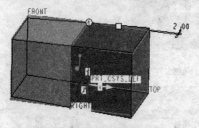

图 6-57 修改拔模特征尺寸

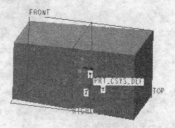

图 6-58 生成拔模特征

6.4.2　创建一个枢轴平面、分离拔模的特征

一个枢轴平面、分离拔模特征创建的步骤为：

1．当前设计环境中已有一个带拔模特征的拉伸体。鼠标右键单击"模型树"浏览器中的拔模特征项，在弹出的快捷菜单中选取"编辑定义"命令，系统打开"拔模特征"工具条，如图 6-59 所示。

图 6-59 "拔模特征"工具条

2．左键单击"拔模特征"工具条中的"分割"命令，打开"分割"对话框，如图 6-60 所示。

3．左键单击"分割"对话框中的"分割选项"下的"不分割"选项，在弹出的选项中选取"根据拔模枢轴分割"子项，如图 6-61 所示。

图 6-60 拔模工具分割对话框

图 6-61 选取分割选项

4．此时设计环境中的拉伸体上出现两个拔模角度，如图 6-62 所示。

5．此时"拔模特征"工具条中也相应出现两个控制角度的子项，如图 6-63 所示。

6．将角度值"1"修改为"5"，此时设计环境中的拉伸体预览拔模特征如图 6-64 所示。

7．左键单击"拔模特征"工具条上的"建造特征" ☑命令，在拉伸体上生成拔模特征，如图 6-65 所示。

8. 拔模特征的编辑方法和拉伸特征、扫描特征等的类似，在此不再赘述。鼠标右键单击"模型树"浏览器中的"拔模"特征，在弹出快捷菜单中选取"删除"命令，将设计环境中的拔模特征删除，关闭当前设计环境并且不保存当前设计环境中的设计对象。

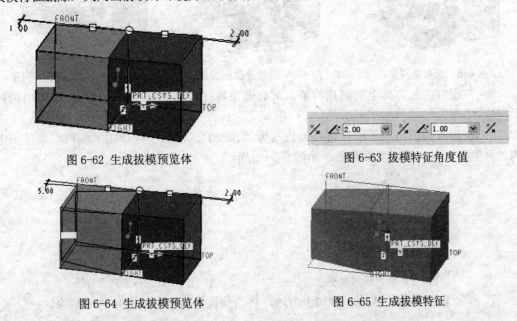

图 6-62 生成拔模预览体　　　　　　　图 6-63 拔模特征角度值

图 6-64 生成拔模预览体　　　　　　　图 6-65 生成拔模特征

6.5　圆角特征

倒圆角是一种边处理特征，通过向一条或多条边、边链或在曲面之间添加半径形成。

6.5.1　单一值圆形倒圆角的创建

单一值倒圆角特征的创建步骤为：

1. 新建一个零件设计窗口，在此设计窗口中拉伸出一个长、宽、高为 200、100、200 的长方体，左键单击"工程特征"工具条中的"倒圆角工具" 命令，系统打开"倒圆角"工具条，如图 6-66 所示，此时默认的圆角半径为"3.60"。

图 6-66 倒圆角工具条

2. 左键单击长方体顶面的边，则选中的边以红色线条预显出要倒的圆角，且圆角半径为"3.6"，如图 6-67 所示。

3. 单击左键再选取长方体上如图 6-68 所示的两条边，此时设计环境中选取的 3 条边所要倒的圆角半径值都是"3.6"。

4. 左键单击"倒圆角"工具条上的"建造特征 " 命令，在长方体上生成圆角特征，如图 6-69 所示。

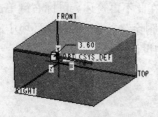
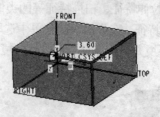
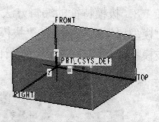

图 6-67　选取倒圆角边　　　　图 6-68　继续选取倒圆角边　　　　图 6-69　生成倒圆角特征

5．左键双击长方体上的圆角特征，此时圆角特征以红色直线加亮显示并显示出圆角半径值"3.6"，如图 6-70 所示。

6．左键双击圆角半径值，将其值修改为"10.00"，然后左键单击"编辑"菜单条中的"再生"命令，重新生成圆角，如图 6-71 所示。

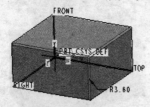
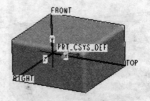

图 6-70　修改圆角尺寸　　　　　　图 6-71　生成倒圆角特征

7．单一值倒圆角生成的步骤如上所述，将当前设计环境中的圆角特征删除。

6.5.2　单一值圆锥形倒圆角的创建

单一值圆锥形倒圆角的创建步骤为：

1．当前设计环境中有一个长、宽、高为 200、100、200 的长方体，左键单击"工程特征"工具条中的"倒圆角工具" 🔲 命令，系统打开"倒圆角"工具条，左键单击长方体顶面的一条边，如图 6-72 所示，此时默认的圆角半径为"3.60"。

2．左键单击"倒圆角"工具条中的"设置"子项，弹出"设置"对话框，如图 6-73 所示。

3．左键单击"圆形"相的下拉按钮，弹出如图 6-74 所示的倒圆角类型，系统提供的有"圆锥"、"圆形"和"D1×D2 圆锥"。

4．左键单击"圆锥"选项，放大设计环境中的长方体，此时长方体上的倒圆角如图 6-75 所示。

5．此时的"设置"对话框如图 6-76 所示，圆锥参数值可以控制倒圆角的锐度，在"设置"对话框中有两处修改圆锥参数值的地方，也可以直接使用左键双击设计环境中的圆锥参数值来修改。

6．左键单击"D1×D2 圆锥"选项，放大设计环境中的长方体，此时长方体上的倒圆角如图 6-77 所示，"D1×D2 圆锥"型倒圆角可以分别控制倒圆角两边的半径值。

7．左键双击倒圆角一边的半径值，将其修改为"6.00"，如图 6-78 所示。

8．此时"设置"对话框如图 6-79 所示，可以看到"D1"值已修改为"6.00"。

9．左键单击"倒圆角"工具条中的"反转圆锥距离的方向" ⬩ 命令，此时圆锥型倒角两边的半径值发生交换，如图 6-80 所示。

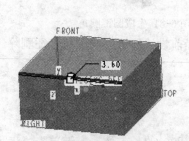

图 6-72　选取倒圆角边

图 6-73　"倒圆角设置"对话框

图 6-74　选取倒圆角类型

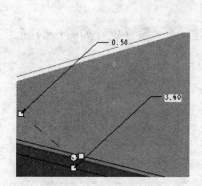

图 6-75　放大倒圆角边

图 6-76　设置圆锥参数值

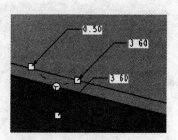

图 6-77　放大倒圆角边

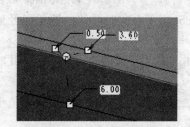

图 6-78　修改圆锥圆角半径值

图 6-79　倒圆角设置对话框

10．左键单击"倒圆角"工具条上的"建造特征" ☑ 命令，在长方体上生成圆锥型倒圆角特征，如图 6-81 所示。

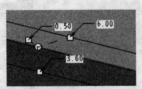

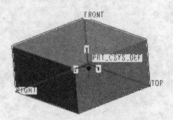

图 6-80 交换圆锥圆角半径值   图 6-81 生成圆锥圆角

11．单一值圆锥型倒圆角生成的步骤如上所述，将当前设计环境中的圆角特征删除。

6.5.3 多值倒圆角的创建

多值倒圆角的创建步骤为：

1．当前设计环境中有一个长、宽、高为 200、100、200 的长方体，左键单击"工程特征"工具条中的"倒圆角工具" 命令，系统打开"倒圆角"工具条，左键单击长方体顶面的一条边，如图 6-82 所示，此时默认的圆角半径为"3.60"。

2．左键单击"倒圆角"工具条中的"设置"子项，弹出"设置"对话框，如图 6-83 所示。

3．左键单击"设置"对话框中的"新组"项，系统新建一个"设置 2"，如图 6-84 所示。

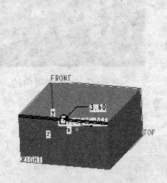

图 6-82 选取倒圆角边   图 6-83 "倒圆角设置"对话框   图 6-84 再选取倒圆角边

4．左键单击长方体顶面的另外一条边，如图 6-85 所示，此时默认的圆角半径值为"3.60"。

5．左键双击圆角半径值"3.60"，将其修改为"10.00"，按键盘"回车"键，此时设计环中的圆角如图 6-86 所示。

6．左键单击"倒圆角"工具条上的"建造特征" 命令，在长方体上生成多值倒圆角特征，如图 6-87 所示。

7．多值倒圆角生成的步骤如上所述，将当前设计环境中的圆角特征删除。

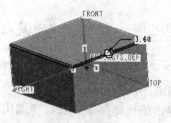
图 6-85 选取倒圆角边

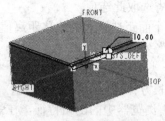
图 6-86 修改圆角半径尺寸

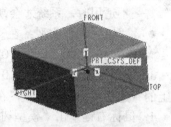
图 6-87 生成多值倒圆角

6.6 倒角特征

倒角特征是对边或拐角进行斜切削。系统可以生成两种倒角类型：边倒角特征和拐角倒角特征。

6.6.1 边倒角特征的创建

边倒角特征的创建步骤为：

1. 当前设计环境中有一个长、宽、高为 200、100、200 的长方体，左键单击"工程特征"工具条中的"倒角工具" 命令，系统打开"倒角"工具条，左键单击长方体顶面的一条边，如图 6-88 所示，此时默认的倒角类型为"D×D"，距离值为"3.6"。

2. 左键单击"倒角"工具条中的"倒角类型"子项中的下拉按钮，系统弹出倒角类型，如图 6-89 所示。

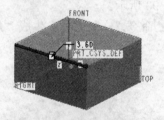
图 6-88 选取倒角边

图 6-89 倒角特征工具条

注：系统提供 6 种倒角类型，分别是："D×D"、"D1×D2"、"角度×D"、"45×D"、"0×0"和"01×02"，详述如下：

- "D×D"类型：在各面上与边相距值为"D"处创建倒角。系统默认选取此选项。
- "D1×D2"类型：在一个面上与选定边相距值为"D1"处、另一个面与选定边相距值为"D2"处创建倒角。
- "角度×D"类型：创建一个倒角，此倒角与相邻面的选定边的距离值为"D"，与该面的夹角为指定角度。
- "45×D"类型：创建一个倒角，此倒角与两个面都成 45º 角，且与各面上的边的距离值为"D"。
- "0×0"类型：在沿各面上的边偏移值为"0"处创建倒角。仅当"D×D"类型不适用时，系统才会缺省选取此选项。

- "01×02"类型：在一个面距选定边的偏移距离值为"01"、在另一个面距选定边的偏移距离值为"02"处创建倒角。

3．使用系统默认的"D×D"类型倒角，距离值修改为"20"，左键单击"倒角"工具条上的"建造特征" ✓命令，在长方体体上生成倒角特征，如图6-90所示。

4．鼠标右键单击"模型树"浏览器中的倒角特征，在弹出的快捷菜单中选取"编辑定义"命令，系统打开"倒角"工具条，在此工具条中可以对倒角特征重新定义。左键单击"角度×D"类型，此时设计环境中的倒角如图6-91所示。

5．此时的"倒角"工具条如图6-92所示。

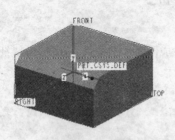

图6-90　生成倒角

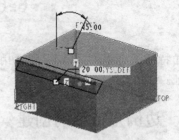

图6-91　设置倒角类型

图6-92　倒角工具条

6．左键双击角度值"45.00"，将其修改为"60.00"，或者直接在"倒角"工具条的"角度"子项中设定，此时设计环境中的倒角如图6-93所示。

7．左键单击"倒角"工具条上的"建造特征" ✓命令，在长方体上生成"角度×D"类型倒角特征，如图6-94所示。

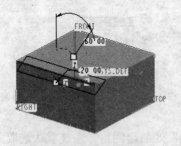

图6-93　修改倒角角度尺寸

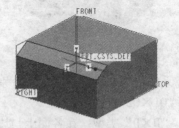

图6-94　生成倒角

8．其他类型的倒角特征的创建和修改方式也是类似，在此不再赘述，读者可以自己试做。将当前设计环境中的圆角特征删除。

6.6.2　拐角倒角特征的创建

拐角倒角特征的创建步骤为：

1．当前设计环境中有一个长、宽、高为 200、100、200 的长方体，左键单击"工程特征"工具条中的"倒角工具"  命令，系统打开"倒角"工具条，左键单击长方体项面的一条边，如图 6-95 所示，此时默认的倒角类型为"D×D"，距离值为"20.00"。

2．左键单击"倒角"工具条中的"集"子项，系统弹出"集"对话框，如图 6-96 所示。

3．左键单击"集"对话框中的"新组"项，系统新建一个"设置 2"，如图 6-97 所示。

4．将"设置 2"的距离 D 值修改为"10.00"，如图 6-98 所示。

5．左键单击设计环境中的长方体上如图 6-99 所示的边，此时系统显示这条边的距离 D 值为"10.00"。

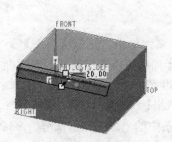

图 6-95　选取倒角特征

图 6-96　倒角特征集对话框

图 6-97　添加倒角新组

图 6-98　修改倒角距离尺寸

6．同样的方法，再新建一个"设置 3"组，将其距离值 D 改为"30.00"，然后使用左键单击长方体上如图 6-100 所示的边。

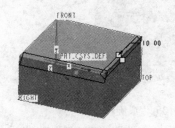

图 6-99　选取倒角边

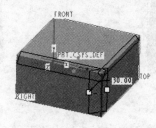

图 6-100　添加倒角新组并选取倒角边

图 6-101　生成拐角倒角特征

7. 左键单击"倒角"工具条上的"建造特征"☑命令，在长方体上生成拐角倒角特征，如图 6-101 所示。

8. 倒角特征的编辑方法和拉伸特征、扫描特征等的类似，在此不再赘述。鼠标右键单击"模型树"浏览器中的"倒角"子项，在弹出快捷菜单中选取"删除"命令，将设计环境中的倒角特征删除，关闭当前设计环境并且不保存当前设计环境中的设计对象。

6.7　实例

6.7.1　烟灰缸

烟灰缸的设计步骤为：

1. 新建一个名为"yanhuigang"的零件设计环境，鼠标单击"草绘工具"☒命令，系统弹出"草绘"对话框，选取"FRONT"基准面为绘图平面，使用系统默认的参照面，进入草图绘制环境，在设计环境中绘制如图 6-102 所示的 2D 截面。

注意：需要在草图绘制环境上绘制一条通过系统默认坐标系的竖直中心线。

2. 截面绘制完成后，左键单击"草绘器工具"工具条中的"矩形当前部分"✔命令，退出草绘环境，进入零件设计环境，如图 6-103 所示。

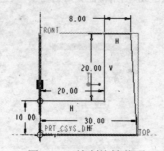

图 6-102 绘制旋转截面

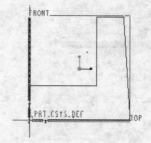

图 6-103 伸出旋转截面

3. 左键单击"草绘器工具"工具条中的"旋转工具"⌀命令，此时系统以 360° 旋转出一个预览旋转体，如图 6-104 所示，同时打开"旋转特征"工具条。

4. 左键单击"建造特征"☑命令，生成旋转特征，如图 6-105 所示。

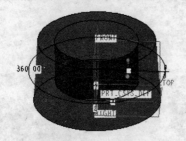

图 6-104 生成旋转预览体

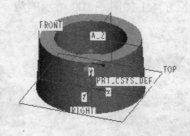

图 6-105 生成旋转特征

5. 左键单击"草绘工具"☒命令，系统弹出"草绘"对话框，选取"FRONT"基准面为绘图平面，使用系统默认的参照面，进入草图绘制环境，在设计环境中绘制如图 6-106 所示的 2D 截面。

6．左键单击"草绘器工具"工具条中的"继续当前部分" ✔命令，退出草绘环境，进入零件设计环境，左键单击"基础特征"工具条中的"拉伸工具" 命令，则系统默认上一步绘制的 2D 草绘图将作为此拉伸特征的 2D 截面，选取"拉伸特征"工具条中的"除去材料" 命令、"双向拉伸" 命令，并将拉伸长度修改为"60.00"，如图 6-107 所示。

图 6-106 绘制拉伸截面　　　　　　　　　图 6-107 "拉伸特征"工具条

7．左键单击"建造特征" ✔命令，生成去除材料拉伸特征，如图 6-108 所示。

8．同样的方法，以"RIGHT"面为绘图面，使用系统默认的参照面，在类似的位置生成一个直径为"8.00"，拉伸长度为"60.00"的去除材料特征，如图 6-109 所示。

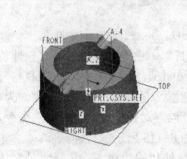

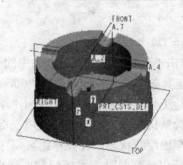

图 6-108 生成拉伸特征　　　　　　　　　图 6-109 生成另一个拉伸特征

9．左键单击"工程特征"工具条中的"倒圆角工具" 命令，在烟灰缸顶面的边上创建半径为"1"的圆角，如图 6-110 所示。

10．旋转当前设计环境中的烟灰缸，左键单击"工程特征"工具条中的"壳工具" 命令，将烟灰缸底面设为开口面，生成壁厚为"2.00"的壳体，如图 6-111 所示。

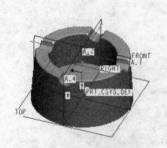

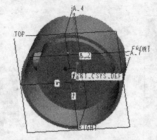

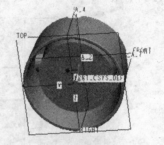

图 6-110 生成倒圆角特征　　　图 6-111 生成壳特征　　　图 6-112 生成倒圆角特征

11．左键单击"工程特征"工具条中的"倒圆角工具" 命令，在烟灰缸底面的两边创建半径为"0.50"的圆角，如图 6-112 所示。

12．保存当前设计对象，然后关闭当前设计环境。

6.7.2　气缸盖

气缸盖的创建步骤为：

1. 在 Pro/ENGINEER 系统中新建一个"零件"设计环境，零件名为"qiganggai"。左键单击"草绘工具" 命令，系统弹出"草绘"对话框，选取"FRONT"基准面为绘图平面，使用系统默认的参照面，进入草图绘制环境，绘制如图 6-113 所示的正方形。

2. 绘制完此截面后，拉伸此截面，深度为"40.00"，然后将拉伸体的 4 条边倒上半径为"10.00"的圆角，如图 6-114 所示。

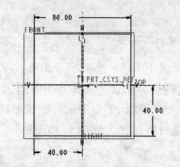

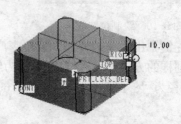

图 6-113　绘制拉伸截面　　　　　　　　图 6-114　生成拉伸特征并倒圆角

3. 左键单击"草绘器工具"工具条中的"拉伸工具" 命令，系统打开"拉伸特征"工具条，在此工具条中输入拉伸深度值"30.00"，左键单击此工具条中的"去除材料" ；左键单击"草绘工具" 命令，系统弹出"草绘"对话框，左键单击拉伸体的顶面为草绘平面，使用系统默认的参照面，然后使用左键单击"草绘"对话框中的"草绘"命令，系统自动旋转到草图绘制状态，在此草绘环境中绘制如图 6-115 所示的拉伸截面。

注：在重新生成截面时，系统问截面端点是否和拉伸体的边对齐，选择"是"，将其对齐。

4. 左键单击"草绘器工具"工具条中的"继续当前部分" 命令，系统生成这个截面；左键单击"拉伸特征"工具条中的"继续执行" 命令，重新激活"拉伸特征"工具条，左键单击"拉伸特征"工具条中的"建造特征" 命令，生成此截面拉伸特征，如图 6-116 所示。

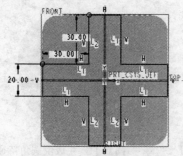

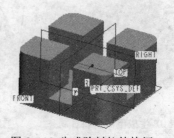

图 6-115　绘制拉伸截面　　　　　　　　图 6-116　生成除料拉伸特征

5. 左键单击"草绘器工具"工具条中的"拉伸工具 " 命令，系统打开"拉伸特征"工具条，在此工具条中输入拉伸深度值"20.00"，左键单击此工具条中的"去除材料" ；

左键单击"草绘工具"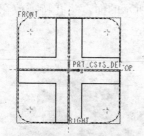命令，系统弹出"草绘"对话框，左键单击此对话框中的"使用先前的"命令，系统自动选用上一步的绘图平面及参照面，然后使用左键单击"草绘"对话框中的"草绘"命令，系统自动旋转到草图绘制状态，将当前设计环境中的实体用带隐藏线的线框表示，如图 6-117 所示。

6．左键单击"草绘器"工具条中的"通过边创建图元"命令，系统打开"类型"和"选取"对话框，如图 6-118 所示。

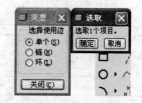

图 6-117 设置模型显示样式　　　　　　　　图 6-118 类型对话框

7．保持"类型"对话框中的选项不变，使用左键依次单击拉伸体的边，将其一一选中，如图 6-119 所示。

注：图中标出拉伸体边的 12 个左键单击处。

8．左键单击"类型"对话框的中"关闭"命令，确认这些边已选中。使用直线命令，在草绘图上绘制如图 6-120 所示的 8 条直线。

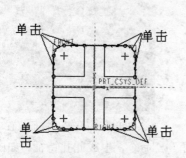
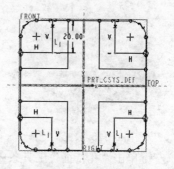

图 6-119 选取边生成新边　　　　　　　　　图 6-120 绘制直线

9．左键单击"草绘器"工具条中的"将图元修剪（剪切或延伸）到其他图元或几何"命令，左键按图 6-121 所示的顺序依次单击这些直线。

10．修剪后的截面如图 6-122 所示。

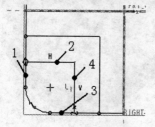
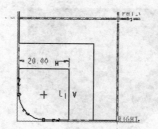

图 6-121 修剪边　　　　　　　　　　图 6-122 修改后的截面

注：正确的修剪和左键单击的顺序及位置密切相关，望读者注意。

11. 使用同样的操作，将其他3组截面上的边修剪，修剪后的截面如图6-123所示。

12. 左键单击"草绘器工具"工具条中的"继续当前部分" ✔ 命令，系统生成这四个截面；左键单击"拉伸特征"工具条中的"继续执行" ▶ 命令，重新激活"拉伸特征"工具条，左键单击"拉伸特征"工具条中的"建造特征" ☑ 命令，生成此截面拉伸特征。将当前设计环境中的实体用着色模型表示，如图6-124所示。

13. 左键单击"孔工具" Ⅱ 命令，将"孔"工具条中的孔直径改为"8.00"，孔深改为"10.00"，再用左键单击设计环境中实体如图6-125所示的面，将孔特征放在此面上。

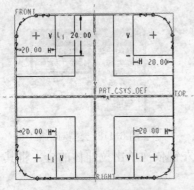

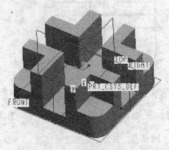

图6-123 全部修改后的截面　　　　　图6-124 生成除料拉伸特征

14. 移动孔特征的定位操作柄，将孔特征的位置设为如图6-126所示。

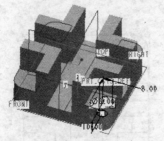

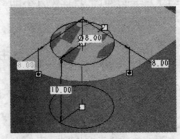

图6-125 放置孔特征　　　　　　图6-126 设置孔特征位置

15. 左键单击"孔特征"工具条中的"建造特征" ☑ 命令，生成此孔特征，如图6-127所示。

16. 使用同样的方法，在上一步生成孔的底面中点上放置一个直径为"4.00"，深度为"10.00"的孔，如图6-128所示。

图6-127 生成孔特征　　　　　　图6-128 再生成一个孔特征

17. 同样的方法，在设计对象的其他3个角处生成同样尺寸及位置的一组孔特征，如

图 6-129 所示。

18．左键单击"草绘器工具"工具条中的"拉伸工具" 命令，系统打开"拉伸特征"工具条，在此工具条中输入拉伸深度值"50.00"；左键单击"草绘工具" 命令，系统弹出"草绘"对话框；左键单击"基准平面工具" 命令，系统弹出"基准平面"对话框，左键单击当前设计环境中的"FRONT"基准面，并在"基准平面"对话框中的"平移"编辑框中输入数值"50.00"，单击"基准平面"对话框中的"确定"命令，此时设计环境如图 6-130 所示。

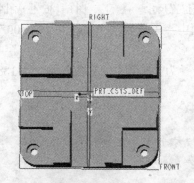
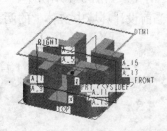

图 6-129 再生成其他 6 个孔特征　　　　　　图 6-130 生成平移基准面

19．左键单击"草绘"对话框中的"草绘"命令，系统自动旋转到草图绘制状态，在当前设计环境中绘制一个圆形，如图 6-131 所示。

20．左键单击"草绘器工具"工具条中的"继续当前部分" 命令，系统生成这个截面；左键单击"拉伸特征"工具条中的"继续执行" 命令，重新激活"拉伸特征"工具条，此时在当前设计环境中生成拉伸特征的预览特征，如图 6-132 所示。

21．从上图可以看到拉伸特征的拉伸方向反了，左键单击拉伸预览体中的黄色箭头，此箭头方向反向，然后左键单击"拉伸特征"工具条中的"建造特征" 命令，生成此截面拉伸特征，如图 6-133 所示。

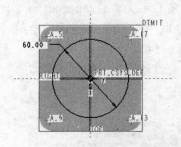
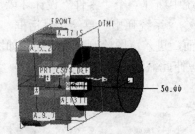
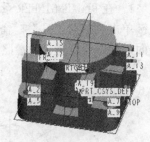

图 6-131 绘制拉伸截面　　　　图 6-132 生成拉伸预览体　　　　图 6-133 生成拉伸特征

22．左键单击"孔工具" 命令，将"孔特征"工具条中的孔直径改为"30.00"，孔深改为"10.00"，再用左键单击设计环境中实体如图 6-134 所示的面，将孔特征放在此面上。

23．移动孔特征的定位操作柄，将孔特征的位置设为如图 6-135 所示。

24．左键单击"孔特征"工具条中的"建造特征" 命令，生成此孔特征，如图 6-136 所示。

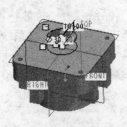
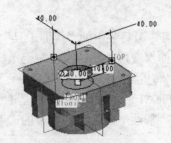
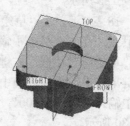

图 6-134 放置孔特征　　　　图 6-135 设置孔特征位置尺寸　　　　图 6-136 生成孔特征

25．使用同样的方法，在上一步生成孔的底面中点上放置一个直径为"20.00"，深度为"40.00"的孔，如图 6-137 所示。

26．将当前设计环境中实体上的两条边倒上半径为"1.00"的圆角，如图 6-138 所示。

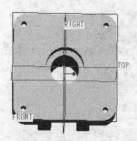

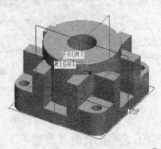

图 6-137 再生成一个孔特征　　　　图 6-138 生成倒圆角特征　　　　图 6-139 设计完成后的气缸盖

27．当前设计环境中的气缸盖如图 6-139 所示，保存当前设计中的对象，关闭当前设计窗口。

6.7.3　气缸衬套

气缸衬套的创建步骤为：

1．在 Pro/ENGINEER 系统中新建一个"零件"设计环境，零件名为"qigangcuntao"。左键单击"草绘工具" 命令，系统弹出"草绘"对话框，选取"FRONT"基准面为绘图平面，使用系统默认的参照面，进入草图绘制环境，绘制如图 6-140 所示的两个圆形。

2．绘制完此截面后，拉伸此截面，深度为"50.00"，当前设计环境中的拉伸实体如图 6-141 所示。

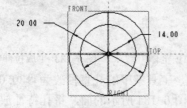
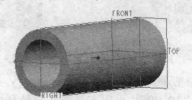

图 6-140 绘制拉伸截面　　　　　　　　图 6-141 生成拉伸特征

3．将当前设计环境中拉伸体的内圈边倒上半径为"1.00"的圆角，如图 6-142 所示。

4．当前设计环境中的气缸衬套如图 6-143 所示，保存当前设计中的对象，关闭当前设计窗口。

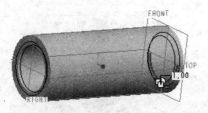

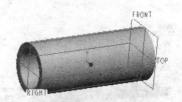

图 6-142　生成圆角特征　　　　　　　　　图 6-143　设计完成后的气缸衬套

6.7.4　气缸螺栓

气缸螺栓的创建步骤为：

1. 在 Pro/ENGINEER 系统中新建一个"零件"设计环境，零件名为"qigangluoshuan"。左键单击"草绘工具" ⬛ 命令，系统弹出"草绘"对话框，选取"FRONT"基准面为绘图平面，使用系统默认的参照面，进入草图绘制环境，绘制如图 6-144 所示的截面及一条水平中心线。

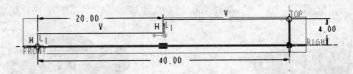

图 6-144　绘制旋转截面及中心线

2. 绘制完此截面后，旋转此截面，角度为"360"，当前设计环境中的旋转实体如图 6-145 所示。

3. 将当前设计环境中的实体一边倒上"1×1"的倒角，如图 6-146 所示。

图 6-145　生成旋转特征　　　　　　　图 6-146　生成倒角特征

4. 左键单击"草绘器工具"工具条中的"拉伸工具" ⬜ 命令，系统打开"拉伸特征"工具条，在此工具条中输入拉伸深度值"10.00"，左键单击此工具条中的"去除材料" ⬜；左键单击"草绘工具" ⬛ 命令，系统弹出"草绘"对话框，左键单击拉伸体如图 6-147 所示的面为草绘平面，使用系统默认的参照面。

5. 左键单击"草绘"对话框中的"草绘"命令，系统自动旋转到草图绘制状态，在当前设计环境中绘制一个圆，如图 6-148 所示。

6. 在当前设计环境中绘制两条中心线，如图 6-149 所示。

7. 利用圆和中心线的交点，绘制如图 6-150 所示的六边形。

8. 将当前设计环境中的圆和中心线删除，此时截面如图 6-151 所示。

9. 左键单击"草绘器工具"工具条中的"继续当前部分" ✔ 命令，系统生成这个截面；左键单击"拉伸特征"工具条中的"继续执行" ▶ 命令，重新激活"拉伸特征"工具条，此时在当前设计环境中生成拉伸特征的预览特征，如图 6-152 所示。

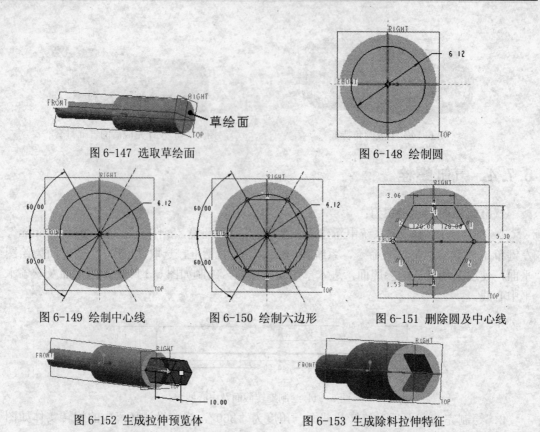

图 6-147 选取草绘面　　　　　　　　　图 6-148 绘制圆

图 6-149 绘制中心线　　　图 6-150 绘制六边形　　　图 6-151 删除圆及中心线

图 6-152 生成拉伸预览体　　　　　　图 6-153 生成除料拉伸特征

　　10．从上图可以看到拉伸特征的拉伸方向反了，左键单击拉伸预览体中的黄色箭头，此箭头方向反向，然后左键单击"拉伸特征"工具条中的"建造特征" ☑命令，生成此截面拉伸特征，如图 6-153 所示。

　　11．保存当前设计中的对象，关闭当前设计窗口。

6.8　上机实验

　　1．打开零件 "lianxi1-1"，添加如图 6-154 所示的圆角，圆角半径为 "2.50"，然后保存。

　　2．打开零件 "lianxi1-2"，添加如图 6-155 所示的圆角，圆角半径为 "1.00"，然后保存。

　　3．打开零件 "lianxi1-3"，添加如图 6-156 所示的圆孔，圆孔直径为 "12.50"，间距为 "98.00"，并且再椭圆的短轴上，然后保存。

　　4．打开零件 "lianxi1-4"，添加如图 6-154 所示的圆角，圆角半径为 "25.00"，然后保存。

　　5．打开零件 "lianxi1-6"，添加如图 6-158 所示的圆孔，圆孔直径为 "12.50"，间距为 "98.00"，然后保存。

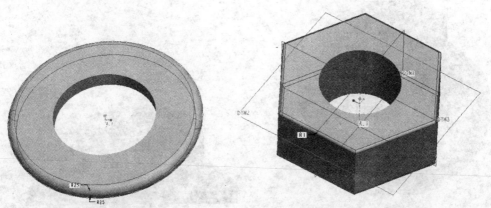

图 6-154 添加圆角特征　　　　　　　图 6-155 添加圆角特征

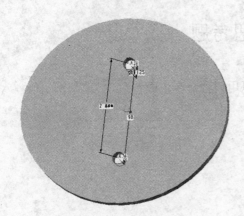

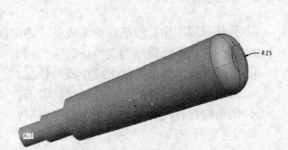

图 6-156 添加孔特征　　　　　　　图 6-157 添加圆角特征

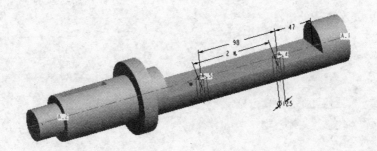

图 6-158 添加孔特征

6. 打开零件"lianxi1-7",添加如图 6-159 所示的圆孔,整个圆孔的高度为"265.00",其中大孔直径为"98.00",高度为"20.00",小孔直径为"55.00",然后添加如图 6-160 所示的圆角,圆角半径为"3.50",然后保存。

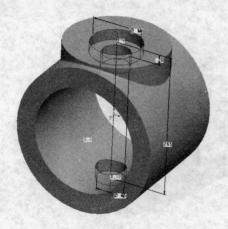

图 6-159 添加孔特征

图 6-160 添加圆角特征

6.9 复习思考题

1. 孔特征除了用孔特征命令生成外，还可以用何种命令生成？
2. 如何生成不同壁厚的壳特征？
3. 什么是拔模特征？其生成步骤是什么？
4. 圆角特征有几种形式，分别如何表示？
5. 倒角特征有几种形式，分别如何表示？

第 7 章　高级特征设计

本章导读：

　　一些复杂的零件造型只通过基本特征和工程特征是无法完成的，例如吊钩、螺纹等。在这些零件的建模过程中还要用到高级特征。

　　本章主要讲述扫描混合、螺旋扫描以及变剖面扫描等高级特征的创建。

　　知识重点

1. Pro/ENGINEER Windfire 的扫描混合特征设计。
2. Pro/ENGINEER Windfire 的螺旋扫描特征设计。
3. Pro/ENGINEER Windfire 的变剖面扫描特征设计。

7.1　扫描混合特征

7.1.1　扫描混合特征简介

　　扫描混合特征是将多个剖面沿一条轨迹连接起来，扫描混合特征综合了扫描和混合这两种特征。

7.1.2　扫描混合特征的创建

　　扫描混合特征的创建步骤为：

　　1. 在 Pro/ENGINEER 系统中新建一个"零件"设计环境；左键单击"插入"菜单条，再单击"扫描混合"命令，如图 7-1 所示。

　　2. 系统打开"扫描混合"工具条，如图 7-2 所示。

　　3. 单击"扫描混合"工具条中的"参照"命令，系统打开"参照"对话框，如图 7-3 所示。

　　4. 左键单击"剖面控制"命令，系统弹出 3 种剖面控制方式供选择，如图 7-4 所示。

　　注：使用者可以选取已有 2D 截面图或绘制新的 2D 截面，其中，截面可以垂直于轨迹、垂直于投影或恒定法向 3 种形式，其含义分别如下：

- 垂直于轨迹：截面平面在整个长度上保持与"原点轨迹"垂直。普通模型的"扫描"表现为这个方式。
- 垂直于投影：沿"枢轴方向"看去，截面平面保持与"原点轨迹"垂直。截面的向上方向保持与"枢轴方向"平行。

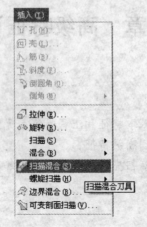

图 7-1　"扫描混合"菜单条

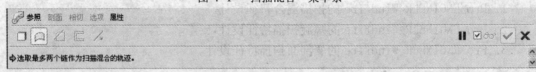

图 7-2　"混合选项"工具条

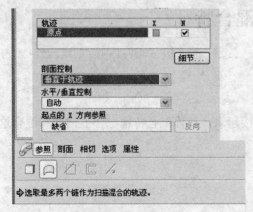

图 7-3 参照对话框

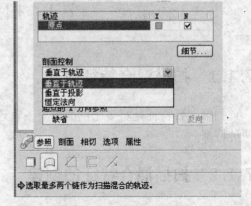

图 7-4 选取剖面控制方式

● 恒定法向：必须选取两个轨迹来决定该截面的位置和方向。"原点轨迹"决定沿该特征长度的截面原点。在沿该特征长度上，该截面平面始终保持与"法向轨迹"垂直。

5. 保持"混合扫描"工具条中的选项不变，单击"草绘工具" 命令，进入草绘环境，选取"Front"基准面为草绘平面，使用系统默认的参照平面，如图 7-5 所示。

6. 单击样条曲线命令，绘制一条样条曲线，如图 7-6 所示。

7. 左键单击"草绘器工具"工具条中的"继续当前部分" 命令，生成一条样条曲线并退出草图绘制环境，如图 7-7 所示。

注：当前设计环境中样条曲线上的红色点表示正在编辑的截面点，绿色点表示样条曲线端点，这是系统默认的截面点。"确认选择"菜单条中的"接受"表示将当前系统正在编辑的绿色点设为截面点，"下一项"命令表示切换到下一个待编辑的点。

8．左键单击"扫描混合"工具条中的"退出暂停模式，继续使用此工具" 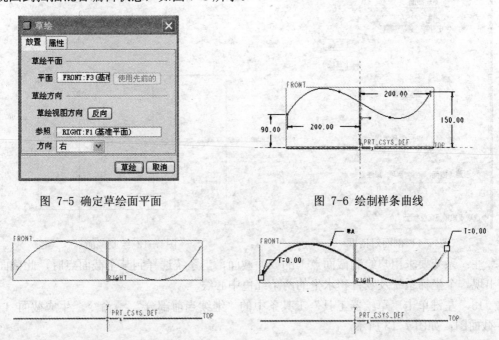命令，
系统回到扫描混合编辑状态，如图 7-8 所示。

<table>
<tr><td>图 7-5　确定草绘面平面</td><td>图 7-6　绘制样条曲线</td></tr>
<tr><td>图 7-7　生成样条曲线</td><td>图 7-8　选取样条曲线</td></tr>
</table>

9．单击"扫描混合"工具条中的"剖面"命令，系统打开"剖面"对话框，如图 7-9
所示。

10．保留"剖面"对话框中的选项不变，单击设计环境中样条曲线的起点，如图 7-10
所示。

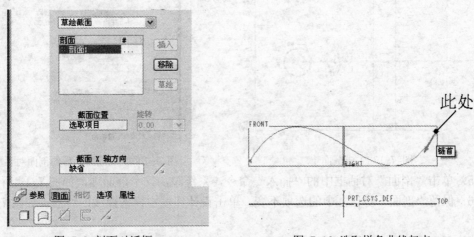

图 7-9　剖面对话框　　　　　　　　　　图 7-10　选取样条曲线起点

11．此时的"剖面"对话框如图 7-11 所示。

12．使用系统默认的"0"旋转角度及其他选项，单击"草绘"命令，系统进入 2D 截
面绘制阶段，绘制一个直径为"50.00"的圆，圆心为选择的样条曲线起点，如图 7-12 所

示。

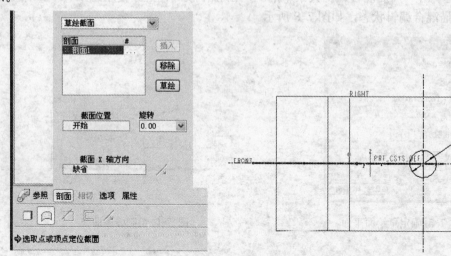

图 7-11 剖面对话框　　　　　　　　　　　　　图 7-12 绘制截面

注：系统要求用户绘制截面点上的 2D 截面，当系统选择到某个截面点时，此截面点上出现一个坐标系统及竖直和水平的两条红色中心线。

13．左键单击"草绘器工具"工具条中的"继续当前部分" ✔命令，生成截面 1 的 2D 截面图，如图 7-13 所示。

14．此时"剖面"对话框如图 7-14 所示。

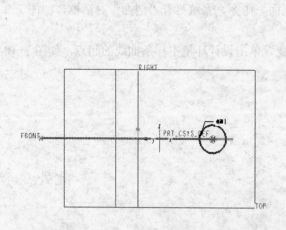

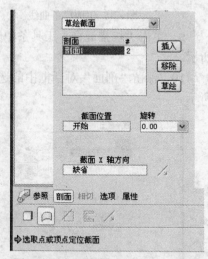

图 7-13 生成截面 1　　　　　　　　　　图 7-14 生成截面 1 后的剖面对话框

15．单击"剖面"对话框中的"插入"命令，系统添加一个剖面项，如图 7-15 所示。

16．保留"剖面"对话框中的选项不变，单击设计环境中样条曲线的终点，如图 7-16 所示。

17．保留系统默认的"0"旋转角度及其他选项，单击"草绘"命令，系统进入 2D 截面绘制阶段，绘制一个直径为"100.00"的圆，圆心为选择的样条曲线终点，如图 7-17 所示。

18．左键单击"草绘器工具"工具条中的"继续当前部分" ✔命令，生成截面 2 的

2D 截面图，同时生成扫描混合预览特征，如图 7-13 所示。

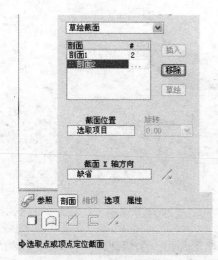

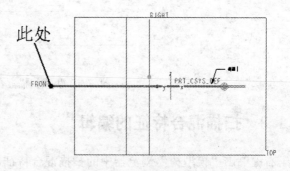

图 7-15 添加截面 2 项　　　　　　　图 7-16 选取样条曲线终点

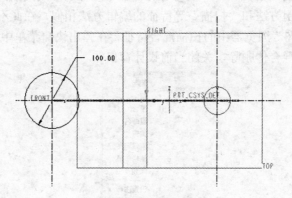

图 7-17 绘制截面 2

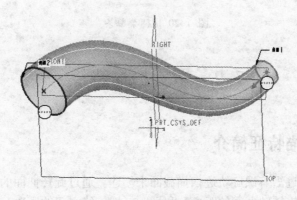

图 7-18 生产扫描混合预览特征

19．单击"扫描混合"工具条中的"确定" 命令，系统生成此扫描混合特征，如图 7-19 所示。

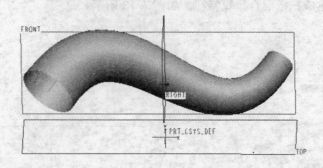

图 7-19 生成扫描混合特征

7.1.3　扫描混合特征的编辑

　　右键单击"模型树"浏览器中的扫描混合特征，系统弹出一个快捷菜单，如图 7-20所示。

　　通过快捷菜单中的"编辑"和"编辑定义"命令，可以修改扫描混合特征的尺寸或重新定义此特征，其使用方法和"扫描"等特征的编辑方法相似，在此不再赘述。

　　右键单击"模型树"浏览器中的扫描混合特征，在弹出快捷菜单中选取"删除"命令，将设计环境中的扫描混合体删除，关闭当前设计窗口。

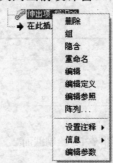

图 7-20 快捷菜单条

7.2　螺旋扫描特征

7.2.1　螺旋扫描特征简介

　　螺旋扫描特征通过沿着螺旋轨迹扫描截面来创建。通过旋转曲面的轮廓（定义从螺旋特征的截面原点到其旋转轴之间的距离）和螺距（螺旋线之间的距离）两者来定义轨迹。

　　螺旋扫描对于实体和曲面均可用。在"属性"菜单中，对以下成对出现的选项（只选其一）进行选择，来定义螺旋扫描特征：

　　● 恒定：螺距是常量。

- 变量：螺距是可变的并由某图形定义。
- 穿过轴：横截面位于穿过旋转轴的平面内。
- 垂直于轨迹：确定横截面方向，使之垂直于轨迹（或旋转面）。
- 右手：使用右手规则定义轨迹。
- 左手：使用左手规则定义轨迹。

7.2.2 等节距螺旋扫描特征的创建

等节距螺旋扫描特征的创建步骤为：

1. 在 Pro/ENGINEER 系统中新建一个"零件"设计环境。左键单击"插入"菜单条，再用左键单击"螺旋扫描"菜单条中的"伸出项…"，如图 7-21 所示。

2. 系统打开"伸出项：螺旋扫描，…"对话框并弹出"菜单管理器"中的"属性"菜单条，如图 7-22 所示。

3. 保持系统默认的"属性"菜单条中的选项不变，左键单击"完成"命令，系统打开"设置草绘平面"对话框，并且在"伸出项：螺旋扫描"对话框中指到"扫引轨迹"子项，如图 7-23 所示。

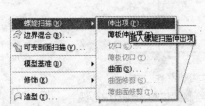

图 7-21 "螺旋扫描"菜单条　　图 7-22 "属性"菜单条　　图 7-23 "设置草绘平面"菜单条

4. 左键单击当前设计环境中的"FRONT"基准面，选择此面为草绘平面，此时系统弹出"方向"菜单条，并且当前设计环境中的"FRONT"基准面上出现一个红色箭头，表示草绘面的正向，如图 7-24 所示。

5. 左键单击"方向"菜单条中的"正向"命令，使用系统默认的方向为正向，系统弹出"草绘视图"菜单条，要求用户设置参照面，如图 7-25 所示。

6. 左键单击"草绘视图"菜单条中的"右"命令，系统弹出"设置平面"菜单条，如图 7-26 所示。

7. 左键单击当前设计环境中的"RIGHT"基准面，将其设置为参照面。系统进入草图绘制环境，并弹出"参照"对话框显示选定的草绘基准面和参照基准面，如图 7-27 所示。

8. 左键单击"参照"对话框上的"关闭"命令，将此对话框关闭。使用草绘工具在设计环境中绘制如图 7-28 所示的一条竖直的直线及一条竖直的中心线。

9. 左键单击"草绘器工具"工具条中的"继续当前部分" ✔ 命令，系统弹出消息输入框，要求用户输入节距值，如图7-29所示。

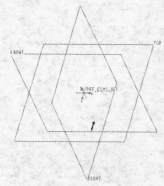

图 7-24 确定草绘平面正向　　　图 7-25 设置草绘平面菜单条　　图 7-26 设置平面菜单条

10．此时"伸出项：螺旋扫描"对话框中指到"螺距"子项，如图7-30所示。

11．使用系统默认的螺距值"15"，左键单击消息输入对话框中的"接受值" ☑命令，系统进入 2D 截面绘制阶段，此时"伸出项：螺旋扫描"对话框中指到"截面"子项，如图7-31 所示。

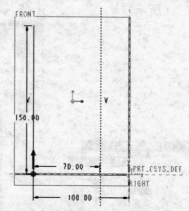

图 7-27 参照对话框　　　　　　图 7-28 绘制螺旋扫描线及中心线

图 7-29 输入螺旋节距

图 7-30 定义螺距参数　　　　　图 7-31 定义草绘截面

12．在当前设计环境中绘制一个直径为"10.00"的圆，圆心为直线的起点（下端点），如图7-32所示。

图 7-32　绘制螺旋截面

图 7-33 定义完成后的"伸出项：螺旋扫描"对话框　　　图 7-34 生成螺旋扫描特征

13. 左键单击"草绘器工具"工具条中的"继续当前部分" ✔ 命令，此时"伸出项：螺旋扫描"对话框中的所有子项都定义完成，如图 7-33 所示。

14. 左键单击"伸出项：螺旋扫描"对话框中的"确定"命令，系统生成一个螺旋扫描特征，如图 7-34 所示。

15. 右键单击"模型树"浏览器中的螺旋扫描特征，在弹出的快捷菜单中选取"删除"命令，将设计环境中的螺旋扫描体删除。

7.2.3　变节距螺旋扫描特征的创建

变节距螺旋扫描特征的创建步骤为：

1. 系统当前环境为零件设计环境，左键单击"插入"菜单条，再用左键单击"螺旋扫描"菜单条中的"伸出项…"，如图 7-35 所示。

2. 系统打开"伸出项：螺旋扫描，…"对话框并弹出"菜单管理器"中的"属性"菜单条，如图 7-36 所示。

3. 左键单击"属性"菜单条中的"可变的"命令，将其选定，并保持系统默认的"属性"菜单条中的其他选项不变，左键单击"完成"命令，系统打开"设置草绘平面"对话框，并且在"伸出项：螺旋扫描"对话框中指到"扫引轨迹"子项，如图 7-37 所示。

4. 左键单击当前设计环境中的"FRONT"基准面，选择此面为草绘平面，此时系统弹出"方向"菜单条，并且当前设计环境中的"FRONT"基准面上出现一个红色箭头，表示草绘面的正向，如图 7-38 所示。

5. 左键单击"方向"菜单条中的"正向"命令，使用系统默认的方向为正向，系统弹出"草绘视图"菜单条，要求用户设置参照面，如图 7-39 所示。

6. 左键单击"草绘视图"菜单条中的"右"命令，系统弹出"设置平面"菜单条，如图 7-40 所示。

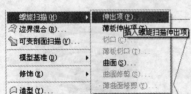

图 7-35 螺旋扫描菜单条　　　图 7-36 属性菜单条　　　图 7-37 设置草绘平面菜单条

7．左键单击当前设计环境中的"RIGHT"基准面，将其设置为参照面。系统进入草图绘制环境，并弹出"参照"对话框显示选定的草绘基准面和参照基准面，如图 7-41 所示。

8．左键单击"参照"对话框上的"关闭"命令，将此对话框关闭。使用草绘工具在设计环境中绘制如图 7-42 所示的一条竖直的直线及一条竖直的中心线。

9．左键单击"草绘器工具"工具条中的"继续当前部分" ✔ 命令，系统弹出消息输入框，要求用户输入轨迹起始端的节距值，如图 7-43 所示。

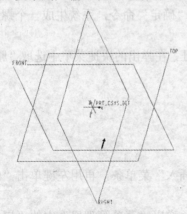

图 7-38 确定草绘平面正向　　　图 7-39 设置草绘平面菜单条　　　图 7-40 设置平面菜单条

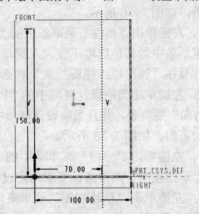

图 7-41 "参照"对话框　　　　　图 7-42 绘制螺旋扫描线及中心线

10．此时"伸出项：螺旋扫描"对话框中指到"螺距"子项，如图 7-44 所示。

11．使用系统默认的螺距值"15"，然后左键单击"消息"对话框中的"接受值" ☑ 命令，系统再次弹出消息输入框，要求用户输入轨迹末端的"节距值"，如图 7-45 所示。

图 7-43　消息输入框

图 7-44　"伸出项：螺旋扫描"对话框

图 7-45　消息输入框

12．输入轨迹末端节距值"50"，然后左键单击"消息"对话框中的"接受值" ☑ 命令，系统弹出"PITCH_GRAPH"对话框，显示节距值的变化曲线，如图 7-46 所示。

13．此时"菜单管理器"中打开"控制曲线"菜单条和"定义控制曲线"菜单条，如图 7-47 所示。

14．左键单击"控制曲线"菜单条中的"完成"命令，系统进入 2D 截面绘制阶段，此时"伸出项：螺旋扫描"对话框中指到"截面"子项，如图 7-48 所示。

15．在当前设计环境中绘制一个直径为"10.00"的圆，圆心为直线的起点（下端点），如图 7-49 所示。

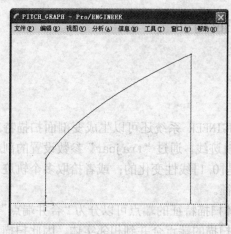
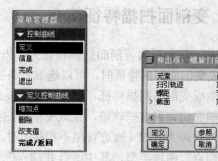

图 7-46　"PITCH_GRAPH"对话框　　图 7-47　"控制曲线"菜单条　　图 7-48　定义截面

16．左键单击"草绘器工具"工具条中的"继续当前部分" ☑ 命令，此时"伸出项：

螺旋扫描"对话框中的所有子项都定义完成，如图 7-50 所示。

17．左键单击"伸出项：螺旋扫描"对话框中的"确定"命令，系统生成一个变节距螺旋扫描特征，如图 7-51 所示。

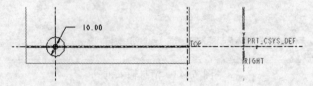

图 7-49 绘制螺旋扫描截面

图 7-50 定义完成后的"伸出项：螺旋扫描"对话框

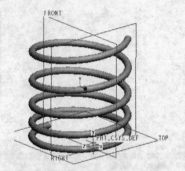

图 7-51 生成变节距螺旋扫描特征

7.2.4　螺旋扫描特征的编辑

右键单击"模型树"浏览器中的螺旋扫描特征，使用弹出的快捷菜单中的"编辑"和"编辑定义"命令，可以修改螺旋扫描特征的尺寸或重新定义此特征，其使用方法和"扫描"等特征的编辑方法相似，在此不再赘述。

右键单击"模型树"浏览器中的螺旋扫描特征，在弹出快捷菜单中选取"删除"命令，将设计环境中的变节距螺旋扫描体删除，关闭当前设计窗口。

7.3　变剖面扫描特征

7.3.1　变剖面扫描特征简介

除了上一章介绍的等剖面扫描特征外，Pro/ENGINEER 系统还可以生成变剖面扫描特征。在生成变剖面扫描特征时，可以选取一条扫描轨迹线，通过"trajpar"参数设置的剖面关系来生成变剖面扫描特征，其中"trajpar"是[0,1]线性变化的；或者拾取多个轨迹线将扫描剖面约束到这些轨迹，生成变剖面扫描特征。

当扫描轨迹为开放（轨迹首尾不相接）时，实体扫描特征的端点可以分为"合并端点"和"自由端点"两种类型，其中"合并端点"是把扫描的端点合并到相邻实体，因此扫描端点必须连接到相邻实体上；"合并端点"则不将扫描端点连接到相邻几何。

7.3.2 可变剖面扫描特征的创建

可变剖面扫描特征的创建步骤为：

1. 在 Pro/ENGINEER 系统中新建一个"零件"设计环境。左键单击"草绘器工具"工具条中的"可变剖面扫描工具"命令，系统打开"扫描特征"工具条，左键单击此工具条中的"扫描为实体"命令，表示扫描特征为实体特征，如图 7-52 所示。

图 7-52 可变截面扫描特征工具条

2. 左键单击"草绘工具"命令，系统弹出"草绘"对话框，选取"FRONT"基准面为绘图平面，使用系统默认的参照面，进入草图绘制环境，在设计环境中绘制如图 7-53 所示的圆弧线。

3. 左键单击"草绘器工具"工具条中的"继续当前部分"命令，系统生成此圆弧线。左键单击"扫描特征"工具条中的"继续执行"命令，重新激活"扫描特征"工具条，左键单击此工具条中的"创建或编辑扫描剖面"命令，系统自动旋转到剖面绘制状态，在扫描起点处自动生成一组竖直、水平的中心线及一个过这两条中心线交点的基准点，以此基准点为中心绘制一个圆，如图 7-54 所示。

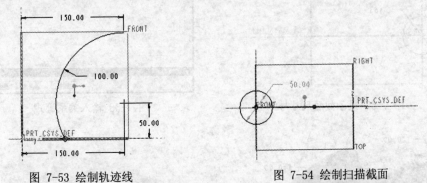

图 7-53 绘制轨迹线   图 7-54 绘制扫描截面

4. 左键单击"工具"菜单条中的"关系…"命令，如图 7-55 所示。

5. 系统打开"关系"对话框，如图 7-56 所示。

6. 此时设计环境中的剖面圆的尺寸值变为尺寸号"sd3"，如图 7-57 所示。

7. 在"关系"对话框中输入等式"sd3=50*(1+2*trajpar)"，如图 7-58 所示。式中的"50"表示剖面圆的直径，"trajpar"表示轨迹变化量，其含义是将整个轨迹设为"1"，起始点的"trajpar"值为"0"，终点的"trajpar"值为"1"，"sd3"表示一个随之变化的圆直径。

8. 左键单击"关系"对话框中的"确定"命令，然后再用左键单击"草绘器工具"工具条中的"继续当前部分"命令，生成变剖面扫描的预览特征，旋转该预览特征，如图 7-59 所示。

9. 左键单击"扫描特征"工具条上的"建造特征"命令，生成变剖面扫描实体，如图 7-60 所示。

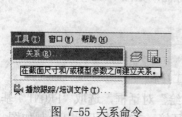

图 7-55 关系命令

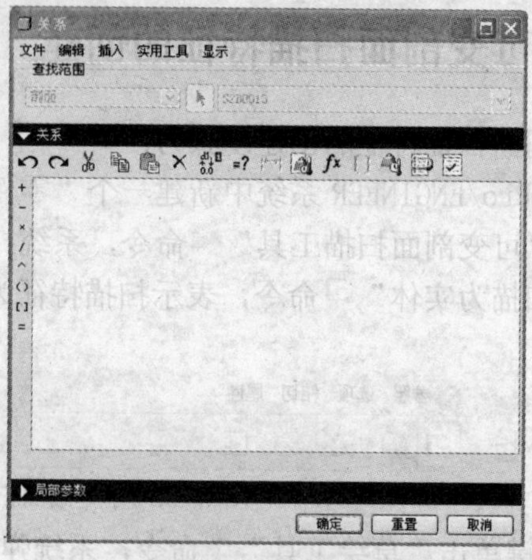

图 7-56 "关系"对话框

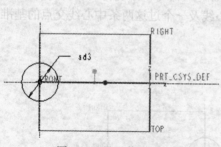

图 7-57 显示截面尺寸号

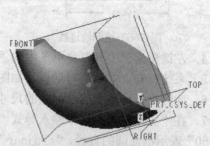

图 7-58 输入关系等式

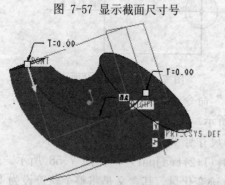

图 7-59 生成扫描预览体

图 7-60 生成边界面扫描特征

10. 右键单击"模型树"浏览器中的扫描特征，在弹出快捷菜单中选取"删除"命令，将设计环境中的变剖面扫描体删除。同样的操作，将"模型树"浏览器中的草绘圆弧线删除。左键单击"草绘工具" 命令，系统弹出"草绘"对话框，选取"Front"基准面为绘图平面，使用系统默认的参照面，进入草图绘制环境，在设计环境中绘制如图 7-61 所示的一条直线。

11. 左键单击"草绘器工具"工具条中的"继续当前部分" 命令，系统生成这条直线。左键单击"草绘工具" 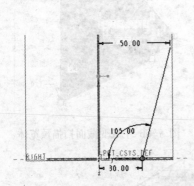命令，系统弹出"草绘"对话框，选取"Top"基准面为绘图平面，使用系统默认的参照面，进入草图绘制环境，在设计环境中绘制如图 7-62 所示的两条直线。

图 7-61 绘制扫描轨迹线　　　　图 7-62 绘制另两条扫描轨迹线

12. 左键单击"草绘器工具"工具条中的"继续当前部分" ✔ 命令，系统生成这两条直线。左键单击"草绘器工具"工具条中的"可变剖面扫描工具" ↷ 命令，系统打开"扫描特征"工具条，左键单击此工具条中的"扫描为实体" □ 命令，表示扫描特征为实体特征。左键单击当前设计环中的任何一条直线，此时这条直线变成红色加粗显示，扫描的起点用黄色箭头表示，如图 7-63 所示。

13. 按住 Ctrl 键，使用左键依次单击当前设计环境中的另外两条直线，此时设计环境中 3 条线都选中，如图 7-64 所示。

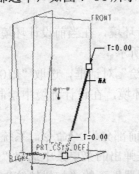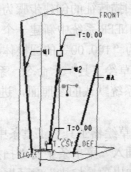

图 7-63 选取扫描轨迹线　　　　图 7-64 选取另两条扫描轨迹线

14. 左键单击"扫描特征"工具条中的"创建或编辑扫描剖面" ☑ 命令，系统自动旋转到剖面绘制状态，在当前设计环境的 3 条直线的扫描起点处绘制 3 条直线，如图 7-65 所示。

15. 用左键单击"草绘器工具"工具条中的"继续当前部分" ✔ 命令，生成变剖面扫描的预览特征，旋转该预览特征，如图 7-66 所示。

16. 左键单击"扫描特征"工具条上的"建造特征" ☑ 命令，生成变剖面扫描实体，如图 7-67 所示，从图中可以看到，变剖面扫描特征的高度由最短的那条轨迹线决定。

17. 右键单击"模型树"浏览器中的扫描特征，在弹出快捷菜单中选取"删除"命令，将设计环境中的变剖面扫描体删除。同样的操作，将"模型树"浏览器中的草绘线删除，关闭当前设计窗口。

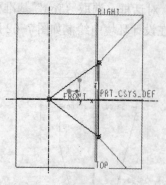

图 7-65 绘制扫描截面

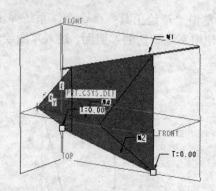

图 7-66 生成变截面扫描预览体

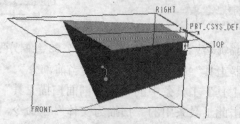

图 7-67 生成变截面扫描特征

7.3.3 开放轨迹实体扫描特征的创建

开放轨迹实体扫描特征的创建步骤为：

1. 在 Pro/ENGINEER 系统中新建一个"零件"设计环境，在当前设计环境中生成直径为"80.00"，高度为"100.00"的圆柱体，如图 7-68 所示。

2. 左键单击"草绘工具 ✎"命令，系统弹出"草绘"对话框，选取"RIGHT"基准面为绘图平面，使用系统默认的参照面，进入草图绘制环境，在设计环境中绘制如图 7-69 所示的样条曲线。

3. 左键单击"草绘器工具"工具条中的"继续当前部分" ✔ 命令，系统生成此样条曲线。左键单击"插入"菜单条中的"扫描"命令，在弹出的菜单条中选取"伸出项…"命令，系统弹出"伸出项：扫描"对话框和"菜单管理器"下的"扫描轨迹"菜单条，如图 7-70 所示。

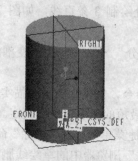

图 7-68 生成拉伸圆柱体

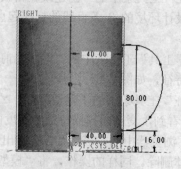

图 7-69 绘制样条曲线

图 7-70 扫描轨迹菜单条

4. 左键单击"扫描轨迹"菜单条中的"选取轨迹"命令，系统打开"链"菜单条，如图 7-71 所示。

5. 左键单击第 3 步生成的样条曲线，此时曲线用红色粗线加亮显示，如图 7-72 所示。

6. 左键单击"链"菜单条中的"完成"命令，系统打开"属性"菜单条，如图 7-73 所示。

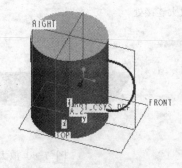

图 7-71 链菜单条　　　　图 7-72 选取扫描轨迹线　　　　图 7-73 属性菜单条

7. 保持"属性"菜单条中的"自由端点"选项不变，左键单击此菜单条中的"完成"命令，系统自动旋转到剖面绘制状态，在扫描起点处自动生成一组竖直和水平的中心线，以此两线的交点为中心绘制一个圆，如图 7-74 所示。

8. 此时"伸出项：扫描"对话框中指向"截面"子项，如图 7-75 所示。

9. 左键单击"草绘器工具"工具条中的"继续当前部分"✔ 命令，此时扫描操作的所有动作都定义完成。左键单击"伸出项：扫描"对话框中的"确定"命令，系统生成此扫描特征，如图 7-76 所示。

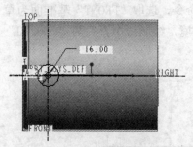

图 7-74 绘制扫描截面　　　　图 7-75 定义截面　　　　图 7-76 生成扫描特征

10. 放大扫描特征和圆柱体相接处，可以看到这两个特征之间没有完全相交，如图 7-77 所示。

11. 右键单击"模型树"浏览器中的扫描特征，在弹出快捷菜单中选取"编辑定义"命令，如图 7-78 所示。

12. 此时系统再次打开"伸出项：扫描"对话框，左键双击此对话框中的"属性"子项，系统打开"属性"菜单条，如图 7-79 所示。

13. 左键单击"属性"菜单条中的"合并终点"命令，然后左键单击此菜单条中的"完成"命令，此时扫描操作的所有动作都定义完成。左键单击"伸出项：扫描"对话框中的

"确定"命令，系统生成"合并终点"类型的扫描特征，此时扫描特征和圆柱体两个特征之间完全融和，如图7-80所示。

<table>
<tr><td>图 7-77 放大连接处</td><td>图 7-78 快捷菜单条</td></tr>
</table>

<table>
<tr><td>图 7-79 属性菜单条</td><td>图 7-80 放大连接处</td></tr>
</table>

14. 将当前设计环境中的圆柱体、扫描体和草绘图删除，然后关闭此设计窗口。

7.3.4　闭合轨迹实体扫描特征的创建

闭合轨迹实体扫描特征创建的步骤为：

1. 在 Pro/ENGINEER 系统中新建一个"零件"设计环境。左键单击"插入"菜单条中的"扫描"命令，在弹出的菜单条中选取"伸出项…"命令，系统弹出"伸出项：扫描"对话框和"菜单管理器"下的"扫描轨迹"菜单条，如图7-81所示。

2. 左键单击"扫描轨迹"菜单条中的"草绘轨迹"命令，选取"FRONT"基准面为草绘平面，"Top"基准面为"顶"参照面，进入草图绘制环境，绘制一个直径为"200.00"的圆，圆心为默认坐标系，如图7-82所示。

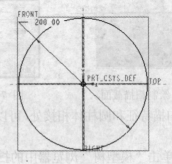

<table>
<tr><td>图 7-81 扫描轨迹菜单条</td><td>图 7-82 绘制扫描轨迹线</td></tr>
</table>

3. 左键单击"草绘器工具"工具条中的"继续当前部分 ✔"命令，系统打开"属性"菜单条，且"伸出项：扫描"对话框中指向"属性"子项，如图7-83所示。

4. 保持"属性"菜单条中的"无内部图素"选项，左键单击此菜单条中的"完成"命令，系统自动旋转到剖面绘制状态，在当前草绘环境中绘制一个边长为"20.00"的正方形，如图 7-84 所示。

　　5. 左键单击"草绘器工具"工具条中的"继续当前部分" ✔ 命令，此时扫描操作的所有动作都定义完成。左键单击"伸出项：扫描"对话框中的"确定"命令，系统生成此扫描特征，如图 7-85 所示。

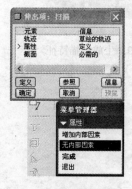

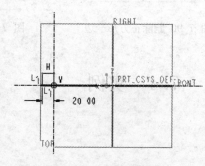

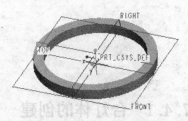

图 7-83 属性菜单条　　　　　　图 7-84 绘制扫描截面　　　　　图 7-85 生成封闭扫描特征

　　6. 右键单击"模型树"浏览器中的扫描特征，在弹出快捷菜单中选取"编辑定义"命令，系统打开"伸出项：扫描"对话框，左键双击此对话框中的"属性"子项，系统打开"属性"菜单条，如图 7-86 所示。

　　7. 左键单击"属性"菜单条中的"增加内部因素"命令，然后使用左键单击此菜单条中的"完成"命令，系统打开"截面"菜单条，如图 7-87 所示。

　　8. 左键单击"截面"菜单条中的"草绘"命令，系统自动旋转到剖面绘制状态，此时在当前草绘环境中有一个边长为"20.00"的正方形，如图 7-88 所示。

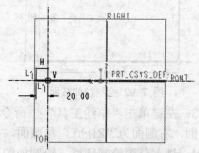

图 7-86 属性菜单条　　　　　图 7-87 截面菜单　　　　　　图 7-88 绘制封闭扫描截面

　　9. 保持当前草绘剖面不变，左键单击"草绘器工具"工具条中的"继续当前部分" ✔ 命令，此时系统弹出"不完整截面"警告框，如图 7-89 所示。

　　10. 左键单击"不完整截面"警告框中的"否"命令，系统返回扫描剖面绘制环境，在此设计环境中将正方形的一条边删除，如图 7-90 所示。

　　11. 左键单击"草绘器工具"工具条中的"继续当前部分" ✔ 命令，此时扫描操作的所有动作都定义完成。左键单击"伸出项：扫描"对话框中的"确定"命令，系统生成一个增加内部因素的扫描特征，如图 7-91 所示。

　　12. 将当前设计环境中的扫描特征删除，然后关闭此设计窗口。

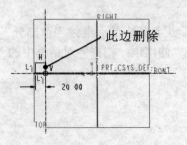
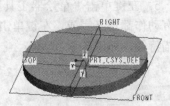

　　图 7-89 "不完整截面"对话框　　图 7-90 删除正方形一边　　图 7-91 生成扫描特征

7.4　实例

7.4.1　台灯体的创建

　　台灯体的创建步骤为:

　　1．在 Pro/ENGINEER 系统中新建一个"零件"设计环境,零件名为"taidengti"。左键单击"草绘工具" ⛝命令,系统弹出"草绘"对话框,选取"FRONT"基准面为绘图平面,使用系统默认的参照面,进入草图绘制环境,绘制如图 7-92 所示的矩形。

　　2．完成此草绘后,将此截面拉伸,拉伸长度为"20.00",生成如图 7-93 所示的长方体。

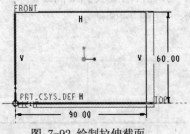
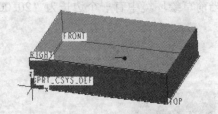

　　　　图 7-92 绘制拉伸截面　　　　　　　图 7-93 生成拉伸特征

　　3．左键单击"草绘工具" ⛝命令,系统弹出"草绘"对话框,选取长方体顶面为绘图平面,右侧面为"Right"参照面,如图 7-94 所示。

　　4．进入草图绘制环境,绘制如图 7-95 所示的截面。

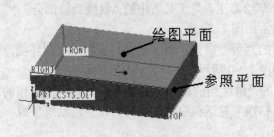
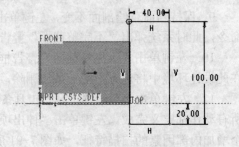

　　　　图 7-94 选取草绘及参照平面　　　　　图 7-95 绘制拉伸截面

5．完成此草绘后，将此截面拉伸，拉伸长度为"20.00"，此时生成如图 7-96 所示的预览拉伸体。

6．从拉伸预览体可以看到，拉伸的方向是向上，左键单击拉伸预览体中的黄色箭头，则此箭头向下，表示向下拉伸此截面，如图 7-97 所示。

7．左键单击"拉伸特征"工具条中的"建造特征" ☑命令，系统完成拉伸特征的创建。将当前设计环境中设计对象的 4 条边倒上半径为"20.00"的圆角，如图 7-98 所示。

注：为了便于显示，将当前设计环境中的"基准平面"和"基准坐标系"关闭。

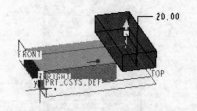
图 7-96 生成拉伸预览体

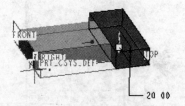
图 7-97 切换拉伸特征方向

8．将当前设计环境中设计对象的两条边倒上半径为"30.00"的圆角，如图 7-99 所示。

图 7-98 选取倒圆角边

图 7-99 选取倒圆角边

9．将当前设计环境中的基准平面显示出来。左键单击"草绘器工具"工具条中的"可变剖面扫描工具" ↘命令，系统打开"扫描特征"工具条，鼠标单击此工具条中的"扫描为实体" □命令；左键单击"草绘工具" ▨命令，系统弹出"草绘"对话框；左键单击"基准平面工具" ▱命令，系统弹出"基准平面"对话框，如图 7-100 所示。

10．左键单击设计环境中的"Top"基准面，在"基准平面"对话框中的"平移"编辑框中输入数值"30.00"，如图 7-101 所示。

11．此时设计环境中的平移基准面预览如图 7-102 所示。

12．左键单击"基准平面"对话框中的"确定"命令，系统生成此临时基准面，并且"草绘"对话框中选取此临时基准面为草绘平面，如图 7-103 所示。

13．使用"草绘"对话框中默认的参照面，左键单击此对话框中的"草绘"命令，系统自动旋转到草图绘制状态，并打开"参照"对话框显示用户选取的草绘面名称及参照面名称，如图 7-104 所示。

14．左键单击"参照"对话框中的"关闭"命令，系统关闭此对话框，在当前设计环境中绘制一条样条曲线，如图 7-105 所示。

15．左键单击"草绘器工具"工具条中的"继续当前部分" ✔命令，系统生成此样条曲线；左键单击"扫描特征"工具条中的"继续执行" ▶命令，重新激活"扫描特征"工具条，此时设计环境中的对象如图 7-106 所示，黄色箭头表示扫描起点及方向。

图 7-100 "草绘"对话框　　　　　　图 7-101 设置基准平面偏移距离

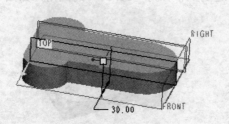

图 7-102 生成预览平移基准面　　　　　　图 7-103 "草绘"对话框

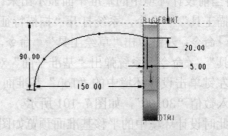

图 7-104 "参照"对话框　　　　　　图 7-105 绘制扫描轨迹线

16. 左键单击"扫描特征"工具条中的"创建或编辑扫描剖面" 命令，系统自动旋转到剖面绘制状态，在扫描起点处自动生成一组竖直、水平的中心线，以此两线的交点为中心绘制一个边长为"16.00"的矩形，如图 7-107 所示。

17. 左键单击"草绘器工具"工具条中的"继续当前部分" ✔命令，系统生成此扫描特征的预览体，如图 7-108 所示。

18. 左键单击"扫描特征"工具条中的"建造特征" ✔命令，生成扫描特征，如图 7-109所示。

19. 左键单击"草绘器工具"工具条中的"拉伸工具" ⬚命令，系统打开"拉伸特征"工具条，在此工具条中输入拉伸深度值"160.00"；左键单击"草绘工具" △命令，系统弹出"草绘"对话框；左键单击"基准平面工具" 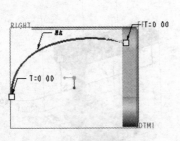 命令，系统弹出"基准平面"对话框，左键单击当前设计环境中的"Top"基准面，并在"基准平面"对话框中的"平移"编辑框中输入数值"50.00"，此时设计环境如图 7-110 所示。

图 7-106 选取扫描轨迹线

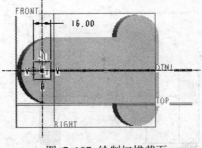

图 7-107 绘制扫描截面

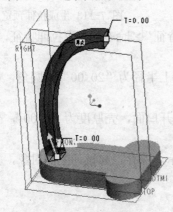

图 7-108 生成扫描预览体

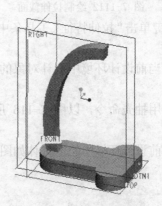

图 7-109 生成扫描特征

注：可以通过拖动基准面的操作柄将其移动。

20. 左键单击"基准平面"对话框中的"确定"命令，系统生成此临时基准面，并且"草绘"对话框中选取此临时基准面为草绘平面，如图 7-111 所示。

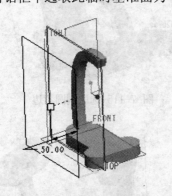

图 7-110 生成预览平移基准面

图 7-111 "草绘"对话框

21. 使用"草绘"对话框中默认的参照面，左键单击此对话框中的"草绘"命令，系统自动旋转到草图绘制状态，在此草绘环境中绘制一个矩形，如图 7-1112 所示。

22. 左键单击"草绘器工具"工具条中的"继续当前部分" ✔ 命令，系统生成此拉伸截面；左键单击"拉伸特征"工具条中的"继续执行" ▶ 命令，系统生成此拉伸特征的预览体，如图 7-113 所示。

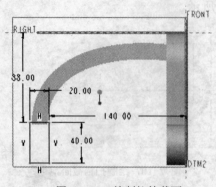

图 7-1112 绘制拉伸截面

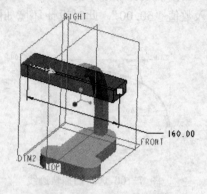

图 7-113 生成拉伸预览体

23. 左键单击"拉伸特征"工具条中的"建造特征"☑命令，生成拉伸特征，如图 7-114所示。

24. 将当前设计环境中设计对象的 4 条边倒上半径为"20.00"的圆角，如图 7-115所示。

25. 使用抽壳命令，以图 7-116 所示的面为开口面，壳厚度为"2.00"，生成抽壳特征。

26. 当前设计环境中的台灯体如图 7-117 所示，保存当前设计中的对象，关闭当前设计窗口。

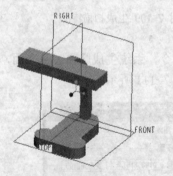

图 7-114 生成拉伸特征

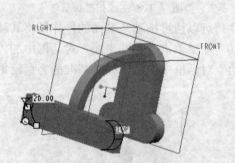

图 7-115 选取倒圆角边

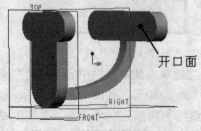

图 7-116 选取壳特征开口面

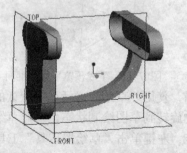

图 7-117 生成壳特征

7.4.2　台灯灯管的创建

台灯灯管的创建步骤为：

1. 在 Pro/ENGINEER 系统中新建一个"零件"设计环境，零件名为"taidengdengguan"。左键单击"草绘工具" 命令，系统弹出"草绘"对话框，选取"Front"基准面为绘图平面，使用系统默认的参照面，进入草图绘制环境，绘制如图 7-118 所示的矩形。

2. 绘制完此截面后，拉伸此截面，深度为"20.00"，然后将拉伸体的 4 条边倒上半径为"5.00"的圆角，如图 7-119 所示。

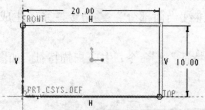
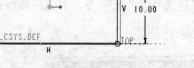

图 7-118 绘制拉伸截面　　　　　　　图 7-119 选取倒圆角边

3. 左键单击"草绘器工具"工具条中的"可变剖面扫描工具" 命令，系统打开"扫描特征"工具条，鼠标单击此工具条中的"扫描为实体" 命令；左键单击"草绘工具" 命令，系统弹出"草绘"对话框；左键单击"基准平面工具" 命令，系统弹出"基准平面"对话框，左键单击此设计环境中的"RIGHT"基准面，将此基准面向上平移"5.00"，如图 7-120 所示。

4. 系统默认将上一步生成的临时基准面设为草绘平面，使用系统默认的参照面，左键单击"草绘"对话框中的"草绘"命令，系统自动旋转到草图绘制状态，在当前设计环境中绘制如图 7-121 所示的扫描轨迹。

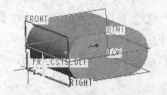
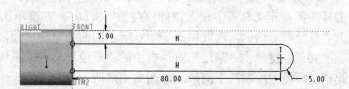

图 7-120 生成预览平移基准面　　　　　图 7-121 绘制扫描轨迹线

5. 左键单击"草绘器工具"工具条中的"继续当前部分" 命令，系统生成此扫描轨迹线；左键单击"扫描特征"工具条中的"继续执行" 命令，重新激活"扫描特征"工具条，鼠标单击此工具条中的"扫描为实体" 命令，此时设计环境中的对象如图 7-122 所示，黄色箭头表示扫描起点及方向。

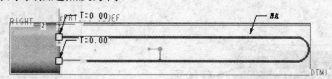

图 7-122 选取扫描轨迹线

6. 左键单击"扫描特征"工具条中的"创建或编辑扫描剖面" 命令，系统自动旋转到剖面绘制状态，在扫描起点处自动生成一组竖直、水平的中心线，以此两线的交点为中心绘制一个直径为"8.00"的圆形，如图7-123所示。

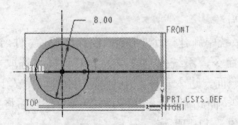

图 7-123 绘制扫描截面

7. 左键单击"草绘器工具"工具条中的"继续当前部分" ✔ 命令，系统生成此扫描特征的预览体，如图7-124所示。

8. 左键单击"扫描特征"工具条中的"建造特征"☑命令，生成扫描特征，如图7-125所示。

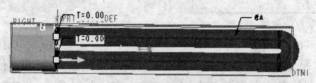

图 7-124 生成扫描预览体

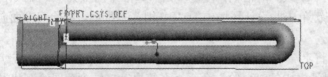

图 7-125 生成扫描特征

9. 左键单击"草绘器工具"工具条中的"拉伸工具" 命令，系统打开"拉伸特征"工具条，在此工具条中输入拉伸深度值"8.00"；左键单击"草绘工具" 命令，系统弹出"草绘"对话框，选取如图7-126所示的面为草绘平面，使用系统默认的参照。

10. 左键单击"草绘"对话框中的"草绘"命令，系统自动旋转到草图绘制状态，在此草绘环境中绘制两个圆形，如图7-127所示。

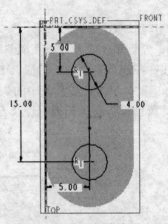

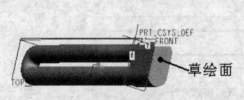

图 7-126 选取草绘平面　　　　图 7-127 绘制拉伸截面

11．左键单击"草绘器工具"工具条中的"继续当前部分" ✔ 命令，系统生成这两个圆；左键单击"拉伸特征"工具条中的"继续执行" ▶ 命令，重新激活"拉伸特征"工具条，生成拉伸体的预览特征，如图 7-128 所示。

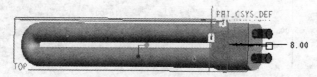

图 7-128 生成拉伸预览体

12．左键单击"拉伸特征"工具条中的"建造特征" ✔ 命令，生成拉伸特征，如图 7-129 所示。

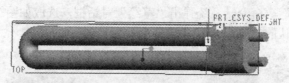

图 7-129 生成拉伸特征

13．将上一步生成的拉伸体倒上半径为"1.00"的圆角，如图 7-130 所示。

14．当前设计环境中的台灯灯管如图 7-131 所示，保存当前设计中的对象，关闭当前设计窗口。

图 7-130 选取倒圆角边   图 7-131 生成倒圆角

7.4.3 台灯灯管插口的创建

台灯灯管插口的创建步骤为：

1．在 Pro/ENGINEER 系统中新建一个"零件"设计环境，零件名为"taideng dengguanchakou"。左键单击"草绘工具" 命令，系统弹出"草绘"对话框，选取"FRONT"基准面为绘图平面，使用系统默认的参照面，进入草图绘制环境，绘制如图 7-132 所示的矩形。

2．绘制完此截面后，拉伸此截面，深度为"16.00"，然后将拉伸体的两条边倒上半径为"18.00"的圆角，如图 7-133 所示。

3．左键单击"孔工具" 命令，将"孔"工具条中的孔直径改为"5.00"，孔深改为"16.00"，再用左键单击拉伸体的顶面，将孔的位置设为如图 7-134 所示。

4．同样的方法，在拉伸体顶面上放置一个同样尺寸的孔，孔放置的位置如图 7-135 所示。

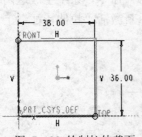
图 7-132 绘制拉伸截面

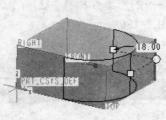
图 7-133 选取倒圆角边

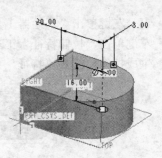
图 7-134 生成孔特征

5. 左键单击"草绘器工具"工具条中的"拉伸工具" □ 命令，系统打开"拉伸特征"工具条，在此工具条中输入拉伸深度值"10.00"，左键单击此工具条中的"去除材料" ☑ ；左键单击"草绘工具" ～ 命令，系统弹出"草绘"对话框，选取如图 7-136 所示的面为草绘平面，使用系统默认的参照。

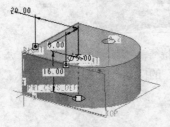
图 7-135 生成另一个孔特征

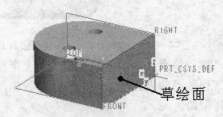
图 7-136 选取草绘面

6. 左键单击"草绘"对话框中的"草绘"命令，系统自动旋转到草图绘制状态，在此草绘环境中绘制两个圆形，如图 7-137 所示。

7. 左键单击"草绘器工具"工具条中的"继续当前部分" ✔ 命令，系统生成这两个圆；左键单击"拉伸特征"工具条中的"继续执行" ▶ 命令，重新激活"拉伸特征"工具条，生成拉伸体的预览特征，如图 7-135 所示，其中黄色箭头表示去除材料的方向。

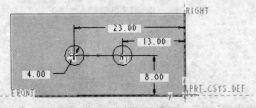
图 7-137 绘制拉伸截面

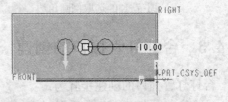
图 7-138 选取除料方向

8. 左键单击"拉伸特征"工具条中的"建造特征" ☑ 命令，生成孔拉伸特征，如图 7-139 所示。

图 7-139 生成除料拉伸特征

9. 将当前设计环境中的对象所有边倒上半径为"1.00"的圆角，如图 7-140 所示。

10．当前设计环境中的台灯灯管如图 7-141 所示，保存当前设计中的对象，关闭当前设计窗口。

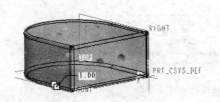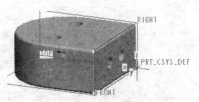

图 7-140　选取倒圆角边　　　　　图 7-141　生成倒圆角特征

7.4.4　台灯灯管盖的创建

台灯灯管盖的创建步骤为：

1．在 Pro/ENGINEER 系统中新建一个"零件"设计环境，零件名为"taideng dengguangai"。左键单击"草绘工具"命令，系统弹出"草绘"对话框，选取"FRONT"基准面为绘图平面，使用系统默认的参照面，进入草图绘制环境，绘制如图 7-142 所示的矩形。

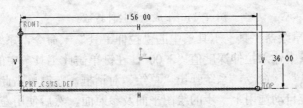

图 7-142　绘制拉伸截面

2．绘制完此截面后，拉伸此截面，深度为"2.00"，然后将拉伸体的 4 条边倒上半径为"18.00"的圆角，如图 7-143 所示。

图 7-143　选取倒圆角边

3．左键单击"草绘器工具"工具条中的"拉伸工具"命令，系统打开"拉伸特征"工具条，在此工具条中输入拉伸深度值"2"，左键单击此工具条中的"去除材料"；左键单击"草绘工具"命令，系统弹出"草绘"对话框，选取如图 7-144 所示的面为草绘平面，使用系统默认的参照。

4．左键单击"草绘"对话框中的"草绘"命令，系统自动旋转到草图绘制状态，在此草绘环境中绘制一个矩形，如图 7-145 所示。

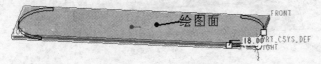

图 7-144　选取草绘平面

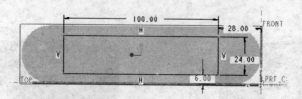

图 7-145 绘制拉伸截面

5. 左键单击"草绘器工具"工具条中的"继续当前部分" ✔ 命令，系统生成这两个圆；左键单击"拉伸特征"工具条中的"继续执行" ▶ 命令，重新激活"拉伸特征"工具条，生成拉伸体的预览特征，左键单击"拉伸特征"工具条中的"建造特征" ✔ 命令，生成矩形孔拉伸特征，如图 7-146 所示。

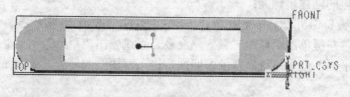

图 7-146 生成除料拉伸特征

6. 左键单击"草绘器工具"工具条中的"拉伸工具" ⬚ 命令，系统打开"拉伸特征"工具条，在此工具条中输入拉伸深度值"2.00"，左键单击此工具条中的"去除材料" ⬚；左键单击"草绘工具" ⬚ 命令，系统弹出"草绘"对话框，左键单击此对话框中的"使用先前的"命令，系统自动选用上一步的绘图平面及参照面，然后使用左键单击"草绘"对话框中的"草绘"命令，系统自动旋转到草图绘制状态，在此草绘环境中绘制 4 个圆形，如图 7-147 所示。

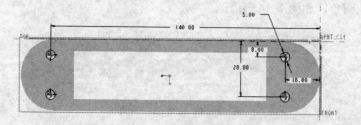

图 7-147 绘制拉伸截面

7. 左键单击"草绘器工具"工具条中的"继续当前部分" ✔ 命令，系统生成这 4 个圆；左键单击"拉伸特征"工具条中的"继续执行" ▶ 命令，重新激活"拉伸特征"工具条，左键单击"拉伸特征"工具条中的"建造特征" ✔ 命令，生成圆孔拉伸特征。当前设计环境中的台灯灯管如图 7-148 所示，保存当前设计中的对象，关闭当前设计窗口。

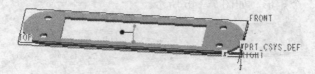

图 7-148 生成除料拉伸特征

7.4.5　刷子支架

刷子支架的创建步骤为：

1. 新建一个名为"shuazizhijia"的零件设计环境；左键单击"草绘工具" ⟨ 命令，选取"FRONT"基准面为草绘面，使用系统默认的参照面，在此草绘平面中绘制如图 7-149 所示的折线。

2. 左键单击"插入"菜单条，再用左键单击"扫描混合"命令，系统打开"扫描混合"工具条，系统自动选取上一步绘制的折线为扫描混合轨迹线，如图 7-150 所示。

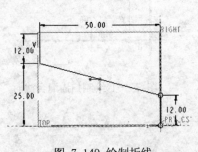

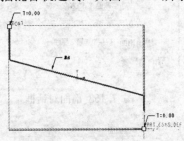

图 7-149 绘制折线　　　　　　　　图 7-150 生成折线

3. 单击"扫描混合"工具条中的"剖面"选项，系统打开"剖面"对话框，如图 7-151 所示。

4. 单击扫描混合轨迹线的起点，将其设为截面点，如图 7-152 所示。

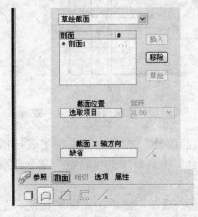

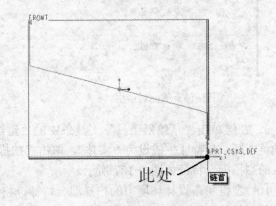

图 7-151 剖面对话框　　　　　　　图 7-152 选取截面点

5. 此时的"剖面"对话框如图 7-153 所示。

6. 保留"剖面"对话框的设定不变，单击"草绘"命令，系统进入二维草绘环境，在当前截面点上绘制一个矩形，如图 7-154 所示。

7. 左键单击"草绘器工具"工具条中的"继续当前部分" ✔ 命令，系统打开"剖面"对话框，如图 7-155 所示。

8. 单击"剖面"对话框上的"插入"命令，然后单击扫描混合轨迹的终点为截面点，单击"草绘"命令，进入二维草绘环境，在当前草绘点上绘制一个矩形，如图 7-156 所示。

注：此两个截面的起始点的位置及方向要一致。

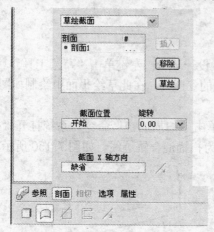

图 7-153 剖面对话框

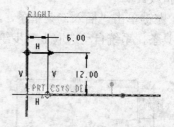

图 7-154 绘制扫描混合截面

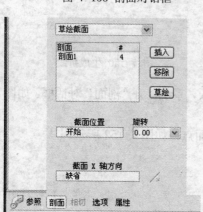

图 7-155 剖面对话框

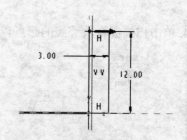

图 7-156 绘制扫描混合另一截面

9．左键单击"草绘器工具"工具条中的"继续当前部分" ✔ 命令，系统生成扫描混合预览特征，将特征生成设为"实体"，单击"扫描混合"工具条中的"确定"命令，系统生成的扫描混合特征如图 7-157 所示。

10．左键单击设计环境中的扫描混合特征，将其选中后，左键单击"编辑特征"工具条中的"镜像" 命令，选取设计环境中的"RIGHT"基准面为镜像平面，生成扫描混合特征的镜像特征，如图 7-158 所示。

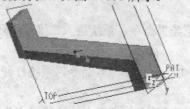

图 7-157 生成扫描混合特征

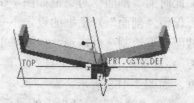

图 7-158 生成扫描混合特征镜像

11. 在刷子支架的底部拉伸出一个直径为 "8.00"，深度为 "8.00" 的圆孔，如图 7-159 所示。

12. 在刷子支架的两侧拉伸出一个直径为 "6.00" 圆形通孔，如图 7-160 所示。

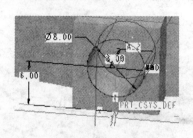

图 7-159 生成除料拉伸特征

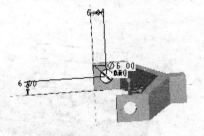

图 7-160 生成除料拉伸通孔

13. 保存当前设计中的对象，关闭当前设计窗口。

7.5　上机实验

1. 绘制如图 7-161～图 7-164 所示的零件，然后保存零件名为 "lianxi2-1"。

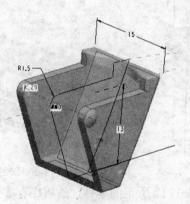

图 7-161　零件 lianxi2-1 图 1

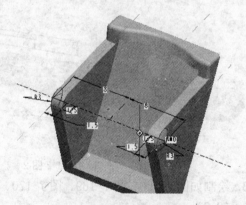

图 7-162 零件 lianxi2-1 图 2

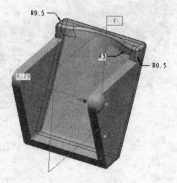

图 7-163 零件 lianxi2-1 图 3

图 7-164 零件 lianxi2-1 图 4

注：壳厚度为"1.5"，图中若有未表示清楚的尺寸，读者可以自行设定尺寸值，以下练习也是如此，不再赘述。

2．绘制如图 7-165、图 7-166、图 7-167 所示的零件，然后保存零件名为"lianxi2-2"。

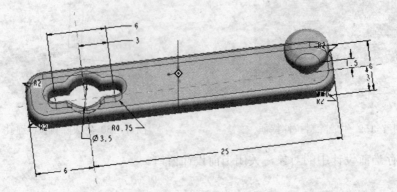

图 7-165 零件 lianxi2-2 图 1

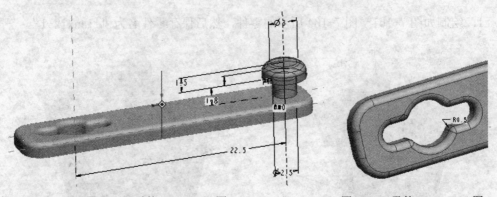

图 7-166 零件 lianxi2-2 图 2   图 7-167 零件 lianxi2-2 图 3

3．绘制如图 7-168、图 7-169、图 7-170、图 7-1717 所示的零件，然后保存零件名为"lianxi2-3"。

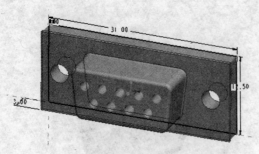

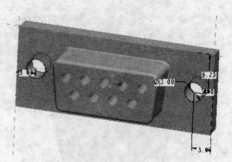

图 7-168 零件 lianxi2-3 图 1   图 7-169 零件 lianxi2-3 图 2

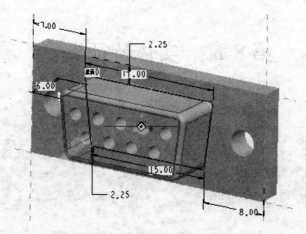

图 7-170　零件 lianxi2-3 图 3

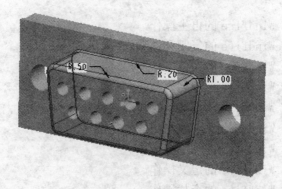

图 7-171　零件 lianxi2-3 图 4

7.6　复习思考题

1. Pro/ENGINEER Windfire 的扫描混合特征和扫描特征、混合特征有什么异同之处？

2. Pro/ENGINEER Windfire 的螺旋扫描特征有几种？这几种螺旋扫描特征有什么不同之处？

3. Pro/ENGINEER Windfire 的变截面扫描特征的创建步骤是什么？

4. Pro/ENGINEER Windfire 的开发扫描特征和闭合扫描特征有什么不同之处？

第 8 章 实体特征操作

本章导读

直接创建的特征往往不能完全符合我们的设计意图，这时就需要通过特征编辑命令来对建立的特征进行编辑操作，使之符合用户的要求。

本章主要讲述复制和粘贴、镜像、阵列、隐藏、缩放以及查找等实体特征编辑。

知识重点

1. Pro/ENGINEER Windfire 的再生操作。
2. Pro/ENGINEER Windfire 的复制和粘贴操作。
3. Pro/ENGINEER Windfire 的镜像操作。
4. Pro/ENGINEER Windfire 的阵列操作。
5. Pro/ENGINEER Windfire 的特征组操作。
6. Pro/ENGINEER Windfire 的隐藏与隐含操作。
7. Pro/ENGINEER Windfire 的缩放操作。
8. Pro/ENGINEER Windfire 的定义操作。
9. Pro/ENGINEER Windfire 的查找操作。

8.1 再生

再生命令在系统的"编辑"菜单条中。当修改特征的尺寸后，尺寸预览线按修改值改变，但是特征本身并不发生改变，只有在使用"再生"命令后，特征的大小才按修改的尺寸值改变。

再生命令的使用步骤：

1．打开 Pro/ENGINEER 系统，新建一个"零件"设计环境，在此设计环境中绘制一个长、宽、高为 100、100、30 的长方体，如图 8-1 所示。

2．右键单击"设计树"浏览器中的长方体特征，在弹出的快捷菜单中选择"编辑"命令，此时设计环境中的长方体特征上显示出长方体的 3 个尺寸值，如图 8-2 所示。

3．左键双击设计环境中的尺寸值"30.00"，将其修改为"50.00"，可以看到此时尺寸预览线发生相应变化，当时长方体本身并无改变，如图 8-3 所示。

4．左键单击"编辑"菜单条中的"再生"命令，设计环境中的长方体按修改的尺寸值发生相应改变，如图 8-4 所示。

5．左键单击"编辑"菜单条中的"撤消"命令，系统取消长方体特征高度的修改，高度重新返回"30.00"；保留当前设计环境中的设计对象，留到下一节使用。

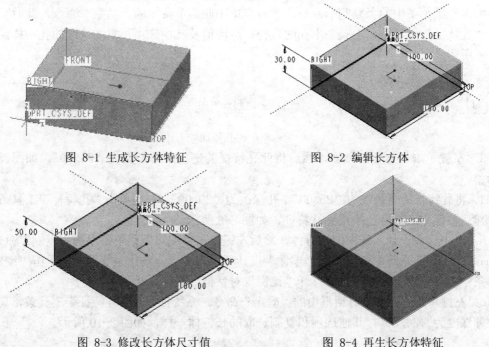

图 8-1　生成长方体特征　　　　　　　　图 8-2　编辑长方体

图 8-3　修改长方体尺寸值　　　　　　　图 8-4　再生长方体特征

8.2　复制和粘贴

　　复制命令和粘贴命令在系统的"编辑"菜单条中。复制命令和粘贴命令操作的对象是特征生成的步骤，并非特征本身，也就是说，通过特征的生成步骤，可以生成不同尺寸的相同特征。复制命令和粘贴命令可以用在不同的模型文件之间，也可以用在同一模型上。

　　复制命令和粘贴命令的使用步骤：

　　1. 继续使用上一节生成的特征。在长方体顶面放置一个半径为"10.00"的通孔，其定位尺寸都是"30.00"，如图 8-5 所示，左键单击"孔特征"工具条中的"建造特征" ☑ 命令，生成此孔特征。

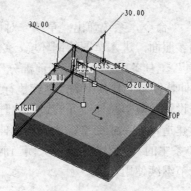

图 8-5　生成孔特征

2. 左键单击上一步生成的孔特征，孔特征用红色加亮表示此特征为选中状态；左键单击"编辑"菜单条中的"复制"命令，然后再单击此菜单条中的"粘贴"命令，此时系统打开"孔特征"工具条，工具条中孔的直径、深度值及其他选项和复制选取的孔一样，如图8-6所示。

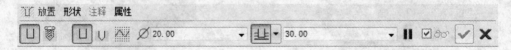

图 8-6 "孔特征"工具条

3. 左键单击长方体的顶面，然后将此孔特征的定位尺寸都设为"25.00"，如图 8-7 所示。

4. 将孔特征的直径改为"25.00"，孔深改为"20.00"，左键单击"孔特征"工具条中的"建造特征" ☑命令，生成此孔特征，如图8-8所示。

5. 选中当前设计系统中的长方体，然后左键单击"编辑"菜单条中的"复制"命令；在Pro/ENGINEER系统中新建一个"零件"设计环境，进入此新建系统后左键单击"编辑"菜单条中的"粘贴"命令，系统打开"比例"对话框，如图8-9所示。

6. 左键单击"比例"对话框中的"确定"命令，系统打开"拉伸特征"工具条，其中的拉伸深度为"30.00"，其他选项和复制选取的长方体一样，如图8-10所示。

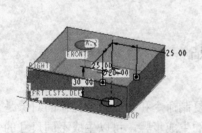
图 8-7 设置孔特征位置

图 8-8 生成复制孔

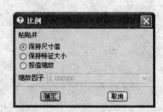
图 8-9 比例对话框

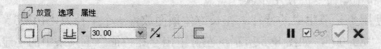

图 8-10 拉伸特征工具条

7. 左键单击"草绘工具" ⬔命令，系统弹出"草绘"对话框，选取"FRONT"基准面为绘图平面，使用系统默认的参照面，进入草图绘制环境，绘制如图8-11所示截面。

8. 左键单击"草绘器工具"工具条中的"继续当前部分" ✔命令，生成2D草绘图并退出草绘环境。左键单击"拉伸特征"工具条中的"继续执行" ▶命令，退出"拉伸特征"工具条的暂停状态；左键单击设计环境中拉伸截面的边，此时生成拉伸预览特征，左键单击"拉伸特征"工具条中的"建造特征" ☑命令，生成此拉伸特征，如图8-12所示。

9. 左键单击"窗口"菜单条中的"关闭"命令，关闭当前设计环境，系统返回第一步创建的设计环境中，留到下一节继续使用。

图 8-11　绘制拉伸截面

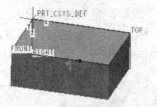

图 8-12　生成拉伸特征

8.3　镜像

镜像命令在系统的"编辑"菜单条中，也存在于系统的"编辑特征"工具条中，镜像命令的图标是"⊲⊳"。镜像命令可以生成指定特征关于指定镜像平面的镜像特征。

镜像命令的使用步骤：

1. 继续使用上一节生成的特征。选中当前设计环境中的长方体特征，然后左键单击"编辑特征"工具条中的"镜像"⊲⊳命令，系统打开"镜像特征"工具条，如图 8-13 所示。

图 8-13　镜像特征工具条

2. 鼠标落在长方体的右侧面，如图 8-14 所示，当鼠标落在此面时，此面用绿色线加亮表示。

3. 左键单击选定的面，系统用红色加亮选中的面；左键单击"镜像特征"工具条中的"建造特征"☑命令，系统生成关于指定面的长方体的镜像特征，如图 8-15 所示。

图 8-14　选取镜像面

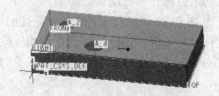

图 8-15　生成长方体镜像

4. 将当前设计环境中的镜像特征删除。使用 Ctrl 键，左键一一拾取当前设计环境中的长方体和两个孔特征，将这 3 个特征选中，此时这 3 个特征都用红色线加亮表示；左键单击"编辑特征"工具条中的"镜像"⊲⊳命令，系统打开"镜像特征"工具条；左键单击长方体特征的右侧面，然后单击"镜像特征"工具条中的"建造特征"☑命令，系统生成关于指定面的镜像特征，如图 8-16 所示。

5. 此时系统仅生成了长方体和通孔的镜像特征，系统打开"孔特征"工具条，要求"选取曲面、轴或点来放置孔"（见消息显示区）；左键单击镜像通孔的轴，则在此轴上生成孔特征预览体，如图 8-17 所示。

注：为便于观察，将当前设计环境中的设计对象旋转。

6．左键单击长方体顶面的任意地方，则在鼠标点击处放置此非通孔，如图 8-18 所示。

7．左键单击"孔特征"工具条的"放置"选项，在弹出的对话框中选取"线性"选项，如图 8-19 所示。

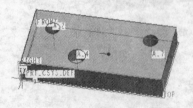

图 8-16　生成长方体及通孔镜像

图 8-17　生成镜像孔预览体

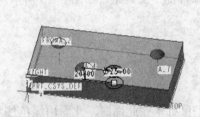

图 8-18　放置非通孔特征

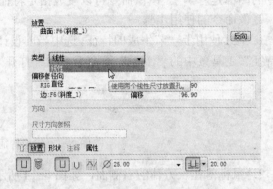

图 8-19　孔特征工具条放置子项

8．此时设计环境中的镜像非通孔特征上出现两个定位操作柄，和一般孔定位操作一样，将此孔的定位操作柄移动长方体的两条边上，如图 8-20 所示。

9．从图 8-20 可以看到，此时预览孔的位置和定位尺寸的位置正好关于镜像平面对称，修改定位尺寸的值，预览孔的位置也相应改变；左键单击"孔特征"工具条中的"建造特征" ☑命令，系统生成此特征，如图 8-21 所示。

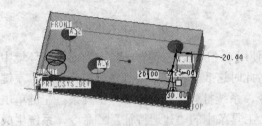

图 8-20　移动孔操作柄

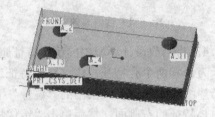

图 8-21　生成孔特征

10．镜像平面可以是特征的平面，也可以是基准平面，基准平面作为镜像平面的做法和上述做法一样，在此不再赘述；关闭当前设计环境并且不保存。

8.4　阵列

阵列命令在系统的"编辑"菜单条中，也存在于系统的"编辑特征"工具条中，阵列命令的图标是"▦"。阵列就是通过改变某些指定尺寸，创建选定特征的多个实例。选定用于阵列的特征称为阵列导引。阵列有如下优点：

- 创建阵列是重新生成特征的快捷方式。
- 阵列是由参数控制的，因此通过改变阵列参数，比如实例数、实例之间的间距和原始特征尺寸，可修改阵列。
- 修改阵列比分别修改特征更为有效。在阵列中改变原始特征尺寸时，系统自动更新整个阵列。
- 对包含在一个阵列中的多个特征同时执行操作，比操作单独特征更为方便和高效。

系统允许只阵列一个单独特征。要阵列多个特征，可创建一个"特征组"，然后阵列这个组。创建组阵列后，可取消阵列或取消分组实例以便可以对其进行独立修改。

下面具体讲述几种阵列特征的创建步骤。

8.4.1　单向线性阵列

单向线性阵列特征的创建步骤：

1. 打开 Pro/ENGINEER 系统，新建一个"零件"设计环境，在此设计环境中绘制一个长、宽、高为 200、200、50 的长方体，如图 8-22 所示。

2. 在长方体顶面放置一个半径为"10.00"的通孔，其定位尺寸分别为"20.00"和"30.00"，如图 8-23 所示，左键单击"孔特征"工具条中的"建造特征"☑命令，生成此孔特征。

3. 选中上一步生成的孔特征，左键单击"编辑特征"工具条中的"阵列"▦命令，系统打开"阵列特征"工具条，如图 8-24 所示。

4. 此时设计环境中的孔特征上出现孔的尺寸，如图 8-25 所示。

5. 左键单击孔特征的定位尺寸"20.00"，系统打开一个下拉框，如图 8-26 所示，在此框中可以选择或输入阵列特征的距离值。

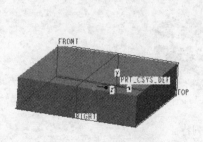

图 8-22 生成长方体特征

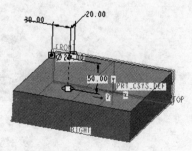

图 8-23 生成孔特征

6. 在距离值下拉框中输入数值"50.00"，然后按键盘"回车"键，此时在拉伸体上将出现阵列孔的预览位置，如图 8-27 所示。

7. 此时的阵列特征孔共两个，这和"阵列特征"工具条中的"1"子项后面的数值"2"是对应的，将此数值"2"改为"3"，可以看到拉伸体上的预览阵列孔也发生相应的变化，如图 8-28 所示。

图 8-24 阵列特征工具条

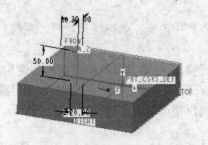

图 8-25 显示孔特征尺寸

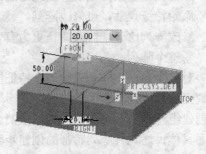

图 8-26 选取阵列参数

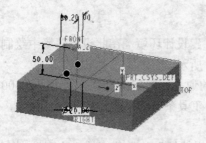

图 8-27 显示阵列预览位置

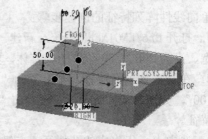

图 8-28 显示相应的阵列预览位置

8. 左键单击"阵列特征"工具条中的"建造特征" ☑命令，生成单向线性孔阵列特征，如图 8-29 所示。

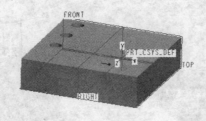

图 8-29 生成孔阵列特征

9. 左键单击"编辑"工具条中的"撤消" ↶命令，将当前设计环境中的阵列特征取消。

8.4.2 双向线性阵列

双向线性阵列特征的创建步骤为：

1．继续使用上一小节创建的设计环境。选中当前设计环境中的孔特征，左键单击"编辑特征"工具条中的"阵列" 命令，系统打开"阵列特征"工具条，如图 8-30 所示。

图 8-30 "阵列特征"工具条

2．左键单击孔特征的定位尺寸"20.00"，在打开的下拉框中可以输入阵列特征的距离值"40.00"，然后左键单击"阵列特征"工具条中的"单击此处添加项目"编辑框，此时编辑框中的文字变为"选取项目"，如图 8-31 所示。

图 8-31 添加阵列特征

3．左键单击孔特征的定位尺寸"30.00"，在打开的下拉框中可以输入阵列特征的距离值"50.00"，然后将"阵列特征"工具条中的"2"子项后面的数值"2"改为"3"，如图 8-32 所示。

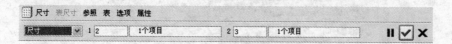

图 8-32 修改阵列特征数

4．此时在拉伸体上将出现阵列孔的预览位置，如图 8-33 所示。

5．左键单击"阵列特征"工具条中的"建造特征" 命令，生成双向线性孔阵列特征，如图 8-34 所示。

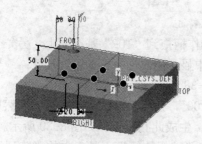
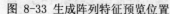

图 8-33 生成阵列特征预览位置

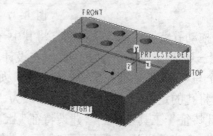

图 8-34 生成双向线性孔阵列特征

6．右键单击"设计树"浏览器中的阵列特征，在弹出的快捷菜单中选取"编辑"或"编辑定义"命令，可以对阵列特征进行修改或重新定义，用法和前面讲述的其他特征的修改类似，在此不再赘述；关闭当前设计环境并且不保存。

8.4.3　旋转阵列

旋转阵列特征的创建步骤为：

1. 打开Pro/ENGINEER系统，新建一个"零件"设计环境，在此设计环境中绘制一个直径为200.00，厚度为50.00的圆柱体，如图8-35所示。

2. 左键单击"基准"工具条中的"基准轴工具"命令，系统打开"基准轴"对话框，左键单击"RIGHT"基准面，然后按住Ctrl键，再用左键单击"TOP"基准面，则在此两面交接处生成一条预览基准轴，如图8-36所示。

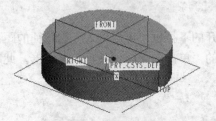
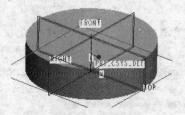

图 8-35 生成圆柱特征　　　　　　　　　　　　　图 8-36 生成轴预览特征

3. 左键单击"基准轴"对话框中的"确定"命令，系统生成此基准轴；在圆柱体顶面放置一个半径为"10.00"的通孔，左键单击"孔特征"工具条中的"放置"子项，在弹出的"主参照"对话框中选取"直径"项，如图8-37所示。

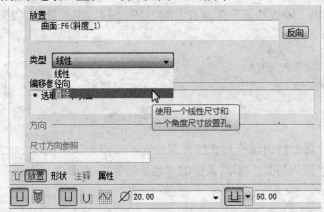

图 8-37 生成孔特征

4. 拖动孔特征的两个操作柄，将其中一个操作柄拖到"TOP"基准面上，另一个操作柄拖到上一步生成的基准轴上，此时在设计环境中显示出此孔特征的定位尺寸：一个直径值和一个与"TOP"基准面形成的角度值，如图8-38所示。

5. 将孔的定位尺寸中的直径值修改为"150.00"，角度值修改为"30.00"，然后左键单击"孔特征"工具条中的"建造特征"☑命令，生成此孔特征，如图8-39所示。

6. 选中当前设计环境中的孔特征，左键单击"编辑特征"工具条中的"阵列"▦命令，左键单击孔特征的角度值"30"，在打开的下拉框中可以输入阵列特征的角度距离值"60"，然后将"阵列特征"工具条中的"1"子项后面的数值"2"改为"6"，如图 8-40所示。

7. 此时在圆柱体上将出现阵列孔的预览位置，如图8-41所示。

8．左键单击"阵列特征"工具条中的"建造特征" ☑ 命令，生成旋转孔阵列特征，如图 8-42 所示。

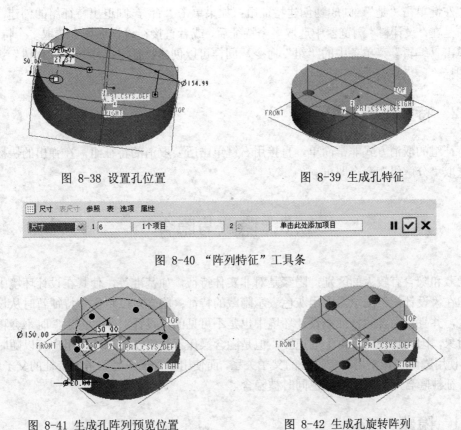

　　　图 8-38　设置孔位置　　　　　　　　　　　　图 8-39　生成孔特征

图 8-40　"阵列特征"工具条

　　　图 8-41　生成孔阵列预览位置　　　　　　　图 8-42　生成孔旋转阵列

9．右键单击"设计树"浏览器中的阵列特征，在弹出的快捷菜单中选取"编辑"或"编辑定义"命令，可以对阵列特征进行修改或重新定义，用法和前面讲述的其他特征的修改类似，在此不再赘述；关闭当前设计环境并且不保存。

8.5　特征组

特征组就是将几个特征合并成一个组，用户可以直接对特征组进行操作，不用一一操作单个的特征了。合理使用特征组可以大大提高效率，而且，也可以取消特征组，以便对其中各个实例进行独立修改。

8.5.1　特征组的创建

特征组的创建方式有两种：
一是在"设计树"浏览器中通过 Ctrl 键选取多个特征，然后单击右键，在弹出的快捷菜单条中选取"组"命令，特征组就创建了，并在"设计树"浏览器中用图标"⬕"表示。

如果选取的特征中间有其他特征，系统会在消息显示区显示"是否组合所有其间的特征?"，左键单击"是"，则成功创建特征组；如果单击"否"，则退出特征组的创建。

二是在"设计树"浏览器中选取多个特征后，或者直接在设计环境中选取多个特征后，左键单击"编辑"菜单条中的"组"命令，同样可以创建特征组，并在"设计树"浏览器中用图标"⬕"表示。

8.5.2　特征组的取消

特征组的取消方式非常简单，直接用右键单击所要取消的特征组，在弹出的快捷菜单条中选取"分解组"命令即可。

8.6　隐藏与隐含

隐藏和隐含有较大的区别：隐藏是对非实体特征，如基准等，使其在设计环境中不可见，但在"设计树"浏览器中用灰色表示隐藏的特征；隐含可以将实体特征暂时从设计树中除去，并且被隐含的特征在设计环境中也是不可见的，设计对象"再生"时不会再生隐含的对象，因此加快对象再生的速度，但是隐含操作不是将特征删除，用户可以随时将其恢复。使用隐藏操作不用考虑特征的父子关系，而使用隐含操作时要考虑特征的父子关系，当父特征被隐含时，其子特征也同时被隐含。

8.6.1　隐藏

系统允许在当前进程中的任何时间隐藏和取消隐藏所选的模型图元。下列项目类型可以即时隐藏：

- 单个基准面（与同时隐藏或显示所有基准面相对）
- 基准轴
- 含有轴、平面和坐标系的特征
- 分析特征（点和坐标系）
- 基准点（整个阵列）
- 坐标系
- 基准曲线（整条曲线、不是单个曲线段）
- 面组（整个面组，不是单个曲面）
- 组件元件

隐藏某一特征时，系统将该特征从图形窗口中删除，但是隐藏的项目仍存在于"模型树"列表中，其图标以灰色显示，表示该特征处于隐藏状态。取消隐藏某一特征时，其图标返回正常显示，该特征在"图形"窗口中重新显示。特征的隐藏状态与进程相关，隐藏操作不与模型一起保存，退出 Pro/ENGINEER 系统时，所有隐藏的特征自动重新显示。

隐藏命令的具体操作如下：

1．在 Pro/ENGINEER 系统中新建一个"零件"设计环境，在此设计环境中拉伸一个直径为"50.00"，高度为"100.00"的圆柱体，如图 8-43 所示。

2．左键单击"设计树"浏览器中的拉伸特征，将圆柱体选中，然后单击右键，在弹出的快捷菜单中点击"隐藏"命令，此时设计环境中的圆柱体仍然存在，但是其中间的基准轴"A_2"不见了，此基准轴被隐藏了，如图 8-44 所示。

3．此时设计树浏览器中的拉伸特征图标用灰色表示，如图 8-45 所示。

图 8-43　生成圆柱体特征　　　　　图 8-44　隐藏基准轴　　　　　图 8-45　拉伸特征子项变化

4．右键单击此拉伸特征图标，在弹出的快捷菜单条中选取"取消隐藏"命令，则将此拉伸特征的隐藏操作取消，"A_2"基准轴重新显示并且"设计树"浏览器中的拉伸特征图标不再是灰色；关闭当前设计环境且不保存设计环境中的对象。

8.6.2　隐含

隐含命令的具体操作如下：

1．打开"taidengdengguanchakou"文件，右键单击"设计树"浏览器中的最后一个特征"倒圆角"，在弹出的快捷菜单条中选取"隐含"命令，系统弹出一个对话框提示用户是否确认加亮特征被隐含，左键单击"是"命令，则此子项在"设计树"浏览器中被除去，并且设计环境中的台灯灯管插口上的相应倒圆角特征被除去，如图 8-46 所示。

注：隐含操作的另一中方式是选中需要隐含的特征后，左键单击"编辑"菜单条中的"隐含"命令即可。

2．左键单击"编辑"菜单条中，展开此菜单条中的"恢复"选项，此选项下有 3 个命令："选定"、"上一个"和"全部"。"选定"命令是恢复选定的特征；"上一个"命令是恢复上一个操作的特征；"全部"命令是恢复设计环境中的所有特征。左键单击"上一个"命令或"全部"命令，则被隐含的倒圆角特征恢复，如图 8-47 所示。

3．右键单击"设计树"浏览器中的第一个特征"拉伸体"，在弹出的快捷菜单条中选取"隐含"命令，则拉伸体及其以下的所有特征都被加亮，如图 8-48 所示，这表示拉伸特征是其下特征的父特征（很明显，拉伸体下面的特征都是在拉伸体上生成的）。

4．此时系统弹出一个对话框提示用户是否确认加亮特征被隐含，左键单击"确定"命令，则所有特征在"设计树"浏览器中被除去，并且设计环境中也没有设计对象；左键单击"编辑"菜单条中，展开此菜单条中的"恢复"选项，左键单击"上一个"命令或"全部"命令，则被隐含的所有特征恢复；关闭当前设计环境且不保存设计环境中的对象。

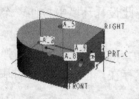

图 8-46 隐含倒圆角特征

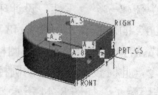

图 8-47 恢复倒圆角特征

图 8-48 设计树隐含变化

8.7　缩放模型

缩放模型命令存在于系统"编辑"菜单条中。缩放模型命令可以将当前选定的特征缩放指定的倍数。

缩放模型命令的具体操作如下：

1. 打开已有零件"qigangluoshuan"，左键单击设计环境中的螺栓体，可以看到整个螺栓体的线框用红色加亮表示；右键单击"设计树"浏览器中的"旋转"特征，在弹出的快捷菜单中选取"编辑"命令，此时螺栓体上显示出尺寸值，如图 8-49 所示。

图 8-49 编辑螺栓体

2. 同样的操作，可以观察螺栓上的倒角及六边形孔的尺寸值。鼠标左键再次单击螺栓体，将其设为选中状态，然后左键单击"编辑"菜单条中的"缩放模型"命令，系统在消息显示区中要求用户输入缩放比例，如图 8-50 所示。

图 8-50 "输入比例"提示框

3. 在"输入比例"框中输入数值"2"，然后左键单击此框中的"确定" ✓ 命令，系统打开如图 8-51 所示的"确认"提示框。

4. 左键单击"确认"提示框中的"是"命令，系统将选中的对象放大指定的倍数"2"，如图 8-52 所示。

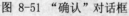

图 8-51 "确认"对话框

图 8-52 放大后的螺栓体

5. 此时还可以观察螺栓上的倒角及六边形孔的尺寸值，同样也是放大了 2 倍。关闭当前设计环境并且不保存设计对象。

8.8　定义

　　定义命令存在于系统"编辑"菜单条中。定义命令必须在选中设计对象时才可以使用，其作用和右键单击"设计树"浏览器中的特征，在弹出的快捷菜单条中选取"编辑定义"命令的作用一样，"编辑定义"命令在本书前面部分已经详细讲述，在此不再赘述。

8.9　查找

　　查找命令存在于系统"编辑"菜单条中。使用查找命令可以查找当前设计环境中的对象的各种特征。

　　查找命令的使用步骤如下：

　　1. 打开已有零件"qigangcuntao"，左键单击"编辑"菜单条中的"查找"命令，系统打开"搜索工具"对话框，如图 8-53 所示。

　　2. 左键单击"搜索工具"对话框中的"查找"子项的下拉箭头，可以看到查找特征过滤项，如图 8-54 所示。

　　3. 左键单击"搜索工具"对话框中的"立即查找"命令，系统只搜索当前设计环境中的几个基准，并在"搜索工具"对话框的下部表示，如图 8-55 所示。

　　4. 左键单击"搜索工具"对话框中的"关闭"命令，系统关闭"搜索工具"对话框；左键单击气缸衬套上的倒圆角特征，将其选中，然后左键单击"编辑"菜单条中的"查找"命令，在打开的"搜索工具"对话框中单击"立即查找"命令，系统除了搜索当前设计环境中的几个基准外，还可搜索到气缸衬套上选定的倒圆角特征，并在"搜索工具"对话框的下部表示，如图 8-56 所示。

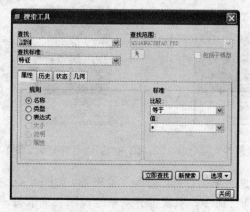

图 8-53　"搜索工具"对话框

图 8-54　查找过滤选项

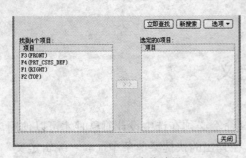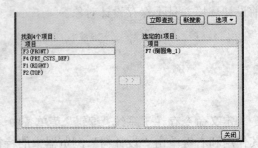

图 8-55 显示查找结果　　　　　　　　　　图 8-56 再次显示查找结果

5. 左键单击"搜索工具"对话框中的"关闭"命令，系统关闭"搜索工具"对话框；关闭当前设计环境并且不保存设计对象。

8.10　实例

8.10.1　电吹风体

电吹风体的创建步骤为：

1. 打开 Pro/ENGINEER 系统，新建一个"零件"设计环境，名称为"dianchuifengti"；左键单击"插入"菜单条命令，鼠标移到此菜单条的"混合"命令，在弹出的子菜单条中单击"伸出项"命令，系统打开"混合选项"菜单条，如图 8-57 所示。

2. 保持"混合选项"中的默认选项不变，左键单击此菜单条中的"完成"命令，系统打开"伸出项：混合，平行…"对话框和"属性"菜单条，如图 8-58 所示。

3. 选取"属性"菜单条中的"光滑"选项，然后左键单击此菜单条中的"完成"命令，系统打开"设置草绘平面"菜单条，如图 8-59 所示。

图 8-57 "混合选项"菜单条　　　　图 8-58 "属性"菜单条　　　　图 8-59 "设置平面"菜单条

4. 左键单击设计环境中"FRONT"基准面，系统打开"方向"菜单条，如图 8-60 所示。

5. 左键单击"方向"菜单条中的"正向"命令，系统打开"草绘视图"菜单条，如图 8-61 所示，要求用户选取参照面。

6. 左键单击"草绘视图"菜单条中的"缺省"命令，系统进入草图绘制环境，在此环境中绘制两条水平中心线和一个圆，如图 8-62 所示。

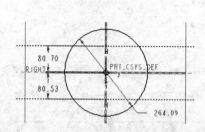

图 8-60 "方向"菜单条　　图 8-61 "草绘视图"菜单条　　图 8-62 绘制中心线及圆

7. 修改当前设计环境中的设计对象尺寸，如图 8-63 所示。

8. 左键单击"草绘器工具"工具条中的"分割" ⌐ 命令，然后，按照如图 8-64 所示的顺序使用鼠标依次单击圆和中心线相交的 4 个交点。

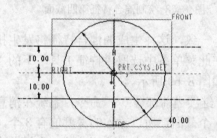
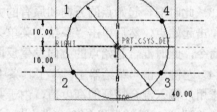

图 8-63 修改图元尺寸　　　　　　　图 8-64 选取分割点

9. 此时在第一个分割点处出现一个箭头，表示混合起始点的方向，如图 8-65 所示。

10. 左键单击"草绘"菜单条，在此菜单条中选取"特征工具"下的"切换剖面"命令，此时设计环境中的圆及中心线变成灰色；在当前环境中绘制两条水平中心线和一个圆，如图 8-66 所示。

注：图中的两条中心线和第 7 步生成的中心线在同一位置。

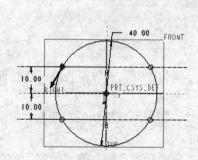
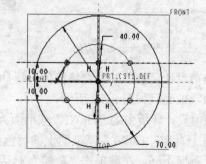

图 8-65 确定混合起始点方向　　　图 8-66 绘制混合特征第二截面

11. 重复步骤 8～10，然后在当前设计环境中绘制两条水平中心线和一个圆，如图 8-67 所示。

注：图中的两条中心线和第 7 步生成的中心线在同一位置。

12．重复步骤 8～10，然后在当前设计环境中绘制两条水平线和两条圆弧，如图 8-68 所示，注意此时的混合特征起始点的箭头方向。

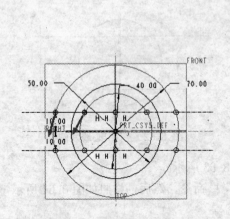

图 8-67 绘制混合特征第三截面　　　　　图 8-68 绘制混合特征第四截面

13．此时混合起始点的方向和原有的方向不一致，这样生成的混合特征将发生扭曲；左键单击起始点，然后单击"草绘"菜单条，在此菜单条中选取"特征工具"下的"起始点"命令，此时混合起始点的方向发生反向，如图 8-69 所示。

14．左键单击"草绘器工具"工具条中的"继续当前部分" ✔ 命令，系统在消息显示区要求用户输入混合特征的深度值，由于共有 4 个截面，所以输入的深度值有 3 个，依次为"50.00"、"100.00"和"80.00"；此时混合特征的所有动作都定义完成，左键单击"伸出项：混合，平行…"对话框中的"确定"命令，生成一个变截面混合特征体，如图 8-70 所示。

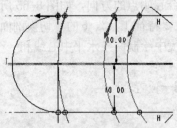
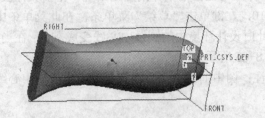

图 8-69 设置第四截面起始点方向　　　　　图 8-70 生成变截面混合特征

15．对当前设计环境中的混合特征体进行抽壳，壳厚度为"2"，并以混合特征体第四截面为开口面，抽壳后如图 8-71 所示。

16．以当前设计环境中的"FRONT"基准面为草绘平面，使用系统默认的参照面，如图 8-72 所示，注意此时"FRONT"基准面上的黄色箭头方向。

注：如果方向不同，左键单击"草绘"对话框中的"草绘视图方向"的"反向"命令即可改变方向。

17．进入草绘环境并绘制如图 8-73 所示的草绘剖面图。

18．左键单击"草绘器工具"工具条中的"继续当前部分" ✔ 命令，系统生成此剖面；

左键单击"拉伸工具" 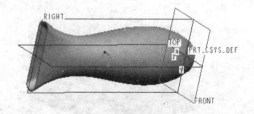 命令，打开"拉伸特征"工具条，选取此工具条中的"去除材料"命令，拉伸深度为"2"，生成除料拉伸特征体，如图8-74所示。

图 8-71 生成壳特征

图 8-72 选取草绘平面

19．选中上一步生成的除料拉伸特征，左键单击"编辑特征"工具条中的"镜像"  命令，左键单击"RIGHT"基准面，选取此面为镜像平面，左键单击"镜像特征"工具条中的"建造特征" 命令，生成镜像特征，如图8-75所示。

20．左键单击"设计树"浏览器中的"拉伸"特征子项，然后按住Ctrl键，再用左键单击"设计树"浏览器中的"镜像"特征子项，将这两项同时选中后，单击右键，在弹出的快捷菜单中选择"组"命令，将这两个子项设为一个特征组；在此特征组为选中状态时，重复步骤19，选取"TOP"基准面为镜像平面，生成这个特征组的镜像特征，如图8-76所示。

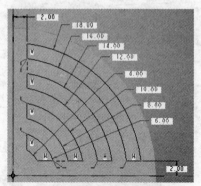

图 8-73 绘制除料拉伸截面

图 8-74 生成除料拉伸特征

图 8-75 生成镜像特征

图 8-76 再次生成镜像特征

21．左键单击"拉伸工具" 命令，打开"拉伸特征"工具条，选取此工具条中的"拉伸至选定曲面" 命令；左键单击"草绘工具" 命令，系统弹出"草绘"对话框；左键单击"基准平面工具" 命令，系统弹出"基准平面"对话框，生成"TOP"基准面的临时平移面，平移距离为"120.00"，如图8-77所示。

22．以上一步的临时面为草绘平面，使用系统默认的参照面，进入草图绘制环境，绘制如图 8-78 所示的拉伸剖面。

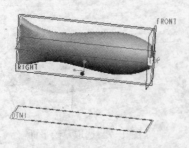

图 8-77　生成平移基准面

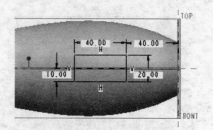

图 8-78　绘制拉伸截面

23．左键单击如图 8-79 所示的曲面，此曲面为拉伸特征拉伸到的曲面。

24．左键单击"拉伸特征"工具条中的"建造特征"☑命令，生成此拉伸特征，如图 8-80 所示。

注：此时拉伸特征体的末端完全贴合到选定曲面。

25．在电吹风把手后部的边倒圆角，半径为 5mm，如图 8-81 所示。

26．在电吹风把手底部的边倒圆角，半径为 2mm，如图 8-82 所示。

27．保存当前设计环境中的对象，关闭当前设计环境。

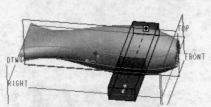

图 8-79　生成拉伸预览体

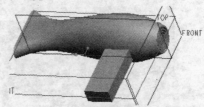

图 8-80　生成拉伸特征

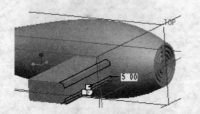

图 8-81　生成半径为 5mm 的圆角

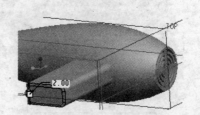

图 8-82　生成半径为 2mm 的圆角

8.10.2　风扇

电吹风风扇的生成步骤为：

1．在 Pro/ENGINEER 系统中新建一个"零件"设计环境，名称为"fengshan"；在此设计环境中生成一个直径为 30mm，高度为 30mm 的圆柱体，如图 8-83 所示。

2．在"TOP"基准面和"Right"基准面相交处生成一条基准轴，如图 8-84 所示。

3．左键单击"插入"菜单条命令，鼠标移到此菜单条的"混合"命令，在弹出的子菜单条中单击"伸出项"命令，系统打开"混合选项"菜单条，如图 8-85 所示。

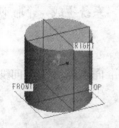
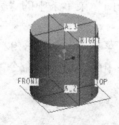

图 8-83　生成圆柱体特征　　　　　图 8-84　生成基准轴　　　　　图 8-85　"混合选项"菜单条

4. 保持"混合选项"中的默认选项不变，左键单击此菜单条中的"完成"命令，系统打开"伸出项：混合，平行⋯"对话框和"属性"菜单条，如图 8-86 所示。

5. 选取"属性"菜单条中的"光滑"选项，然后鼠标单击此菜单条中的"完成"命令，系统打开"设置草绘平面"菜单条，如图 8-87 所示。

6. 左键单击"设置平面"菜单条中的"产生基准"命令，系统打开"基准平面"菜单条，如图 8-88 所示。

7. 左键单击"基准平面"菜单条中的"偏距"命令，然后左键单击设计环境中圆柱体的顶面，则此面被红色加亮显示，并且系统打开"偏距"菜单条，如图 8-89 所示。

8. 左键单击"偏距"菜单条中的"输入值"命令，在圆柱体的顶面上出现一个绿色向上的箭头，如图 8-90 所示，此箭头表示偏距方向。

图 8-86　"属性"菜单条　　　　图 8-87　"设置草绘平面"菜单条　　图 8-88　"基准平面"菜单条

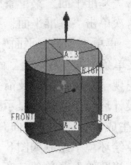

图 8-89　偏距菜单条　　　　　　图 8-90　确定偏距方向

9. 此时设计环境中的消息显示区上出现输入偏距值的编辑框，在此框中输入数值"-5.00"，然后左键单击"基准平面"菜单条中的"完成"命令，系统生成一个临时基准面，如图8-91所示。

10. 同时，系统打开"方向"菜单条，如图8-92所示。

11. 左键单击"方向"菜单条中的"反向"命令，则临时基准面上的箭头方向变成向下，如图8-93所示。

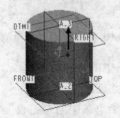

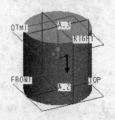

图 8-91 生成预览偏移基准面　　　图 8-92 "方向"菜单条　　　图 8-93 切换基准面方向

12. 左键单击"方向"菜单条中的"正向"命令，系统打开"草绘视图"菜单条，如图8-94所示，要求用户选取参照面。

13. 左键单击"草绘视图"菜单条中的"右"命令，系统打开"设置平面"对话框，如图8-95所示。

14. 左键单击"设置平面"菜单条的"产生基准"命令，系统打开"基准平面"菜单条，如图8-96所示。

图 8-94 "草绘视图"菜单条　　　图 8-95 "设置平面"菜单条　　　图 8-96 "基准平面"菜单条

15. 左键单击"基准平面"菜单条中的"穿过"命令，然后左键单击设计环境中的基准轴；鼠标左键再次单击"基准平面"菜单条的"角"命令，然后左键单击设计环境中的"RIGHT"基准面，再单击"基准平面"菜单条中的"完成"命令，此时系统打开"偏距"菜单条，单击此菜单条中的"输入值"命令，此时设计环境中的对象如图8-97所示，注意此时圆柱体底部出现一个绿色的圆及箭头，箭头表示角度偏移的方向。

16. 同时，设计环境中的消息显示区上出现输入偏距角度值的编辑框，在此框中输入数值"30"，系统生成一个临时基准面并自动旋转进入草图绘制环境，如图8-98所示。

17. 在当前草绘环境中绘制如图8-99所示的截面。

18. 左键单击"草绘"菜单条，在此菜单条中选取"特征工具"下的"切换剖面"命令，此时设计环境中的矩形变成灰色；在当前设计环境中绘制如图 8-100 所示的剖面，注意图中两个剖面混合起始点的方向要一致。

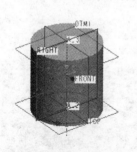

图 8-97 显示偏移方向

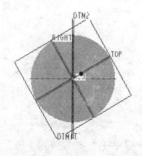

图 8-98 生成临时基准面

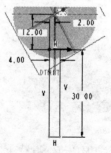

图 8-99 绘制混合截面

19. 左键单击"草绘器工具"工具条中的"继续当前部分" ✔ 命令，系统打开"深度"菜单条，如图 8-101 所示。

20. 保持"深度"菜单条中的"盲孔"选项不变，左键单击此菜单条中的"完成"命令，此时设计环境中的消息显示区上出现输入混合特征深度值的编辑框，在此框中输入数值"20.00"；此时混合特征的所有要素都定义完成，左键单击"伸出项：混合，平行…"对话框中的"完成"命令，系统生成如图 8-102 所示的混合特征体。

21. 左键单击风扇叶片，将其选中；左键单击"编辑特征"工具条中的"阵列" ▦ 命令，此时系统显示出叶片的尺寸，左键单击角度值"30"，将角度增加值设为"72"，如图 8-103 所示。

22. 将"阵列特征"工具条中的"1"子项后面的数值"2"改为"5"，然后左键单击"阵列特征"工具条中的"建造特征" ✔ 命令，生成叶片旋转阵列特征，如图 8-104 所示。

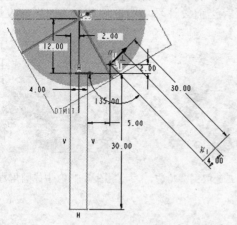

图 8-100 绘制第二混合截面

图 8-101 "深度"菜单条

23. 左键单击"拉伸工具" ⬚ 命令，打开"拉伸特征"工具条，选取此工具条中的"去除材料" ⬚ 命令，拉伸深度为"30.00"；左键单击"草绘工具" ⬚ 命令，选取当前设计环境中的"FRONT"为草绘平面，使用系统默认的参照平面，拉伸方向如图 8-105 所示。

24. 进入草绘环境，绘制如图 8-106 所示的圆，直径为"75"。

25. 左键单击"草绘器工具"工具条中的"继续当前部分" ✔ 命令，系统生成这个拉伸剖面；左键单击"拉伸特征"工具条中的"继续执行" 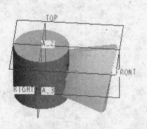命令，重新激活"拉伸特征"工具条，此时设计对象上的除料方向箭头指向圆内部，如图8-107所示。

图 8-102 生成混合特征　　图 8-103 选取阵列参数　　图 8-104 生成阵列特征

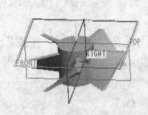

图 8-105 选取草绘面　　图 8-106 绘制拉伸截面　　图 8-107 显示除料方向

26．左键单击除料方向箭头，使其指向圆外部，然后左键单击"拉伸特征"工具条中的"建造特征" 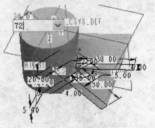命令，此时设计环境中的风扇如图8-108所示。

27．在风扇的一些边倒半径为"5.00"的倒圆角，如图8-109所示。

28．倒圆角后风扇如图8-110所示；保存当前设计环境中的对象，关闭当前设计环境。

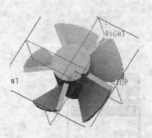

图 8-108 生成除料拉伸特征　　图 8-109 选取倒圆角边　　图 8-110 生成圆角特征

8.11　上机实验

1．打开零件 "lianxi1-7"，生成如图 8-112 所示的孔阵列，其中孔半径为"20"，高度为"31"，孔中心距大孔中心距离为"75"，3 孔均匀分别间隔 120.0°；再生成如图 8-111 所示的阵列并再阵列根部倒圆角，其中阵列特征的厚度为"31"，孔直径为"30"，孔中心距大孔中心距离为"173"，3 特征均匀分别间隔 120.0°，圆角半径为"3.5"，然后保存零件。

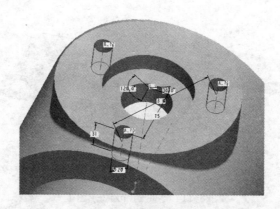

图 8-111　生成阵列特征 1

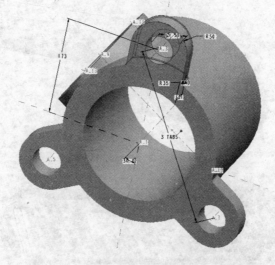

图 8-112　生成阵列特征 2

2．打开零件 "lianxi2-3"，生成如图 8-113 所示的孔阵列，然后保存零件。

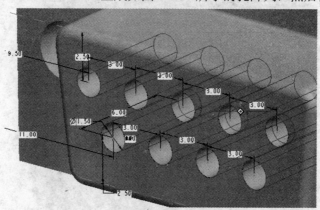

图 8-113　生成孔阵列特征

3．绘制如图 8-114～图 8-119 所示的零件，然后保存零件名为 "lianxi2-4"。

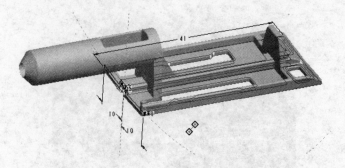

图 8-114 零件 lianxi2-4 图 1

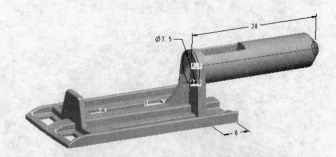

图 8-115 零件 lianxi2-4 图 2

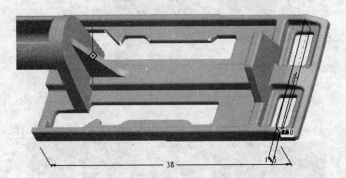

图 8-116 零件 lianxi2-4 图 3

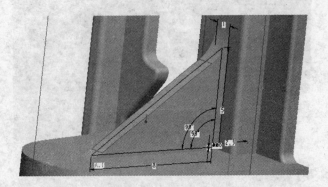

图 8-117 零件 lianxi2-4 图 4

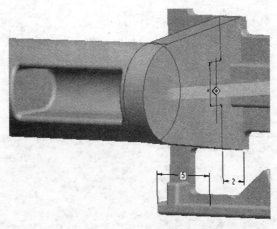

图 8-118　零件 lianxi2-4 图 5

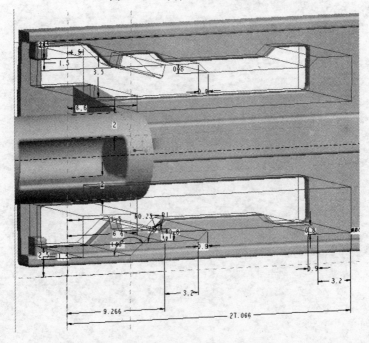

图 8-119　零件 lianxi2-4 图 6

注：可以使用镜像命令。图中若有未表示清楚的尺寸，读者可以自行设定尺寸值。

8.12　复习思考题

1. Pro/ENGINEER 中的复制和粘贴命令和其他程序（如 Microsoft Word）的复制和粘贴有何异同？

2. Pro/ENGINEER 中镜像命令是如何使用的？

3. Pro/ENGINEER 提供了几种阵列方式？如何操作？

4. Pro/ENGINEER 中的特征组操作有何作用？

5. Pro/ENGINEER 中的隐含和隐藏操作有何区别？

6. Pro/ENGINEER 中的缩放操作和使用鼠标加键盘的缩放操作有何不同？

第 9 章　曲面设计

本章导读

上面几章讲述的"拉伸"、"旋转"、"扫描"、"混合"、"扫描混合"、"螺旋扫描"和"可变剖面扫描"等命令，除了可以生成实体特征外，同样也可以生成曲面特征，其生成方法和实体特征生成的方法类似。对于一般比较规则的特征，可以通过以上命令创建，但是对于复杂程度较高的特征而言，用前面的这些命令创建就会比较困难。因而 Pro/ENGINEER 系统提供了曲面特征（Surface feature），通过创建非常自由的单一曲面，再将这些单一曲面缝合为完整且没有间隙的曲面模型，最后再转化为实体模型。

曲面是没有厚度的面，不同于薄板特征，薄板特征是有厚度的，只不过非常薄而已。曲面特征除了应用上述命令创建外，还可以通过"点"创建"曲线"，再由"曲线"创建"曲面"，并且，还可以对曲面进行"合并"、"修剪"和"延伸"等操作，使得曲面的可操作性大大提高。

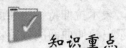

知识重点

1. Pro/ENGINEER Windfire 各种曲面的创建。
2. Pro/ENGINEER Windfire 曲面的操作。

9.1　曲面的创建

本节主要讲述填充曲面、拉伸曲面、旋转曲面、扫描曲面、混合曲面和编辑混合曲面的创建。

9.1.1　填充曲面的创建

"填充"⬚命令存在于"编辑"菜单条中，其作用是对二维剖面进行填充，使之成为一个没有厚度的平面，平面是曲面的一种特殊情况而已。

填充曲面的创建步骤为：

1. 打开 Pro/ENGINEER 系统，新建一个"零件"设计环境，在此设计环境中绘制如图 9-1 所示的截面。

2. 选中上一步绘制的截面，左键单击"编辑"菜单条中的"填充"⬚命令，则以此截面为边界生成一个平面，如图 9-2 所示。

3. 将当前设计环境中的填充特征删除，保留第一步绘制的截面进入下一小节。

　　注：此时截面被隐藏，故使用"取消隐藏"命令将截面恢复可见。

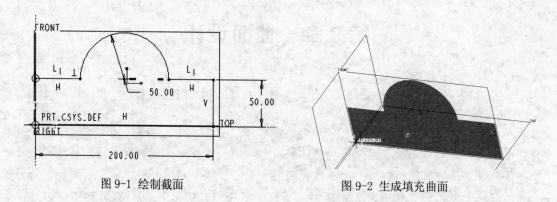

图 9-1　绘制截面　　　　　　　　　　　　图 9-2　生成填充曲面

9.1.2　拉伸曲面的创建

　　拉伸曲面的创建步骤和拉伸实体的创建类似，关键是在"拉伸特征"工具条中选取"拉伸为曲面" 🗋 命令。

　　拉伸曲面的创建步骤为：

　　1. 使用上一小节创建的设计环境，左键单击"拉伸工具" 🗋 命令，系统工具条打开"拉伸特征"工具条，左键单击此中的"拉伸为曲面" 🗋 命令，表示拉伸特征为曲面，拉伸深度设为"50.00"；左键单击设计环境中的截面，则系统显示出拉伸曲面的预览特征，如图 9-3 所示。

　　2. 左键单击"拉伸特征"工具条中的"建造特征" ✓ 命令，系统完成拉伸曲面特征的创建，如图 9-4 所示。

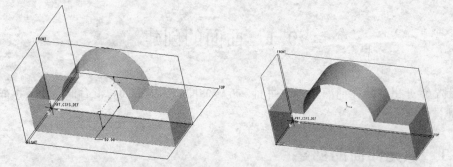

图 9-3　生成拉伸预览曲面　　　　　　　　图 9-4　生成拉伸曲面

　　3. 拉伸曲面特征的创建先讲述到此，将当前设计环境中的拉伸曲面特征删除，然后保留当前设计环境进入下一小节。

　　注：此时截面被隐藏，故使用"取消隐藏"命令将截面恢复可见。

9.1.3　旋转曲面的创建

　　旋转曲面的创建步骤和旋转实体的创建类似，关键是在"旋转特征"工具条中选取"旋转为曲面" 🗋 命令。

旋转曲面的创建步骤为：

1．接着使用上一小节创建的设计环境，右键单击"设计树"浏览器中的截面特征，在弹出的快捷菜单条中选取"编辑定义"命令，重新进入草图绘制环境，在此环境中添加一条竖直的中心线，如图9-5所示。

2．完成截面绘制后，左键单击"旋转工具" ⌖命令，此时系统以 360° 旋转出一个预览旋转体，并同时打开"旋转特征"工具条，左键单击此工具条中的"拉伸为曲面" ▭命令，并将此工具条中的旋转角度改为"90"，则系统以 90° 角生成截面旋转曲面特征预览体，如图9-6所示。

3．左键单击"旋转特征"工具条中的"建造特征" ☑命令，系统完成旋转曲面特征的创建，如图9-7所示。

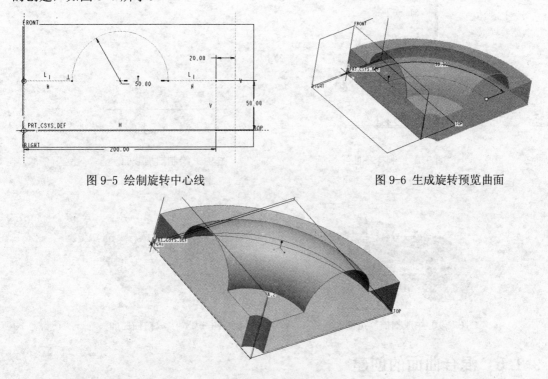

图9-5　绘制旋转中心线　　　　　　　　　图9-6　生成旋转预览曲面

图9-7　生成旋转曲面

4．旋转曲面特征的创建先讲述到此，关闭当前设计环境并且不保存。

9.1.4　扫描曲面的创建

扫描曲面的创建步骤和扫描实体的创建类似，关键是在"扫描特征"工具条中选取"扫描为曲面" ▭命令。

扫描曲面的创建步骤为：

1．在 Pro/ENGINEER 系统中新建一个"零件"设计环境；左键单击"草绘工具" ▨命令，选取"FRONT"基准面为绘图平面，使用系统默认的参照面，在设计环境中绘制如图9-8所示的样条曲线。

    2．生成此样条曲线后，左键单击"草绘器工具"工具条中的"可变剖面扫描工具 🖉"命令，此时系统默认把上步绘制的样条曲线作为扫描轨迹线，并同时打开"扫描特征"工具条，此时工具条中默认的是"扫描为曲面" 🗍 命令，然后左键单击"扫描特征"工具条中的"创建或编辑扫描剖面" ☑ 命令，系统进入草绘设计环境，在此设计环境中绘制一个圆，如图 9-9 所示。

    3．左键单击"草绘器工具"工具条中的"继续当前部分" ✔ 命令，系统生成一个扫描曲面特征预览体，如图 9-10 所示。

    4．左键单击"建造特征" ☑ 命令，生成扫描曲面特征，如图 9-11 所示。

    5．扫描曲面特征的创建先讲述到此，关闭当前设计环境并且不保存。

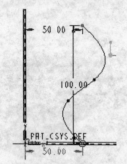

图 9-8 绘制样条曲线

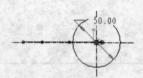

图 9-9 绘制扫描截面

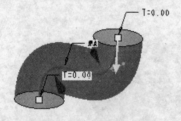

图 9-10 生成扫描预览曲面

图 9-11 生成扫描曲面

9.1.5　混合曲面的创建

    混合曲面的创建步骤和混合实体的创建类似，关键是在"混合特征"工具条中选取"混合为曲面" 🗍 命令。

    混合曲面的创建步骤为：

    1．在 Pro/ENGINEER 系统中新建一个"零件"设计环境；左键单击"插入"菜单条中的"混合"命令，选取混合菜单条中的"曲面…"命令，表示要生成混合曲面特征；保持系统弹出的"混合选项"菜单条中的选项不变，单击此菜单条中的"完成"命令，系统打开"属性"菜单条，鼠标左键选取此菜单条中的"光滑"选项，然后单击"完成"命令；选取"FRONT"基准面为草绘平面，使用系统默认的参照面，进入草绘环境绘制如图 9-12 所示的剖面。

    2．左键单击"草绘"菜单条中"特征工具"下的"切换截面"命令，此时上一步绘制的截面变成灰色，表示此时草绘环境进入了下一个剖面的绘制，然后在当前设计环境中绘制如图 9-13 所示的剖面。

3. 左键单击"草绘器工具"工具条中的"继续当前部分" ✔ 命令，系统打开"深度"菜单条，保持此菜单条中的"盲孔"选项不变，单击"完成"命令，在消息显示区中输入深度值"50.00"，此时混合曲面特征的所有定义都完成，左键单击"曲面：混合，平行…"对话框中的"确定"命令，系统生成混合曲面特征，如图 9-14 所示。

4. 混合曲面特征的创建先讲述到此，关闭当前设计环境并且不保存。

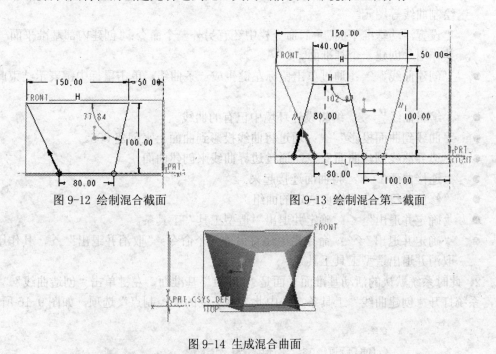

图 9-12 绘制混合截面　　　　　　　　图 9-13 绘制混合第二截面

图 9-14 生成混合曲面

9.1.6　边界混合曲面的创建

利用"边界混合" ⊘ 命令，利用已经定义好的图元，在一个或两个方向上创建边界混合的特征。在每个方向上选定的第一个和最后一个图元定义曲面的边界。添加更多的参照图元（如控制点和边界条件）能使用户更完整地定义曲面形状。

选取参照图元的规则如下：

- 曲线、零件边、基准点、曲线或边的端点可作为参照图元使用。
- 在每个方向上，都必须按连续顺序选择参照图元，但是也可对参照图元进行重新排序。

对于在两个方向上定义的混合曲面来说，其外部边界必须形成一个封闭的环，也就是外部边界必须相交。若边界不终止于相交点，Pro/ENGINEER 系统将自动修剪这些边界，并使用有关部分。并且，为混合而选的曲线不能包含相同的图元数。

下面具体讲述边界混合曲面的创建步骤：

1. 在 Pro/ENGINEER 系统中新建一个"零件"设计环境；左键单击"基准特征"工具

条中的"造型工具" ▭命令，系统打开"造型工具"工具条，如图9-15所示。

图9-15 "造型工具"工具条

"造型工具"工具条中的命令依次为：

- "选取" ▶：鼠标选取状态。
- "设置活动基准平面" ▭：设置设计环境中的基准平面，用户可在此基准平面上绘制曲线等图元。
- "设置活动基准平面" ▭：命令栏中还有另外一个命令："创建内部基准平面 ▭"，其作用是创建一个基准面。
- "创建曲线" ～：通过单击鼠标左键生成一条曲线，单击鼠标中键表示结束此命令。
- "编辑曲线" ✎：编辑设计环境中已有的曲线。
- "曲线到曲面投影" ▨：通过将曲线投影到曲面上来创建 COS。
- "边界曲线创建曲面" ▨：通过边界曲线来创建曲面。
- "连接曲面" ▨：将曲面连接起来。
- "修剪面组" ▨：修剪选定的面组。
- "确定并退出" ✔：确定并退出"造型工具"工具条。
- "确定并退出" ✔：命令栏中还有另外一个命令："取消并退出" ✘，其作用是取消并退出造型工具工具条。

2．此时系统默认的活动基准面平面是"FRONT"基准面，左键单击"创造曲线" ～命令，系统打开"创建曲线"工具条，选中此工具条中的"控制点"选项，如图9-16所示。

参照
⊙自由 ○平面 ○COS ｜ □按比例更新 ☑控制点 　　　 ✔ ✘

图9-16 "创建曲线"工具条

3．在当前活动基准平面上创建一条曲线，如图9-17所示。

4．左键单击"创建曲线"工具条中的"确定" ✔命令，系统关闭"创建曲线"工具条，然后左键单击""建造特征" ☑命令，生成一条曲线，如图9-18所示。

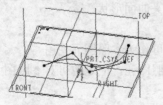

图9-17 绘制曲线

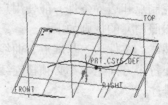

图9-18 生成曲线

5．左键单击"创建内部基准平面" ▭命令，系统打开"基准平面"对话框，此对话框和前面讲述的创建新基准面的对话框一样，左键单击设计环境中的"FRONT"基准面，在"基准平面"对话框中输入偏移值"20.00"，系统新建一个基准面，并将此面设为当前活动基准面，如图9-19所示。

6. 重复步骤 2～4，在当前活动基准平面上生成一条曲线，如图 9-20 所示。

7. 左键单击"造型工具"工具条中的"确定并退出" ✔ 命令，则在当前设计环境中生成两条曲线，如图 9-21 所示。

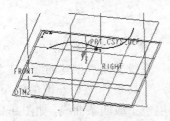　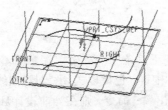　

图 9-19 生成偏移基准面　　　图 9-20 生成另一条曲线　　　图 9-21 生成的两条曲线

8. 左键单击"基准特征"工具条中的"边界混合" ⬦ 命令，系统打开"边界混合"工具条，如图 9-22 所示。

图 9-22 "边界混合"工具条

9. 左键单击设计环境中的任意一条曲线，然后按住 Ctrl 键，再用左键单击另外一条曲线，此时系统生成边界混合曲面的预览体，如图 9-23 所示。

10. 左键单击"边界混合"工具条中的"建造特征" ✔ 命令，生成一个曲面，如图 9-24 所示。

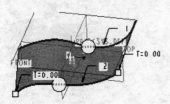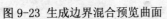　　

图 9-23 生成边界混合预览曲面　　　图 9-24 生成边界混合曲面

11. 上一步生成的曲面为一个方向上的边界混合曲面，下面讲述两个方向上的边界混合曲面，关闭当前设计环境并且不保存；在 Pro/ENGINEER 系统中新建一个"零件"设计环境，左键单击"基准特征"工具条中的"造型工具" ▭ 命令，系统打开"造型工具"工具条，此时系统默认的活动基准面平面是"TOP"基准面，左键单击"创建曲线" ∼ 命令，系统打开"创建曲线"工具条，选中此工具条中的"控制点"选项，在当前的活动基准平面上绘制 4 条首尾相连的曲线，如图 9-25 所示。

注：使用 Shift 键，可以拖动曲线的端点控制点连到另一条曲线的端点上，将曲线的一个端点和另一条曲线的端点连起来，这是必须要保证的，否则将无法生成两个方向上的边界混合曲面。

12. 左键单击"基准特征"工具条中的"选取" ⬉ 命令，鼠标左键双击当前设计环境中的一条曲线，则曲线上出现控制点，如图 9-26 所示。

13. 按住 Alt 键，使用鼠标左键将曲线上中间的一个控制点往"Y"轴正向拖动，同样的操作，将其他 3 条曲线中间的控制点往"Y"轴正向或负向移动，如图 9-27 所示。

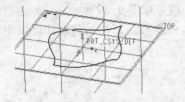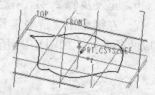

图 9-25 生成四条首尾相连曲线   图 9-26 选取曲线   图 9-27 移动曲线控制点

14. 左键单击"创建曲线"工具条中的"确定" ✔ 命令，系统关闭"创建曲线"工具条（或者在当前设计中单击鼠标中键，也可以关闭"创建曲线"工具条）；然后左键单击"造型工具"工具条中的"确定并退出" ✔ 命令，则在当前设计环境中生成四条曲线，如图 9-28 所示。

注：此时设计环境中的 4 条曲线并不在一个平面上。

15. 左键单击"基准特征"工具条中的"边界混合" ⬚ 命令，系统打开"边界混合"工具条，左键单击设计环境中如图 9-29 所示的直线。

16. 按住 Ctrl 键，使用左键单击如图 9-30 所示的曲线，此时系统显示一个方向的边界混合曲面预览体。

17. 左键单击"边界混合"工具条中的"单击此处添加"子项，则此子项变成"选取项目"，如图 9-31 所示。

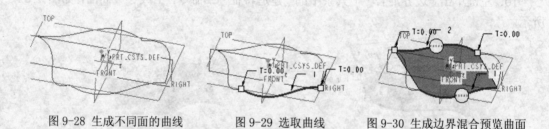

图 9-28 生成不同面的曲线   图 9-29 选取曲线   图 9-30 生成边界混合预览曲面

图 9-31 边界混合工具条

18. 此时设计环境中的设计对象发生如图 9-32 所示的变化。

19. 重复步骤 15～16，选取另外两条曲线为第二方向边界混合曲面的边界线，如图 9-33 所示。

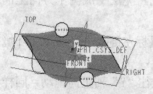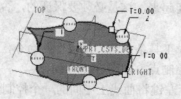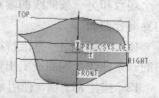

图 9-32 选取第一方向边界曲线   图 9-33 选取第二方向边界曲线   图 9-34 生成两个方向的边界混合曲面

20. 左键单击"边界混合"工具条中的"建造特征" ✔ 命令，生成一个两个方向的边界混合曲面，如图 9-34 所示。

21．上一步生成的曲面就是两个方向上的边界混合曲面，左键单击"文件"菜单条中的"保存副本…"命令，将当前设计环境中的边界混合曲面保存名为"bianjiehunhequmian2"，关闭当前设计环境。

9.2　曲面的操作

Pro/ENGINEER 系统可以对曲面进行"平移"、"缝合"、"剪裁"、"延伸"和"加厚"等操作，下面具体介绍这些命令的使用方法。

9.2.1　曲面的偏移

"偏移"命令存在于"编辑"菜单条中，其作用是将选定的曲面偏移一段距离。

偏移命令的使用步骤：

1．打开"bianjiehunhequmian2"文件，左键单击设计环境中的曲面，曲面为选中状态时用红色加亮；左键单击"编辑"菜单条中的"偏移"命令，系统打开"偏移"工具条，如图 9-35 所示。

2．此时设计环境中出现一个偏移曲面的预览体，如图 9-36 所示。

图 9-35　偏移工具条

3．将"偏移"工具条中的偏移距离修改为"50.00"，然后单击此菜单条中的"建造特征"命令，生成选定曲面的偏移曲面，如图 9-37 所示。

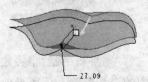

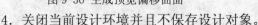

图 9-36　生成预览偏移曲面　　　　　　图 9-37　生成偏移曲面

4．关闭当前设计环境并且不保存设计对象。

9.2.2　曲面的相交

"相交"命令存在于"编辑"菜单条中，其作用是创建曲面和其他曲面或基准面的交线。相交特征线有以下 3 种用途：

- 创建可用于其他特征（如扫描轨迹）的 3D 曲线。
- 显示两个曲面是否相交，以避免可能的间隙。
- 诊断不成功的剖面和切口。

　　下面具体讲述"相交"命令的使用方法。

　　1．在 Pro/ENGINEER 系统中新建一个"零件"设计环境，以"FRONT"基准面为草绘面，使用系统默认的参照面，在草绘面上绘制如图 9-38 所示圆弧。

　　2．将上一步绘制的圆弧拉伸成曲面，拉伸深度为"100.00"，如图 9-39 所示。

　　3．以"FRONT"基准面为草绘面，使用系统默认的参照面，在草绘面上绘制如图 9-40 所示圆弧。

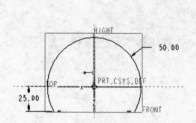

图 9-38　生成拉伸截面

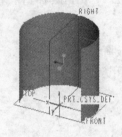

图 9-39　生成拉伸曲面

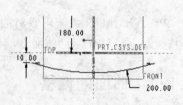

图 9-40　绘制圆弧

　　4．将上一步绘制的圆弧拉伸成曲面，拉伸深度为"100.00"，如图 9-41 所示。

　　5．左键单击设计环境中的任意一曲面两次，当此曲面为选中时，整个曲面用红色加亮，如图 9-42 所示。

　　6．按住 Ctrl 键，左键单击设计环境中的另外一个曲面，将其选中，此时两个曲面都用红色加亮表示；左键单击"编辑"菜单条中的"相交"命令，此时系统生成选中两曲面的交线，且用蓝色表示交线，如图 9-43 所示。

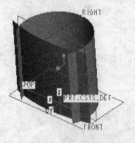

图 9-41　生成拉伸曲面

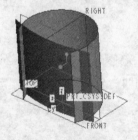

图 9-42　选取两曲面

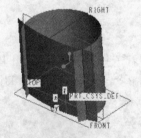

图 9-43　生成曲面交线

　　7．曲面的交线生成就讲述到这，将当前设计环境中的交线删除，保留当前设计对象，留在下一小节继续使用。

9.2.3　曲面的延伸

　　"延伸" 命令存在于"编辑"菜单条中，其作用是将曲面特征沿此曲面上指定的边界线延伸。曲面延伸有如下两种延伸方式：

● 按距离延伸：将曲面沿曲面上指定的边界线延伸指定的距离。

● 延伸到面：将曲面沿曲面上指定的边界线延伸到指定的面。

　　下面具体讲述"延伸"命令的使用方法：

1．继续使用上一节的设计对象；左键单击设计环境中曲面的一条边，当这条边为选中状态时用粗红色线表示，如图 9-44 所示。

2．左键单击"编辑"菜单条中的"延伸"命令，系统打开"延伸特征"工具条，如图 9-45 所示。

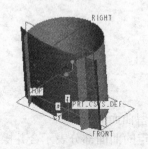

图 9-44 选取延伸边　　　　　　　　　　图 9-45 "延伸特征"工具条

"延伸特征"工具条中的命令依次为：

● "按距离延伸" ▢：将曲面沿曲面上指定的边界线延伸指定的距离。

● "延伸到面" ▢：将曲面沿曲面上指定的边界线延伸到指定的面。

● "延伸距离" ⊢⊣：指定曲面延伸的距离，在其后的组合框中输入延伸距离。

● "延伸方向反向 ╱" 命令：将曲面延伸的方向反向，其结果类似于将曲面裁剪。

其他命令就不再介绍了。

3．此时设计环境中的指定延伸面如图 9-46 所示，图中的"12.49"表示延伸距离。

4．将延伸距离值修改为"20.00"，然后左键单击"延伸特征"工具条中的"建造特征" ☑ 命令，将曲面沿曲面上指定的边界线延伸"20.00"的距离，如图 9-47 所示。

5．"延伸到面"的方式和"按距离延伸"方式类似，不用指定距离而直接将曲面延伸到指定的平面，在此不再赘述，保留当前设计对象，留在下一小节继续使用。

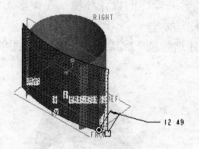

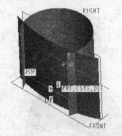

图 9-46 生成预览延伸曲面　　　　　　　图 9-47 生成延伸曲面

9.2.4　曲面的合并

"合并" ▢ 命令存在于"编辑"菜单条和"编辑特征"工具条中，其作用是通过相交或连接方式合并两个面组（面组是曲面的集合）。生成的合并面组是一个单独的面组，它与两个原始面组一致，如果删除合并特征，原始面组仍保留。

下面具体讲述"合并"命令的使用方法。

1. 继续使用上一节的设计对象；左键单击设计环境中的任意一曲面两次，当此曲面为选中时，整个曲面用红色加亮；按住 Ctrl 键，左键单击设计环境中的另外一个曲面，将其选中，此时两个曲面都用红色加亮表示；左键单击"编辑"菜单条中的"合并"命令，系统打开"合并特征"工具条，如图 9-48 所示。

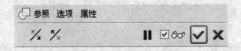

图 9-48 合并特征工具条

注：此工具条中的两个"反向 ✄"命令分别控制合并操作保留曲面的方向。

2. 此时设计环境中的设计对象如图 9-49 所示，图中带黑色点的曲面部分表示合并操作要保留的曲面部分，图中两个黄色的箭头指向保留部分。

3. 左键单击"合并特征"工具条中的"建造特征"☑命令，生成两曲面的合并特征，如图 9-50 所示。

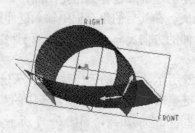

图 9-49 生成预览合并曲面

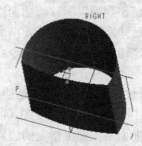

图 9-50 生成合并曲面

4. 左键单击"设计树"浏览器中的合并特征，在弹出的快捷菜单条中选取"编辑定义"命令，系统打开"合并特征"工具条并且回到合并操作的设计环境，左键单击设计环境中的一个黄色箭头，此箭头方向反向，如图 9-51 所示。

5. 左键单击"合并特征"工具条中的"建造特征"☑命令，生成两曲面的合并特征，如图 9-52 所示。

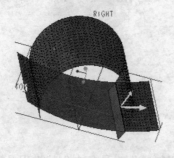

图 9-51 切换曲面合并方向

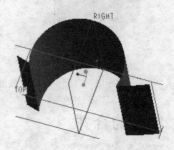

图 9-52 生成合并曲面

6. 曲面的合并就讲述到这，将当前设计环境中的合并特征删除，保留当前设计对象，留在下一小节继续使用。

9.2.5　曲面的修剪

"修剪" 命令存在于"编辑"菜单条和"编辑特征"工具条中，其作用是剪切或分割面组或曲线（面组是曲面的集合）。有以下两种修剪方式：

● 在与其他面组或基准平面相交处进行修剪。

● 使用面组上的基准曲线修剪。

下面具体讲述"修剪"命令的使用方法。

1. 继续使用上一节的设计对象，左键单击设计环境中的任意一曲面两次，当此曲面为选中时，整个曲面用红色加亮，如图 9-53 所示。

2. 左键单击"编辑特征"工具条中的"修剪" 命令，系统打开"修剪特征"工具条，如图 9-54 所示。

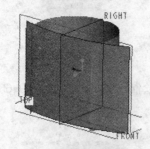

图 9-53 选取曲面　　　　　　　　　　图 9-54 修剪特征工具条

3. 左键单击设计环境中的另一个曲面，此时设计环境中的设计对象如图 9-55 所示，图中带黑色点的曲面部分表示修剪操作要保留的曲面部分，图中黄色的箭头指向保留部分。

4. 左键单击"修剪特征"工具条中的"建造特征" 命令，生成选定曲面的修剪特征，如图 9-56 所示。

5. 左键单击"设计树"浏览器中的修剪特征，在弹出的快捷菜单条中选取"编辑定义"命令，系统打开"修剪特征"工具条并且回到修剪操作的设计环境，左键单击设计环境中的黄色箭头，此箭头方向反向，如图 9-57 所示。

6. 左键单击"修剪特征"工具条中的"建造特征" 命令，生成选定曲面的修剪特征，如图 9-58 所示。

7. 左键单击当前设计环境中的一个曲面，将此面选中，如图 9-59 所示。

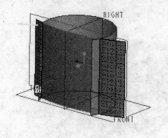

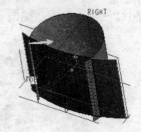

图 9-55 生成预览修剪曲面　　　图 9-56 生成修剪曲面　　　图 9-57 切换曲面修剪方向

8. 左键单击"编辑特征"工具条中的"修剪" 命令，然后左键单击设计环境中的另一个曲面，此时设计环境如图 9-60 所示。

9．左键单击设计环境中的黄色箭头，将其反向，然后左键单击"修剪特征"工具条中的"建造特征" ☑命令，生成选定曲面的修剪特征，如图 9-61 所示。

10．曲面和曲面之间的修剪就讲述到此，下面讲述曲面和曲线之间的修剪方式。左键单击"基准特征"工具条中的"造型工具" ▭命令，此时系统默认以"TOP"基准面为当前基准活动平面，如图 9-62 所示。

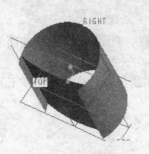 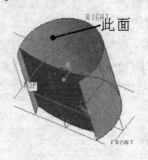 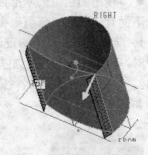

图 9-58 生成修剪曲面   图 9-59 选中曲面   图 9-60 生成预览修剪曲面

11．使用"创建曲线" ∼命令，在当前的活动基准平面上绘制一条曲线，如图 9-63 所示，注意此条曲线要宽于设计环境中的曲面。

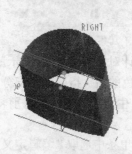 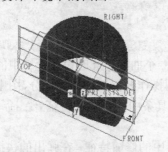 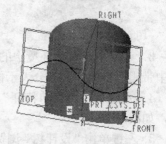

图 9-61 生成修剪曲面   图 9-62 选取基准活动平面   图 9-63 绘制曲线

12．左键单击"曲线到曲面投影" ⌒命令，此时系统打开"选取"对话框，要求选择需要放置曲线的曲面，左键单击设计环境中如图 9-64 所示曲面。

13．此时选中的曲面变成红色加亮状态，然后左键单击"选取"对话框中的"确定"命令，此时系统要求选取放置的曲线，左键单击步骤 11 中创建的曲线，此曲线选中状态时用粗红色线条表示，如图 9-65 所示。

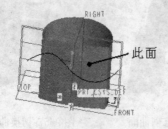 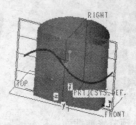

图 9-64 选取放置曲线的曲面   图 9-65 选取曲线

14. 左键单击"选取"对话框中的"确定"命令，此时系统要求选取平面以垂直投影选定曲线，左键单击当前活动基准面，如图 9-66 所示。

15. 此时在选定的放置曲线的曲面上出现一条曲线预览线，如图 9-67 所示。

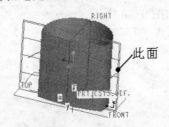
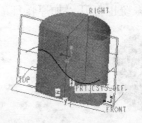

图 9-66　选取当前活动基准面　　　　　　　　图 9-67　生成预览曲线

16. 同时系统打开"曲线到曲面投影特征"对话框，如图 9-68 所示。

图 9-68　"曲线到曲面投影特征"对话框

17. 此时"曲线到曲面投影特征"对话框中的所有定义都完成，左键单击此对话框中的"确定" ✓ 命令，然后左键单击"造型工具"工具条中的"确定并退出" ✓ 命令，在选定的放置曲线的曲面上出现一条曲线，如图 9-69 所示。

18. 左键单击放置曲线的曲面，将其选中，曲面选中时用红色加亮表示，然后左键单击"编辑特征"工具条中的"修剪" 命令，在用鼠标单击曲面上的曲线，此时设计环境中的预览修剪曲面如图 9-70 所示。

19. 图 9-70 中带黑色点的曲面部分表示修剪操作要保留的曲面部分，图中黄色的箭头指向保留部分；左键单击"修剪特征"工具条中的"建造特征" ✓ 命令，生成选定曲面的修剪特征，如图 9-71 所示。

曲面和曲线之间的修剪方式就讲述到此，将上一步生成的修剪特征删除，并且将设计环境中的两条曲线也删除，然后保留当前设计环境中的设计对象，留在下一小节继续使用。

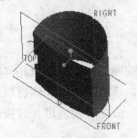
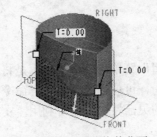
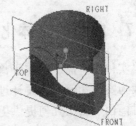

图 9-69　生成曲线　　　　　图 9-70　生成预览修剪曲面　　　　　图 9-71　生成修剪曲面

9.2.6　曲面的加厚

"加厚"命令存在于"编辑"菜单条中，此命令的作用是在选定的曲面特征或面组几何中添加薄材料部分，或从中移除薄材料部分。通常，"加厚"命令用于创建复杂的薄几何特征，因为使用常规的实体特征创建这些几何可能会更为困难。

下面具体讲述"加厚"命令的使用方法。

    1．继续使用上一节的设计对象，左键单击当前设计环境中的一个曲面，然后左键单击"编辑"菜单条中的"加厚"命令，选中的曲面上出现加厚预览特征体，并显示出加厚厚度，黄色箭头指示加厚方向，如图9-72所示。

    2．同时系统也打开"加厚特征"工具条，如图9-73所示。

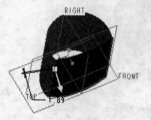

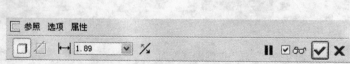

图9-72 生成预览加厚特征   图9-73 加厚特征工具条

    3．从"加厚特征"工具条中可以看到，不但可以生成加厚特征，还可以生成除料特征，并且在此工具条中还可以设定加厚厚度和加厚方向；将"加厚特征"工具条中的厚度改为"10.00"，然后鼠标单击此工具条中的"建造特征" ☑ 命令，生成选定曲面的加厚特征，如图9-74所示。

    4．"加厚"命令的使用方法就讲述到此，将上一步生成的加厚特征删除，保留当前设计环境中的设计对象，留在下一小节继续使用。

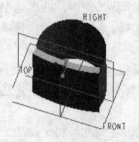

图9-74 生成加厚特征

9.2.7   曲面的实体化

    "实体化"命令存在于"编辑"菜单条中，其作用是将选定的曲面特征或面组几何特征转换为实体几何。在设计过程中，可使用"实体化"命令添加、移除或替换实体材料。设计时，由于面组几何提供更大的灵活性，因而可利用"实体化"命令对几何进行转换以满足设计需求。

    下面具体讲述"实体化"命令的使用方法。

    1．继续使用上一小节的设计对象；在当前设计环境中的设计对象未封闭的两端绘制两个圆，要求这两个圆比未封闭端大，然后填充这两个圆，如图9-75所示。

    2．使用"合并"命令将两端外的圆部分剪除，使得当前设计环境中的对象是一个封闭体，如图9-76所示。

    3．将当前设计环境中的所有面都选中，此时整个面组都用红色加亮表示，左键单击"编辑"菜单条中"实体化"命令，系统打开"实体化特征"工具条，如图9-77所示。

4. 左键单击"实体化特征"工具条中的"建造特征"✅命令，生成选定曲面的实体化特征，如图 9-78 所示。

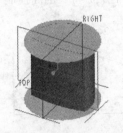

图 9-75 生成两个填充圆

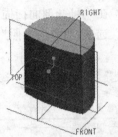

图 9-76 生成合并曲面

图 9-77 "实体化特征"工具条

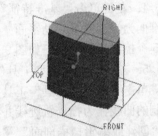

图 9-78 生成实体化特征

5. 用户可以在上一步创建的实体特征中放置一个孔特征，就可以看出当前设计环境中的设计对象为实体特征，在此就不再赘述；左键单击"文件"菜单条中的"保存副本为…"命令，将当前设计环境中的设计对象保存名为"qumiancaozuo"，然后关闭当前设计环境。

9.3　实例

9.3.1　鼠标

鼠标的创建步骤为：

1. 在 Pro/ENGINEER 系统中新建一个"零件"设计环境，零件名称为"shubiao"；左键单击"草绘工具"✍命令，选取"FRONT"基准面为绘图平面，使用系统默认的参照面，进入草图绘制环境，使用"创建样条曲线"∿命令，在设计环境中绘制如图 9-79 所示的轨迹线。

2. 左键单击"草绘器工具"工具条中的"继续当前部分"✔命令，生成此样条曲线并进入零件设计环境；左键单击"草绘器工具"工具条中的"可变剖面扫描工具"↘命令，此时系统默认把上步绘制的样条曲线作为扫描轨迹线并打开"扫描特征"工具条；左键单击"扫描特征"工具条中的"创建或编辑扫描剖面"✍命令，系统进入草绘设计环境，在设计环境中绘制如图 9-80 所示 5 个控制点的截面线。

3. 左键单击"草绘器工具"工具条中的"继续当前部分"✔命令，系统生成此扫描预览特征；左键单击"扫描特征"工具条中的"建造特征"☑命令，生成扫描特征，如图9-81所示。

注意：在"可变剖面扫描"工具条中的"参照"对话框中，将"剖面控制"设为"垂直于投影"选项，"方向参照"选取"TOP"基准面。

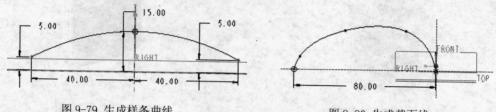

图9-79 生成样条曲线　　　　　　　　　图9-80 生成截面线

4. 左键单击"基准特征"工具条中的"造型工具"◰命令，此时系统默认以"TOP"基准面为当前基准活动平面；使用"创建曲线"～命令，在当前的活动基准平面上绘制一条5个控制点的曲线，如图9-82所示。

5. 左键单击"造型工具"工具条中的"确定并退出"✔命令，系统生成此条曲线；左键单击"草绘器工具"工具条中的"可变剖面扫描工具"⬚命令，此时系统默认把上步绘制的曲线作为扫描轨迹线并打开"扫描特征"工具条；左键单击"扫描特征"工具条中的"创建或编辑扫描剖面"☑命令，系统进入草绘设计环境，在设计环境中绘制如图9-83所示的直线，此直线为截面线。

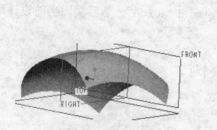
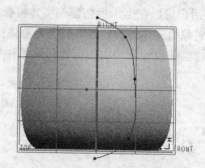

图9-81 生成扫描特征　　　　　　　图9-82 绘制曲线

6. 左键单击"草绘器工具"工具条中的"继续当前部分"✔命令，系统生成此扫描预览特征；左键单击"扫描特征"工具条中的"建造特征"☑命令，生成扫描特征，如图9-84所示。

7. 左键单击上一步生成的拉伸曲面，将其选中后，左键单击"编辑特征"工具条中的"镜像工具"◰命令，然后左键单击"RIGHT"面为镜像平面，系统生成选中拉伸曲面的镜像特征，如图9-85所示。

8. 左键单击第3步生成的拉伸面，将其选中后，按住Ctrl键，再用左键单击第6步生成的拉伸面，也将其选中；然后左键单击"编辑特征"工具条中的"合并"◰命令，将保留曲面的箭头方向设为如图9-86所示。

9. 左键单击"合并特征"工具条中的"建造特征☑"命令，生成两曲面的合并特征，如图9-87所示。

10. 重复步骤8～9，将第7步生成的镜像曲面也和上一步生成的曲面进行合并操作，生成的合并特征如图 9-88 所示。

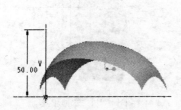

图 9-83 绘制截面线

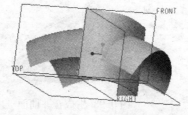

图 9-84 生成扫描特征

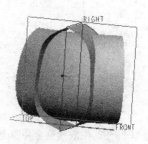

图 9-85 生成镜像特征

11．左键单击"草绘工具" ⌂命令，打开"草绘"对话框；左键单击"基准平面工具 ▱"命令，生成"TOP"基准面向上平移"10.00"的临时基准面，如图 9-89 所示。

12．系统以临时基准面为绘图平面，使用系统默认的参照面，进入草绘环境，绘制如图 9-90 所示的矩形，注意此矩形要大于鼠标底面。

13．生成此矩形后，在此矩形为选中状态下，左键单击"编辑"菜单条中的"填充" ▨命令，则以此矩形为边界生成一个平面，如图 9-91 所示。

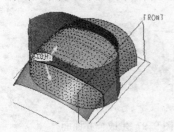

图 9-86 生成预览合并曲面

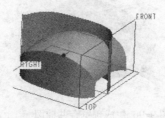

图 9-87 生成合并曲面

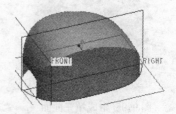

图 9-88 生成另一个合并曲面

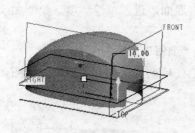

图 9-89 生成平移临时基准面

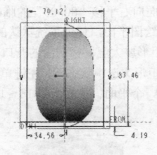

图 9-90 绘制矩形

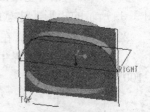

图 9-91 生成填充曲面

14．使用 Ctrl 键，将当前设计环境中的曲面选中，左键单击"编辑特征"工具条中的"合并" ⬚命令，将保留曲面的箭头方向设为如图 9-92 所示。

15．左键单击"合并特征"工具条中的"建造特征" ☑命令，生成两曲面的合并特征，如图 9-93 所示。

16．此时鼠标曲面的两个端部还有开口以及多余的部分平面，这里再次利用"合并" ⬚命令将多余部分平面剪除并将开口封闭。左键单击"草绘工具 ⌂"命令，打开"草绘"对话框；选取"FRONT"基准面为草绘平面，使用系统默认的参照面，进入草绘环境，绘制如

图9-94所示的矩形，注意此矩形要大于鼠标端面的开口。

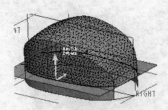
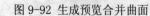

图9-92 生成预览合并曲面

图9-93 生成合并曲面

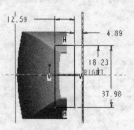

图9-94 绘制矩形

17. 生成此矩形后，在此矩形为选中状态下，左键单击"编辑"菜单条中的"填"充⬚命令，则以此矩形为边界生成一个平面，如图9-95所示。

18. 使用Ctrl键，将当前设计环境中的曲面选中，左键单击"编辑特征"工具条中的"合并"⬚命令，将保留曲面的箭头方向设为如图9-96所示。

19. 左键单击"合并特征"工具条中的"建造特征"☑命令，生成两曲面的合并特征，如图9-97所示。

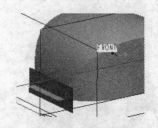

图9-95 生成填充曲面

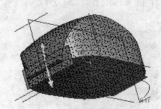

图9-96 生成预览合并曲面

图9-97 生成合并曲面

20. 左键单击"草绘工具"⌂命令，打开"草绘"对话框；左键单击"基准平面工具"▱命令，生成"FRONT"基准面向右平移"80.00"的临时基准面，如图9-98所示。

21. 系统以临时基准面为绘图平面，使用系统默认的参照面，进入草绘环境，绘制如图9-99所示的矩形，注意此矩形要大于鼠标端面的开口。

22. 生成此矩形后，在此矩形为选中状态下，左键单击"编辑"菜单条中的"填充"⬚命令，则以此矩形为边界生成一个平面；重复步骤18～19，生成两曲面的合并特征，如图9-100所示。

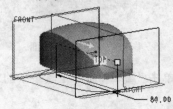

图9-98 生成平移临时基准面

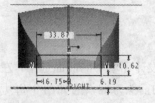

图9-99 绘制矩形

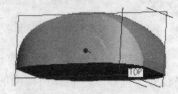

图9-100 生成合并曲面

23. 此时设计环境中的设计对象是封闭的，将当前设计环境中的设计对象全部选中，左键单击"编辑"菜单条中"实体化"命令，生成选定设计对象的实体化特征；然后使用"倒圆角"命令，将鼠标端面的两条边倒上半径为"25.00"的圆角，如图9-101所示。

24．同样的操作，将鼠标另一端面的两条边倒上半径为"2.00"的圆角，如图 9-102 所示。

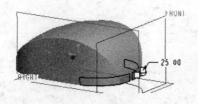
图 9-101 选取半径为 25.00 的倒圆角边

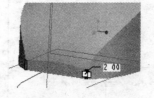
图 9-102 选取半径为 2.00 的倒圆角边

25．将鼠标的所选边倒上半径为"10.00"的圆角，如图 9-103 所示。

26．将鼠标底部的边倒上半径为"1.00"的圆角，如图 9-104 所示。

27．当前设计环境中的设计对象如图 9-105 所示，保存当前设计对象，关闭当前设计环境。

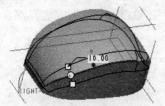
图 9-103 选取半径为 10.00 的倒圆角边

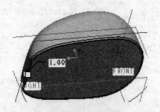
图 9-104 选取半径为 1.00 的倒圆角边

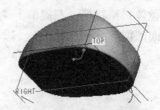
图 9-105 设计完成的鼠标模型

9.3.2 茶杯

茶杯的创建步骤为：

1．在 Pro/ENGINEER 系统中新建一个"零件"设计环境，零件名称为"chabei"；左键单击"草绘工具" 命令，选取"FRONT"基准面为绘图平面，使用系统默认的参照面，进入草图绘制环境，使用"创建样条曲线" 命令，在设计环境中绘制如图 9-106 所示的样条曲线。

2．左键单击"草绘工具" 命令，打开"草绘"对话框；左键单击"基准平面工具" 命令，生成"FRONT"基准面平移"100.00"的临时基准面，如图 9-107 所示。

3．系统以临时基准面为绘图平面，使用系统默认的参照面，进入草绘环境，使用"创建样条曲线 " 命令，绘制一条样条曲线，如图 9-108 所示。

4．重复步骤 2～3，在"FRONT"基准面的另一侧生成一个偏距为"100.00"的临时基准面，并以此临时基准面为绘图平面绘制如图 9-109 所示的一条样条曲线。

5．此时设计环境中有 3 条样条曲线；左键单击"基准特征"工具条中的"边界混合" 命令，系统打开"边界混合特征"工具条；左键单击设计环境中的任意一条曲线，然后按住 Ctrl 键，再用左键单击另外两条曲线，此时系统生成边界混合曲面的预览体，如图 9-110 所示。

6．左键单击"边界混合"工具条中的"建造特征" 命令，生成此边界混合曲面，如图 9-111 所示。

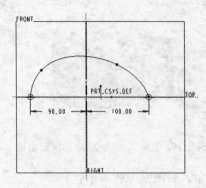

图 9-106　绘制样条曲线

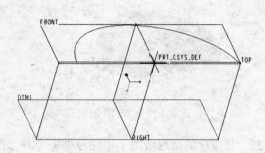

图 9-107　生成平移临时基准面

7. 左键单击上一步生成的边界混合曲面，将其选中，然后左键单击"编辑特征"工具条中的"镜像" 命令，再用左键单击"TOP"基准面，将其选为镜像平面，此时系统生成镜像预览特征；左键单击"镜像特征"工具条中的"建造特征" 命令，生成边界混合曲面的镜像特征，如图 9-112 所示。

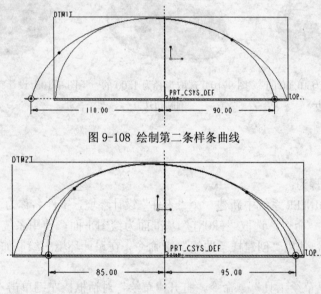

图 9-108　绘制第二条样条曲线

图 9-109　绘制第三条样条曲线

8. 左键单击"草绘工具 "命令，打开"草绘"对话框；左键单击"基准平面工具" 命令，生成"FRONT"基准面平移"100.00"的临时基准面，如图 9-113 所示。

9. 系统以临时基准面为绘图平面，使用系统默认的参照面，进入草绘环境，绘制一个直径为"230.00"的圆形，如图 9-114 所示。

10. 生成此圆形后，在此圆形为选中状态下，左键单击"编辑"菜单条中的"填充" 命令，则以此圆形为边界生成一个平面，如图 9-115 所示。

11. 使用 Ctrl 键，将当前设计环境中的边界混合曲面及其镜像面选中，左键单击"编辑特征"工具条中的"合并" 命令，将这两个曲面合并；再通过"Ctrl"键，将当前设计环境中的所有面选中，左键单击"编辑特征"工具条中的"合并" 命令，将保留曲面的箭头方向设为如图 9-116 所示。

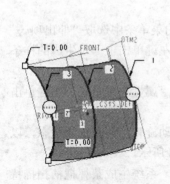
图 9-110　生成预览边界混合曲面

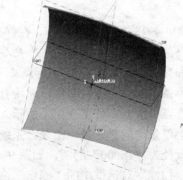
图 9-111　生成边界混合曲面

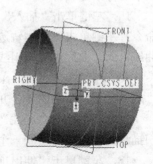
图 9-112　生成镜像特征

12. 左键单击"合并特征"工具条中的"建造特征" ☑命令，生成两面的合并特征，如图 9-117 所示。

13. 左键单击当前设计环境中的曲面特征，将其选中；然后左键单击"编辑"菜单条中的"加厚"命令，厚度值设为"5.00"，加厚方向朝向茶杯内部，生成加厚特征体，如图 9-118 所示。

图 9-113　生成平移临时基准面

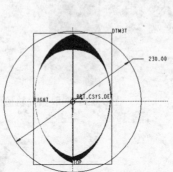
图 9-114　绘制圆形

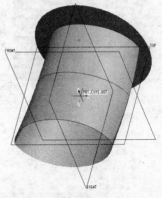
图 9-115　生成填充曲面

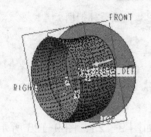
图 9-116　生成预览合并曲面

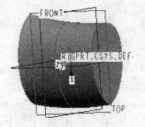
图 9-117　生成合并曲面

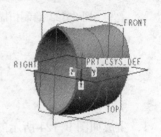
图 9-118　生成曲面加厚特征

14. 左键单击"草绘工具" ⌒命令，系统弹出"草绘"对话框，选取"TOP"基准面为绘图平面，使用系统默认的参照面，进入草图绘制环境，在设计环境中绘制如图 9-119 所示的样条曲线。

15. 左键单击"插入"菜单条中的"扫描"命令，在弹出的菜单条中选取"伸出项…"命令；左键单击"扫描轨迹"菜单条中的"选取轨迹"命令，左键单击上一步生成的样条曲线，此时曲线用红色粗线加亮显示，如图 9-120 所示。

16. 左键单击"链"菜单条中的"完成"命令，系统打开"属性"菜单条，左键单击"属性"菜单条中的"合并终点"命令，如图 9-121 所示。

17. 左键单击"属性"菜单条中的"完成"命令，系统自动旋转到剖面绘制状态，以扫描起点处为中心绘制一个直径为"16.00"的圆，如图 9-122 所示。

18. 左键单击"伸出项：扫描"对话框中的"确定"命令，系统生成茶杯把柄扫描特征，如图 9-123 所示。

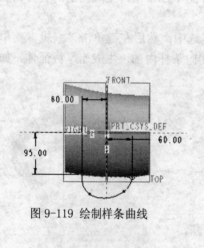

图 9-119 绘制样条曲线

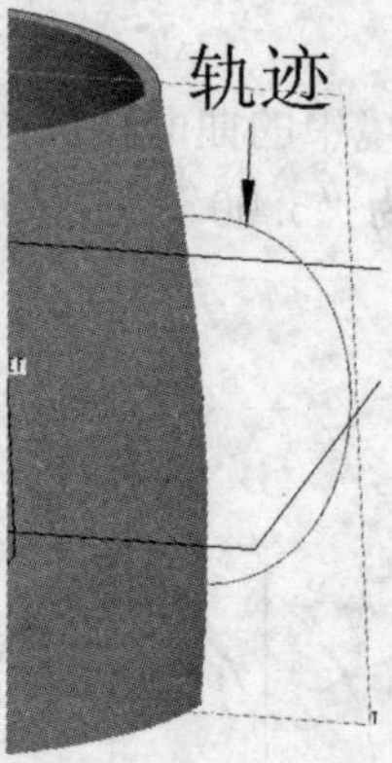

图 9-120 选取扫描轨迹线

图 9-121 属性菜单条

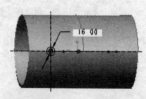

图 9-122 绘制扫描截面

图 9-123 生成茶杯把柄

9.4　练习题

1. 生成如图 9-124 所示的曲面模型，其简要的操作步骤如图 9-125、图 9-126 所示。操作提示：使用旋转、拉伸、合并等命令。

2. 生成如图 9-127 所示的曲面模型，其简要的操作步骤如图 9-128～图 9-130 所示。

操作提示：使用镜像、边界混合等命令。

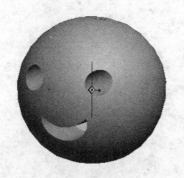

图 9-124　曲面 lianxi3-1

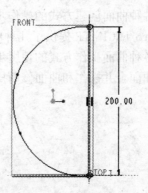

图 9-125　绘制旋转截面

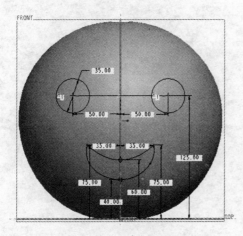

图 9-126　绘制拉伸截面

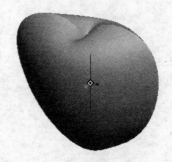

图 9-127　曲面 lianxi3-2

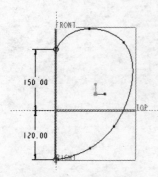

图 9-128　绘制样条曲线

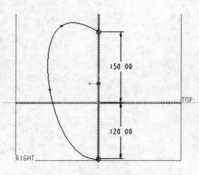

图 9-129　绘制第三条样条曲线

图 9-130　生成边界混合曲面

9.5　复习思考题

1. 曲面和薄板特征的区别是什么？

2．Pro/ENGINEER 提供了几种曲面的创建方式？

3．各种曲面创建方式的操作步骤是什么？

4．Pro/ENGINEER 提供了几种曲面的操作方式？

5．各种曲面操作方式的使用步骤是什么？

6．曲面合并操作和曲面修剪操作的区别？

第 10 章 装配设计

本章导读：

在产品设计过程中，如果零件的 3D 模型已经设计完毕，就可以通过建立零件之间的装配关系将零件装配起来；根据需要，可以对装配的零件之间进行干涉检查操作，也可以生成装配体的爆炸图等。

知识重点

1. Pro/ENGINEER Windfire 创建装配体的一般过程。
2. Pro/ENGINEER Windfire 提供的几种装配约束关系。
3. Pro/ENGINEER Windfire 装配体的基本操作。

10.1 创建装配体的一般过程

创建装配体的一般过程如下：

1. 打开 Pro/ENGINEER 系统，左键单击"新建"□命令，在弹出的"新建"对话框中选择"组件"子项，如图 10-1 所示。

2. 在"新建"对话框的"名称"子项中输入装配件的名称，保留此对话框中的"子类型"中的"设计"选项，然后左键单击此对话中的"确定"命令，进入装配设计环境，此时设计环境中出现默认的基准面，并且在"设计树"浏览器中出现一个装配子项，如图 10-2 所示。

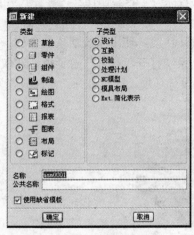

图 10-1 "新建"对话框

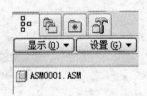

图 10-2 设计树浏览器

3. 此时设计环境右侧的"工程特征"工具条中出现两个新命令：

● "插入零件" 🖳：将已设计好的零件插入到当前装配设计环境中。

● "新建零件" 🖳：在当前装配设计环境中新建一个零件。

插入或新建零件后，就可以通过设定零件的装配约束关系，将零件装配到当前装配体中，下面几节再详述这些操作。

创建装配体的一般过程如上所述，下面详述系统提供的几种装配约束关系。

10.2 装配约束

Pro/ENGINEER 系统一共提供了 8 种装配约束关系，其中最常用的是"匹配"（又叫"贴合"）、"对齐"、"插入"和"坐标系"，下面分别详述这些装配约束关系。

10.2.1 匹配

匹配约束关系，指两个面贴合在一起，两个面的垂直方向互为反向，如图 10-3 所示。

匹配约束关系使用步骤如下：

1. 在 Pro/ENGINEER 系统中新建一个零件，名称为"assemble1"，零件尺寸如图 10-4 所示。

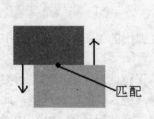

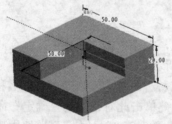

图 10-3 匹配约束关系   图 10-4 生成零件 1

2. 在 Pro/ENGINEER 系统中新建一个零件，名称为"assemble2"，零件尺寸如图 10-5 所示。

3. 在 Pro/ENGINEER 系统中新建一个装配设计环境，使用系统默认的名称；左键单击"工程特征"工具条中的"插入零件" 🖳命令，系统打开"打开"对话框，选取第 1 步生成的零件"assemble1"，系统将此零件调入装配设计环境，同时打开"元件放置"工具条，如图 10-6 所示。

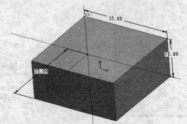

图 10-5 生成零件 2

图 10-6 元件放置工具条

　　此时的待装配元件和组件在同一个窗口显示，左键单击"单独的窗口显示元件" □ 命令，则系统打开一个新的设计环境显示待装配元件，此时原有的设计环境中仍然显示待装配元件；左键单击"组件的窗口显示元件" □ 命令，将此命令设为取消状态，则在原有的设计环境中将不再显示待装配元件，这样待装配元件和装配组件分别在两个窗口显示，以下的装配设计过程就使用这种分别显示待装配元件和装配组件的装配设计环境。

　　4．保持"约束类型"选项中的"自动"类型不变，左键单击装配组件中的"ASM_FRONT"基准面，然后左键单击待装配元件中的"FRONT"基准面，此时"元件放置"工具条中的约束类型变为"对齐"类型，如图 10-7 所示。

　　5．重复步骤 4，将"ASM_RIGHT"基准面和"RIGHT"基准面对齐，"ASM_TOP"基准面和"TOP"基准面对齐，此时"放置状态"子项中显示"完全约束"，表示此时待装配元件已经完全约束好了；左键单击"元件放置"工具条中的"确定"命令，系统将"assemble1"零件装配到组件装配环境中，如图 10-8 所示，注意此时设计环境中基准平面上面的名称。

图 10-7 对齐约束

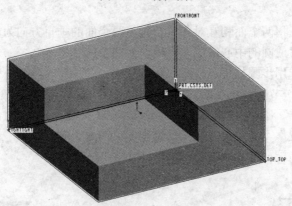

图 10-8 将零件装入装配环境

　　6．左键单击"工程特征"工具条中的"插入零件" □ 命令，系统打开"打开"对话框，选取第 2 步生成的零件"assemble2"，系统将此零件调入装配设计环境，同时打开"元件放置"工具条，将此对话框中的"约束类型"设为"匹配"类型，然后使用鼠标分别单击待装配元件和装配组件如图 10-9 所示的面。

　　7．同样的操作，将待装配元件和装配组件的面按如图 10-10 所示的数字"匹配"在一起。

　　8．左键单击"元件放置"工具条中的"确定"命令，系统将"assemble2"零件装配到组件装配环境中，如图 10-11 所示。

图 10-9 选取匹配装配特征

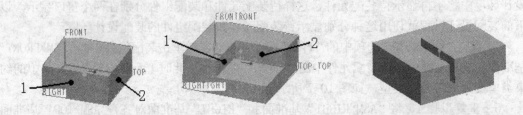

图 10-10 再选取匹配装配特征   图 10-11 将零件装配倒装配环境

9. "匹配"约束关系也可以偏移（Offset）一段距离，就成了"匹配偏移"约束关系，使用方法和"匹配"约束关系类似，只要在"元件放置"工具条中设定相应的偏移距离即可，在此不再赘述；在"设计树"浏览器中将"assemble2"元件删除，保留当前设计对象，留在下一小节继续使用。

10.2.2 对齐

对齐约束关系，指两个面相互对齐在一起，两个面的垂直方向为同向；也可以使用对齐约束关系使两圆弧或圆的中心线成一直线，如图 10-12 所示。

对齐约束关系使用步骤如下：

1. 继续使用上一节的设计对象；左键单击"工程特征"工具条中的"插入零件" 命令，系统打开"打开"对话框，选取零件"assemble2"，系统将此零件调入装配设计环境，同时打开"元件放置"工具条，将此对话框中的"约束类型"设为"匹配"类型，然后使用鼠标分别单击待装配元件和装配组件如图 10-13 所示的面。

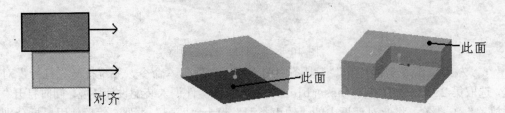

图 10-12 对齐约束关系   图 10-13 选取匹配装配特征

2. 同样的操作，将待装配元件和装配组件的面按如图 10-14 所示的数字"对齐"在一起。

3. 左键单击"元件放置"工具条中的"确定"命令，系统将"assemble2"零件装配到组件装配环境中，如图 10-15 所示。

4. "对齐"约束关系也可以偏移（Offset）一段距离，就成了"对齐偏移"约束关系，使用方法和"对齐"约束关系类似，只要在"元件放置"工具条中设定相应的偏移距离即可，在此不再赘述；关闭当前设计环境并且不保存设计环境中的对象。

图 10-14 再选取对齐装配特征

图 10-15 将零件装配倒装配环境

10.2.3 插入

插入约束关系，指轴与孔的配合，即将轴插入到孔中。

插入约束关系使用步骤如下：

1. 利用已有的"assemble1"和"assemble2"零件，分别添加如图 10-16 所示的轴和孔，其中，"assemble1"零件上添加的轴的直径为"8.00"，高度为"20.00"，定位尺寸都为"15.00"；"assemble2"零件上添加的孔的直径为"8.00"，贯穿整个零件，定位尺寸都为"15.00"。

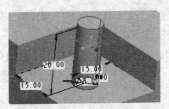
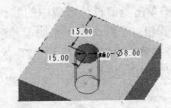

图 10-16 添加圆柱特征及孔特征

2. 在 Pro/ENGINEER 系统中新建一个装配设计环境，装配体名称为"asm1"；左键单击"工程特征"工具条中的"插入零件" 命令，系统打开"打开"对话框，选取第 1 步生成的零件"assemble1"，系统将此零件调入装配设计环境，同时打开"元件放置"工具条，将"assemble1"装配到空的装配设计环境中，如图 10-17 所示。

3. 左键单击"工程特征"工具条中的"插入零件" 命令，系统打开"打开"对话框，选取第 1 步生成的零件"assemble2"，系统将此零件调入装配设计环境，同时打开"元件放置"工具条，将此对话框中的"约束类型"设为"匹配"类型，然后使用左键分别单击待装配元件和装配组件如图 10-18 所示的面。

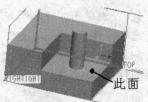

图 10-17 将零件装入到空装配环境

图 10-18 选取匹配装配特征

4. 将"元件放置"工具条中的"约束类型"设为"插入"类型，然后使用鼠标分别单击待装配元件和装配组件如图 10-19 所示之处。

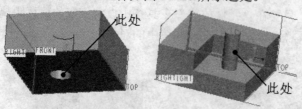

图 10-19 选取插入特征

图 10-20 将零件装配的装配环境

5．左键单击"元件放置"工具条中的"确定"命令，系统将"assemble2"零件装配到组件装配环境中，如图 10-20 所示。

6．在"设计树"浏览器中将"assemble2"元件删除，保留当前设计对象，留在下一小节继续使用。

10.2.4　坐标系

坐标系约束关系，指利用坐标系重合方式，即将两坐标系的"X"、"Y"和"Z"重合在一起，将零件装配到组件，在此要注意"X"、"Y"和"Z"的方向。

坐标系约束关系使用步骤如下：

1．继续使用上一节的设计对象；左键单击"基准"工具条中的"基准坐标系工具" ✕ 命令，然后左键单击当前设计环境中的默认坐标系"PRT_CSYS_DEF"，设计环境中出现一个坐标系并显示其相对于默认坐标系的偏移值，如图 10-21 所示。

2．左键分别单击"X"、"Y"和"Z"的偏移值，将其值分别修改为"20.00"、"10.00"和"20.00"，如图 10-22 所示。

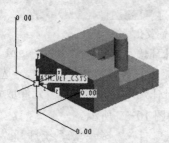

图 10-21 生成预览坐标系

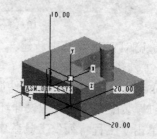

图 10-22 平移坐标系

3．左键单击"坐标系"对话框中的"确定"命令，系统生成此坐标系，名称为"ACS0"，如图 10-23 所示。

4．左键单击"工程特征"工具条中的"插入零件" 🗗 命令，系统打开"打开"对话框，选取零件"assemble2"，系统将此零件调入装配设计环境，同时打开"元件放置"工具条，将此对话框中的"约束类型"设为"坐标系"类型，然后使用鼠标分别单击待装配元件的默认坐标系和装配组件中上一步添加的坐标系，左键再单击"元件放置"工具条中的"确定"命令，系统将"assemble2"零件装配到组件装配环境中，如图 10-24 所示。

注：使用"坐标系"约束方式时，一定要仔细注意坐标系"X"、"Y"和"Z"轴及其方向。

5．保存设计环境中的对象，然后关闭当前设计环境。

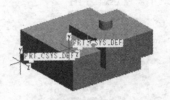

图 10-23　生成坐标系　　　　　　　　　图 10-24　通过坐标系装配好零件

10.2.5　相切

相切约束关系，指两曲面以相切的方式装配。

10.2.6　线上点

线上点约束关系，指两曲面以某一线上点相接的方式装配。

10.2.7　曲面上的点

曲面上的点约束关系，指两曲面上以某一点相接的方式装配。

10.2.8　曲面上的边

曲面上的边约束关系，指两曲面上以某一边相接的方式装配。

10.3　装配体的操作

10.3.1　装配体中元件的打开、删除和修改

装配体中元件的打开、删除和修改的步骤如下：

1．打开已有的装配体文件"asm1.asm"，左键单击"设计树"浏览器中的"assemble2"子项，系统打开一个快捷菜单条，如图 10-25 所示。

2．从上面的快捷菜单条中可以看到，可以在此对装配体元件进行"打开"、"删除"、"修改"等操作。左键单击快捷菜单条中的"打开"命令，系统将在一个新的窗口打开选中的零件，并将此零件设计窗口设为当前激活状态，如图 10-26 所示。

3．在当前激活的零件设计窗口，将当前设计对象上的孔特征的直径修改为"10.00"，然后左键单击"编辑"菜单条中的"再生"命令，系统重新生成"assemle2"零件，此时可以看到零件上孔特征的直径已经改变；然后将当前零件设计窗口关闭，系统返回"asm1"装配体设计环境，可以看到"assemle2"零件直径的改变情况，如图 10-27 所示。

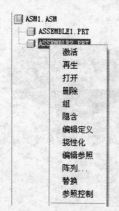

图 10-25 快捷菜单条

图 10-26 打开零件

4．左键单击"设计树"浏览器中的"assemble2"子项，在弹出的快捷菜单条中单击"编辑定义"命令，系统打开"元件放置"工具条，如图10-28所示，可以看到此工具条中显示装配元件现有的约束关系，用户在此对话框中可以重新定义装配元件的约束关系。

5．左键单击"元件放置"工具条中的"取消"命令，不对此装配元件的约束关系作任何修改。左键单击"设计树"浏览器中的"assemble2"子项，在弹出的快捷菜单条中单击"删除"命令，系统将设计环境中的"assemble2"零件删除，如图10-29所示，

6．关闭当前设计环境并且不保存当前设计对象。

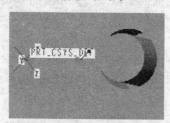

图 10-27 修改空尺寸

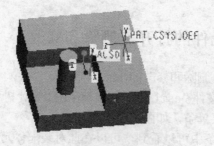

图 10-28 元件放置工具条

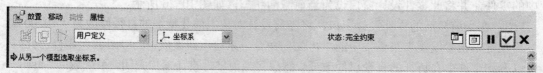

图 10-29 删除零件

10.3.2　在装配体中创建新零件

除了在装配体中装入零件外，还可以在装配体中直接创建新零件，创建步骤如下：

1. 打开已有的装配体文件"asm1.asm"；左键单击"工程特征"工具条中的"新建零件"命令，系统打开"元件创建"对话框，如图 10-30 所示。

2. 在"元件创建"对话框中的"名称"子项中输入零件名"assemble3"，然后左键单击此对话框中的"确定"命令，系统打开"创建选项"对话框，如图 10-31 所示。

图 10-30　"元件创建"对话框　　　　　图 10-31　"创建选项"对话框

3. 左键单击"创建选项"对话框中的"创建特征"子项，将其选中，然后左键单击"确定"命令；左键单击"草绘工具"命令，系统弹出"草绘"对话框，选取如图 10-32 所示的绘图平面和参考面。

4. 为了显示方便，将当前设计对象设为"隐藏线"显示模式；然后在草图绘制环境中绘制如图 10-33 所示的 2D 截面。

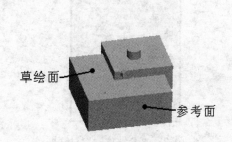

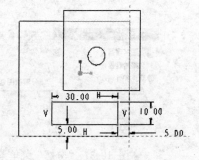

图 10-32　选取草绘面及参考面　　　　　图 10-33　绘制截面

5. 生成此 2D 截面后，使用"拉伸工具"命令将其拉伸，拉伸深度为"10.00"，此时设计环境中的设计对象如图 10-34 所示。

6. 此时当前设计环境的主工作窗口中有一行字：活动零件 ASSEMBLE3，并且"设计树"浏览器中的"assemble3"子项下有一个绿色图标，如图 10-35 所示，表示此时"assemble3"零件仍处于创建状态。

7. 右键单击"设计树"浏览器中的"assemble3"子项，在弹出的快捷菜单中单击"打开"命令，系统在单独设计窗口中将零件"assemble3"打开，然后再将此窗口关闭，则此时零件"assemble3"处于装配完成状态，"设计树"浏览器中的"assemble3"下的绿色图标不存在了，如图 10-36 所示。

图 10-34 生成拉伸特征　　　　　图 10-35 设计树浏览器　　　　　图 10-36 设计树浏览器

8．保存设计环境中的设计对象，然后关闭当前设计环境。

10.3.3　装配体的分解

在 Pro/ENGINEER 系统中，可以将装配好的组件分解，方便用户对装配体的观察。装配体的分解步骤如下：

1．打开已有的装配体文件"asm1.asm"；左键单击"视图"菜单条，在弹出的菜单条中选取"分解"命令，此时系统弹出"分解"二级菜单条，如图 10-37 所示。

2．左键单击"分解"二级菜单条中的"编辑位置"命令，系统打开"分解位置"对话框，如图 10-38 所示。

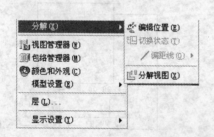

图 10-37　"分解"菜单条　　　　　　　图 10-38　"分解位置"对话框

注：从"分解位置"对话框中可以看到，用户可以设定分解动作的运动类型，如平移、复制位置等，也可以选取运动参照物，如边、坐标系等，还可以设定运动增量等操作。

3．保存"分解位置"对话框中的默认选项不变，左键单击设计环境中的轴线，如图 10-39 所示，此时运动参照子项中显示出选定轴的名称。

4．左键单击零件"assemble2"，将此零件选定时整个零件以绿色边框显示；上下移动鼠标，则零件"assemble2"沿选定轴线方向上下移动，如图 10-40 所示。

5．将零件"assemble2"移到适当位置后，再次单击左键，则零件"assemble2"固定在此位置；左键单击"分解位置"对话框中运动参照子项下的"选取" 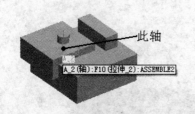 命令，然后使用左键单击如图 10-41 所示的边。

6. 左键单击零件"assemble3"，将此零件选定时整个零件以绿色边框显示；左右移动鼠标，则零件"assemble3"沿选定边方向左右移动，如图 10-42 所示。

7. 将零件"assemble3"移到适当位置后，再次单击左键，则零件"assemble3"固定在此位置；左键单击"分解位置"对话框中的"确定"命令，此时装配体为分解状态，并在设计环境中出现"分解状态：…"等字样，如图 10-43 所示。

图 10-39 选取轴

图 10-40 沿选定轴移动零件

图 10-41 选取边

8. 左键单击"视图"菜单条中的"分解"命令，在弹出的菜单条中左键单击的"编辑位置"命令，系统再次打开"分解位置"对话框，通过此对话框可以重新设定分解零件的位置；左键单击"分解位置"对话框中的"取消"命令，退出此对话框。左键单击"视图"菜单条中的"分解"命令，在弹出的菜单条中选取"取消分解视图"命令，系统退出装配体的分解状态，系统进入装配体状态，如图 10-44 所示。

图 10-42 沿选定边移动零件

图 10-43 装配件分解状态

图 10-44 取消装配件分解状态

9. 保存设计环境中的设计对象，然后关闭当前设计环境。

10.4 实例

10.4.1 刷子装配

刷子装配的步骤如下：

1. 在 Pro/ENGINEER 系统中新建一个装配设计环境，名称为"shuazizhuangpei"；左键单击"工程特征"工具条中的"插入零件" 命令，系统打开"打开"对话框，选取已有零件"shuazizhijia"，系统将此零件调入装配设计环境，同时打开"元件放置"工具条，将零件"shuazizhijia"装配到空的装配设计环境中，如图 10-45 所示。

2. 左键单击"工程特征"工具条中的"插入零件" 命令，系统打开"打开"对话框，选取零件"shuazichaxiao"，系统将此零件调入装配设计环境，同时打开"元件放置"工具条，然后使用鼠标分别单击刷子插销和刷子支架如图 10-46 所示的中心轴，约束类型为"对齐"。

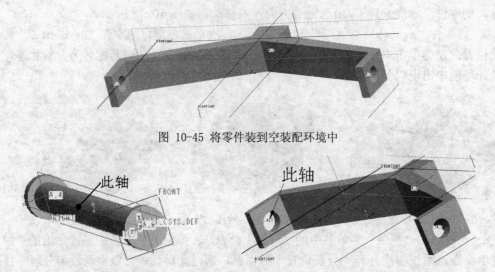

图 10-45 将零件装到空装配环境中

图 10-46 选取对齐装配特征

3. 左键分别单击刷子插销和刷子支架如图 10-47 所示的面，约束类型为"对齐"。

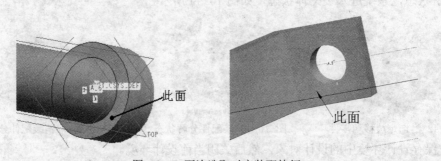

图 10-47 再次选取对齐装配特征

4. 对第二个"对齐"约束输入偏移距离"4.00"，如图 10-48 所示。

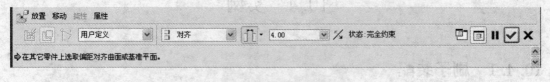

图 10-48 设置对齐偏移距离

5. 左键再单击"元件放置"工具条中的"确定"命令，系统将"shuazichaxiao"零件装配到刷子装配环境中，如图 10-49 所示。

6. 左键单击"工程特征"工具条中的"插入零件" 命令，系统打开"打开"对话框，选取零件"shuazigunlun"，系统将此零件调入装配设计环境，同时打开"元件放置"工具条，将此对话框中的"约束类型"设为"对齐"类型，然后使用鼠标分别单击刷子滚轮和刷子插销如图 10-50 所示的中心轴。

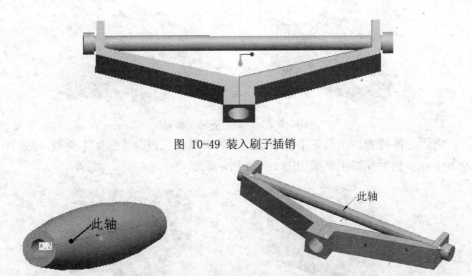

图 10-49　装入刷子插销

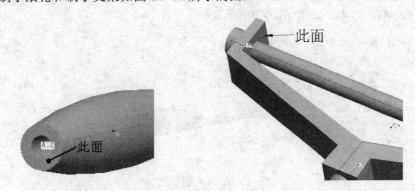

图 10-50　选取对齐装配特征

7. 将"元件放置"工具条中新添加的"约束类型"设为"匹配"类型，然后使用鼠标分别单击刷子滚轮和刷子支架如图 10-51 所示的面。

图 10-51　选取匹配装配特征

8. 此时在系统的消息显示区出现一个编辑框，要求输入匹配偏移距离，在此编辑框中输入数值"1.00"；左键单击"元件放置"工具条中的"确定"命令，系统将"shuazigunlun"零件装配到刷子装配环境中，如图 10-52 所示。

图 10-52　装入刷子滚轮

9. 左键单击"工程特征"工具条中的"插入零件" 命令，系统打开"打开"对话框，选取零件"shuazibashou"，系统将此零件调入装配设计环境，同时打开"元件放置"工具条，将此对话框中的"约束类型"设为"对齐"类型，然后使用鼠标分别单击刷子把手和刷子支架如图 10-53 所示的中心轴。

 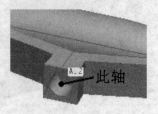

图 10-53 选取对齐装配特征

10. 将"元件放置"工具条中新添加的"约束类型"设为"匹配"类型，然后使用鼠标分别单击刷子把手和刷子支架如图 10-54 所示的面。

图 10-54 选取匹配装配特征

11. 左键单击"元件放置"工具条中的"确定"命令，系统将"shuazibashou"零件装配到刷子装配环境中，如图 10-55 所示。

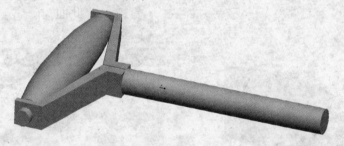

图 10-55 装入刷子把手

12. 保存设计对象，然后关闭当前设计环境。

10.4.2　气缸装配

气缸装配的步骤如下：

1. 在 Pro/ENGINEER 系统中新建一个装配设计环境，名称为"qigangzhuangpei"；左键单击"工程特征"工具条中的"插入零件" 命令，系统打开"打开"对话框，选取已有零件"qiganggai"，系统将此零件调入装配设计环境，同时打开"元件放置"工具条，将零件"qiganggai"装配到空的装配设计环境中，如图 10-56 所示。

2. 左键单击"工程特征"工具条中的"插入零件" 命令，系统打开"打开"对话框，选取零件"qiganggan"，系统将此零件调入装配设计环境，同时打开"元件放置"工具条，将此对话框中的"约束类型"设为"匹配"类型，然后使用鼠标分别单击气缸杆和气缸盖如图 10-57 所示的面。

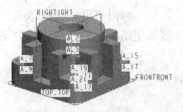
图 10-56　将气缸盖装入空装配环境

图 10-57　选取匹配装配特征

3．将"元件放置"工具条中新添加的"约束类型"设为"对齐"类型，然后使用鼠标分别单击气缸杆和气缸盖如图 10-58 所示的中心轴。

图 10-58　选取对齐装配特征

4．左键单击"元件放置"工具条中的"确定"命令，系统将"qiganggan"零件装配到气缸装配环境中，如图 10-59 所示。

5．左键单击"工程特征"工具条中的"插入零件" 命令，系统打开"打开"对话框，选取零件"qiangti"，系统将此零件调入装配设计环境，同时打开"元件放置"工具条，将此对话框中的"约束类型"设为"匹配"类型，然后使用鼠标分别单击气缸体和气缸盖如图 10-60 所示的面。

图 10-59　装入气缸杆

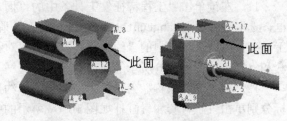
图 10-60　选取匹配装配特征

6．将"元件放置"工具条中新添加的"约束类型"设为"对齐"类型，然后使用鼠标分别单击气缸体和气缸杆如图 10-61 所示的中心轴。

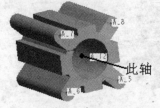

图 10-61　选取对齐装配特征

图 10-62　装入气缸体

7．左键单击"元件放置"工具条中的"确定"命令，系统将"qigangti"零件装配到气缸装配环境中，如图 10-62 所示。

8．左键单击"工程特征"工具条中的"插入零件" 命令，系统打开"打开"对话框，选取零件"qiganggai"，系统将此零件调入装配设计环境，同时打开"元件放置"工具条，将此对话框中的"约束类型"设为"匹配"类型，然后使用鼠标分别单击气缸盖和气缸体如图 10-63 所示的面。

9. 将"元件放置"工具条中新添加的"约束类型"设为"对齐"类型，然后使用鼠标分别单击气缸盖和气缸杆如图 10-64 所示的中心轴。

10. 左键单击"元件放置"工具条中的"确定"命令，系统将"qiganggai"零件装配到气缸装配环境中，如图 10-65 所示。

图 10-63 选取匹配装配特征

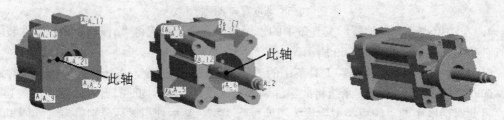

图 10-64 选取对齐装配特征　　　　　　　　图 10-65 装入气缸盖

11. 左键单击"工程特征"工具条中的"插入零件"命令，系统打开"打开"对话框，选取零件"qigangcuntao"，系统将此零件调入装配设计环境，同时打开"元件放置"工具条，将此对话框中的"约束类型"设为"对齐"类型，然后使用鼠标分别单击气缸衬套和气缸盖如图 10-66 所示的面。

12. 将"元件放置"工具条中新添加的"约束类型"设为"对齐"类型，然后使用鼠标分别单击气缸衬套和气缸杆如图 10-67 所示的中心轴。

13. 左键单击"元件放置"工具条中的"确定"命令，系统将"qigangchentao"零件装配到气缸装配环境中，如图 10-68 所示。

图 10-66 选取对齐装配特征

14. 左键单击"工程特征"工具条中的"插入零件"命令，系统打开"打开"对话框，选取零件"qigangluoshuan"，系统将此零件调入装配设计环境，同时打开"元件放置"工具条，将此对话框中的"约束类型"设为"对齐"类型，然后使用鼠标分别单击气缸螺栓和气缸盖如图 10-69 所示的面，注意，将气缸盖放大。

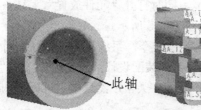
图 10-67 再次选取对齐装配特征

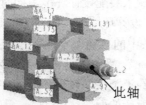

图 10-68 装入气缸衬套

图 10-69 选取对齐装配特征

15. 将"元件放置"工具条中新添加的"约束类型"设为"对齐"类型，然后使用鼠标分别单击气缸螺栓和气缸盖如图 10-70 所示的中心轴。

图 10-70 选取对齐装配特征

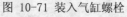

图 10-71 装入气缸螺栓

图 10-72 装入其他 3 个气缸螺栓

16. 左键单击"元件放置"工具条中的"确定"命令，系统将"qigangluoshuan"零件装配到气缸装配环境中，如图 10-71 所示。

17. 重复步骤 14～16，将气缸装配体的前后气缸盖的其他 7 处孔上装上螺栓，装配完成后，整个气缸装配体如图 10-72 所示。

18. 保存设计对象，然后关闭当前设计环境。

10.4.3 台灯装配

台灯装配的步骤如下：

1. 在 Pro/ENGINEER 系统中新建一个装配设计环境，名称为"taidengzhuangpei"；鼠

标单击"工程特征"工具条中的"插入零件" 命令，系统打开"打开"对话框，选取已有零件"taidengti"，系统将此零件调入装配设计环境，同时打开"元件放置"工具条，将零件"taidengti"装配到空的装配设计环境中，如图10-73所示。

2．左键单击"工程特征"工具条中的"插入零件" 命令，系统打开"打开"对话框，选取零件"taidengdengguanchakou"，系统将此零件调入装配设计环境，同时打开"元件放置"工具条，将此对话框中的"约束类型"设为"匹配"类型，然后使用鼠标分别单击台灯灯管插口和台灯体如图10-74所示的面。

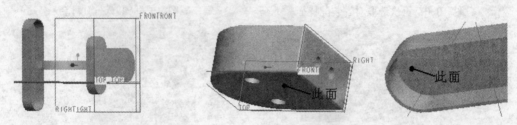

图 10-73 将台灯体装入空装配环境　　　　图 10-74 选取匹配装配特征

3．将"元件放置"工具条中新添加的"约束类型"设为"匹配"类型，然后使用鼠标分别单击台灯灯管插口和台灯体如图10-75所示的面。

图 10-75 再次选取匹配装配特征

4．将"元件放置"工具条中新添加的"约束类型"设为"匹配"类型，然后使用鼠标分别单击台灯灯管插口和台灯体如图10-76所示的面。

5．左键单击"元件放置"工具条中的"确定"命令，系统将"taidengdeng guanchakou"零件装配到台灯装配环境中，如图10-77所示。

6．左键单击"工程特征"工具条中的"插入零件" 命令，系统打开"打开"对话框，选取零件"taidengdengguan"，系统将此零件调入装配设计环境，同时打开"元件放置"工具条，将此对话框中的"约束类型"设为"匹配"类型，然后使用鼠标分别单击台灯灯管和台灯体如图10-78所示的面。

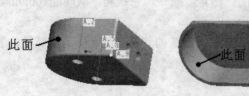
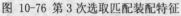
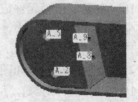

图 10-76 第 3 次选取匹配装配特征　　　　图 10-77 装入台灯灯管插口

7．将"元件放置"工具条中新添加的"约束类型"设为"对齐"类型，然后使用鼠标分别单击台灯灯管和台灯灯管插口如图10-79所示的轴。

8．将"元件放置"工具条中新添加的"约束类型"设为"对齐"类型，然后使用鼠标分别单击台灯灯管和台灯灯管插口如图10-80所示的轴。

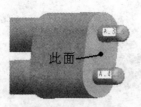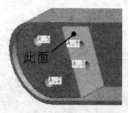

图 10-78 选取匹配装配特征

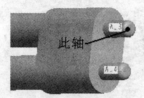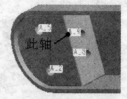

图 10-79 选取对齐装配特征

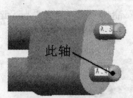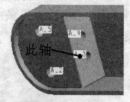

图 10-80 再次选取对齐装配特征

9. 左键单击"元件放置"工具条中的"确定"命令，系统将"taidengdengguan"零件装配到台灯装配环境中，如图 10-81 所示。

10. 左键单击"工程特征"工具条中的"插入零件" 命令，系统打开"打开"对话框，选取零件"taidengdengguangai"，系统将此零件调入装配设计环境，同时打开"元件放置"工具条，将此对话框中的"约束类型"设为"匹配"类型，然后使用鼠标分别单击台灯灯管盖和台灯灯管插口如图 10-82 所示的面。

图 10-81 装入台灯灯管

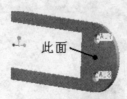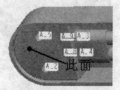

图 10-82 选取匹配装配特征

11. 将"元件放置"工具条中新添加的"约束类型"设为"对齐"类型，然后使用鼠标分别单击台灯灯管盖和台灯灯管插口如图 10-83 所示的轴。

12. 将"元件放置"工具条中新添加的"约束类型"设为"对齐"类型，然后使用鼠标分别单击台灯灯管盖和台灯灯管插口如图 10-84 所示的轴。

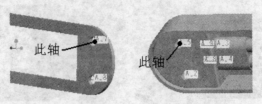

图 10-83 选取对齐装配特征

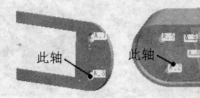

图 10-84 再次选取对齐装配特征

13．左键单击"元件放置"工具条中的"确定"命令，系统将"taidengdengguangai"零件装配到台灯装配环境中，如图 10-85 所示。

图 10-85 装入台灯灯管盖

14．保存设计对象，然后关闭当前设计环境。

10.5   上机实验

新建一个装配环境，名为"lianxiasm-1"，然后依次装入零件"lianxi1-7"、"lianxi1-6"、"lianxi1-3"、"lianxi1-5"、"lianxi1-4"、"lianxi1-1"和"lianxi1-2"，总装配体的分解图如图 10-86 所示，各零件按顺序装配的分装配图如图 10-87～图 10-92 所示。

图 10-86 装配总图

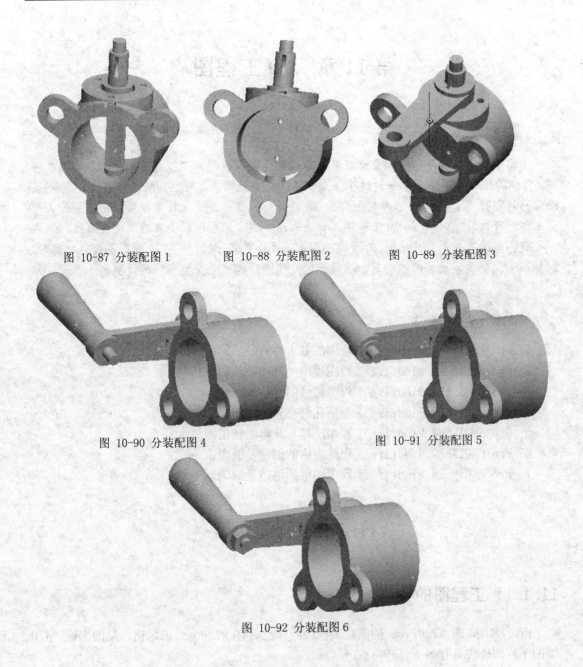

图 10-87 分装配图 1　　　图 10-88 分装配图 2　　　图 10-89 分装配图 3

图 10-90 分装配图 4　　　　　　　　　图 10-91 分装配图 5

图 10-92 分装配图 6

10.6 复习思考题

1. Pro/ENGINEER 提供了几种装配方式？
2. 各种装配方式的含义是什么？
3. Pro/ENGINEER 提供了几种装配环境？
4. Pro/ENGINEER 提供的各种装配环境的区别是什么？
5. 如何自定义装配体分解状态时各零件的位置？

第 11 章　2D 工程图

本章导读

　　工程图制作是整个设计的最后环节，是设计意图的表现和工程师、制造师等沟通的桥梁。传统的工程图制作通常通过纯手工或相关 2DCAD 软件来完成的。制作时间长、效率低。Pro/ENGINEER 用户在完成零件装配件的 3D 设计后。通过使用工程图模块。工程图的大部分工作就可以从 3D 设计到 2D 工程图设计来自动完成。工程图模式具有双向关联性。当在一个视图里改变一个尺寸值时，其他的视图也因此会更新，包括相关 3D 模型也会自动更新。同样，当改变模型尺寸或结构时，工程图的尺寸或结构也会发生相应的改变。

知识重点

1. Pro/ENGINEER Windfire 工程图的基本特点。
2. Pro/ENGINEER Windfire 工程图视图的创建及编辑。
3. Pro/ENGINEER Windfire 工程图尺寸的标注及编辑。
4. Pro/ENGINEER Windfire 工程图几何公差的使用。
5. Pro/ENGINEER Windfire 工程图注释与球标的使用。
6. Pro/ENGINEER Windfire 工程图表格的创建及编辑。
7. Pro/ENGINEER Windfire 工程图图框的创建及编辑。

11.1　工程图概述

11.1.1　工程图的特色

Pro/ENGINEER Windfire 的工程图模块同样也具有 Windows 的风格，总的来说，4.0 版的工程图模块具有如下一些特点：

- 丰富的图标按钮：属于工程图模块的图标按钮共有 50 多个，比以前版本多了近 20 个，几乎所有的主要指令都有图标按钮，大大方便了用户的使用。
- 丰富的对象导向菜单：在 Pro/ENGINEER 2001 版中，弹出式菜单就已经是非常好用的工具之一，在 Pro/ENGINEER Windfire 中，弹出式菜单更完整地导入了"对象"概念，随着选取对象的不同，弹出式菜单中的选项也随之改变。
- 轻松的指令选取方式：只要在图元上双击左键，系统自动打开相对应的指令菜单，大大提高了工作的效率。
- 更多的新功能：在 Pro/ENGINEER Windfire 中，新增了"整理球标"与"立体剖视图"功能，让用户能够轻松处理球标位置与创建立体剖视图，其他更多的新功能，将在下面各节介绍。

11.1.2 工程图设计环境的进入

左键单击"文件"菜单条中的"新建"命令，或者左键单击"文件"工具条中的"新建" □命令，系统打开"新建"对话框，左键单击此对话框中的"绘图"子项，从对话框中可以看到"绘图"类型中没有子类型，如图 11-1 所示。

可以在"新建"对话框中的"名称"编辑框中输入工程图的名字，在此使用系统默认提供的"drw0001"文件名；左键单击"新建"对话框中的"确定"命令，系统打开"新制图"对话框，如图 11-2 所示。

在"新制图"对话框中可以设定工程图的缺省模型，缺省模型就是用于生成 2D 工程图的模型。系统默认选用当前"活动"的模型为缺省工程图模型，也可以通过左键单击"浏览…"命令，选取其他模型来创建工程图。

"新制图"对话框中可以设定创建工程图的方式，一共有 3 种设置，详述如下：

- 使用模板：选择内置模板或自定义模板。在对话框的下方会列出内置模板名称，也可以通过"浏览…"命令来选取其他的自定义模板文件。
- 格式为空：打开一个空格式的图框，也可以通过"浏览…"命令来选取其他的图框文件，如图 11-3 所示。

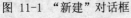

图 11-1 "新建"对话框   图 11-2 "新制图"对话框   图 11-3 格式为空子项

- 空：指定图纸方向和大小来创建工程图，如图 11-4 所示。

"空"方式下的"方向"子项中可以设定图纸方向。图纸方向可以分为"纵向"、"横向"和"可变" 3 个样式；在"大小"子项中可以设定图纸的标准大小。当使用"纵向"和"横向"样式时，只能选择内定的图纸，其中 A0～A4 图纸是公制，A～F 图纸是英制，标准图纸大小选项如图 11-5 所示。

左键单击"方式"子项中的"可变"命令，可以自由设定图纸的长度和宽度，如图 11-6 所示。

在可变方式中还可以设定图纸的单位。全部设定完成后，左键单击"新制图"对话框中的"确定"命令，系统进入工程图设计环境。

图 11-4 空子项

图 11-5 选取图纸大小

图 11-6 自定义图纸大小

11.2　工程图视图的创建

工程图视图的创建方式有两种：一是通过已有的 3D 模型来创建；二是通过草绘工具来创建，它们之间的效率差别是非常大的，本节讲述的工程图视图的创建都是通过已有的 3D 模型来创建的。

11.2.1　创建一般和投影视图

一般视图是在不使用"模板"功能时，或是在空白图面的工程图上，第一个创建的视图。一般视图可以作为投影视图或是从它衍生出来的视图的"父视图"；一般视图也是除详细视图外，唯一可以设定比例及方向的视图，也是唯一可以独立放置的视图。

下面详细讲述烟灰缸的一般视图和投影视图的创建步骤。

1. 左键单击"文件"工具条中的"新建" □命令，系统打开"新建"对话框，左键单击此对话框中"绘图"子项，输入工程图名为"yanhuigang1"，然后左键单击此对话框中的"确定"命令，系统打开"新制图"对话框。将"新制图"对话框中的缺省模型设为已经设计好的零件"yanhuigang.prt"，指定模板类型为"空"，使用"横向"图幅，大小为"C"，如图 11-7 所示。

2. 左键单击"新制图"对话框中的"确定"命令，系统进入工程图设计环境；左键单击"绘制"工具条中的"创建一般视图" ⛶命令，左键单击工程图框左下部之处，系统在鼠标单击处显示烟灰缸轴测图，如图 11-8 所示。

3. 同时系统打开如图 11-9 所示 "绘图视图"对话框。

4. "绘图视图"对话框中的类别为"视图类型"时，左键单击"模型视图名"下的"FRONT"项，然后左键单击此对话框中的"应用"命令，此时工程图框中的烟灰缸由"斜轴测"变成"FRONT"，如 11-10 所示。

5. 左键单击"绘图视图"对话框中的"比例"类别，此时对话框转到"比例"类比框，如图 11-11 所示。

图 11-7 选取模板及图纸大小

图 11-8 生成预览一般视图

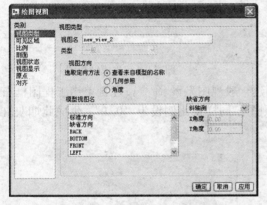

图 11-9 "绘图视图"对话框

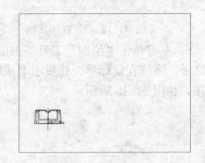

图 11-10 生成 FRONT 向视图

图 11-11 比例属性页

6. 左键单击 "比例" 类比框中的 "定制比例" 单选项，将比例设定为 "0.1"，然后鼠标单击此类比框中的 "应用" 命令，此时工程图框中的 "FRONT" 视图比例发生相应变化，如图 11-12 所示。

7. 左键单击 "绘图视图" 对话框中的 "确定" 命令，系统生成烟灰缸的 "FRONT" 向视图；也可以通过 "插入" 菜单条中的 "绘图视图" 下的 "一般…" 创建烟灰缸的一般视图，注意必须创建一般视图后才可以创建 "投影" 等视图。左键单击 "插入" 菜单条中的 "绘图视图" 下的 "投影…" 命令，此时工程图设计环境中出现一个黑色线框，移动鼠标将此框移动到 "FRONT" 视图的上方，然后单击左键，在工程图框中生成烟灰缸仰视图，如图 11-13 所示。

注：本文的视图放置方式为主视图上方是仰视图，下方是俯视图，左边是右视图，右边是左视图，望读者注意。

8．在烟灰缸主视图为选中状态时，重复步骤 7 的操作，生成烟灰缸的左视图，如图 11-14 所示。

注：如果主视图在未选中时，左键单击"插入"菜单条中的"绘图视图"下的"投影…"命令后，先用左键单击烟灰缸主视图，将其选中后，再用左键单击烟灰缸主视图的右侧，生成烟灰缸左视图。

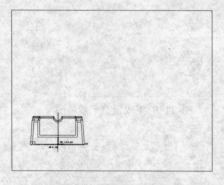

图 11-12 设置视图比例

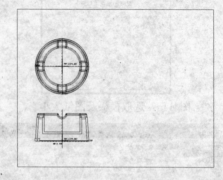

图 11-13 生成仰视图

9．左键单击"绘制"工具条中的"创建一般视图" 🔧 命令，左键单击工程图框右上部之处，系统在鼠标单击处显示烟灰缸轴测图，同样将比例设为"0.1"，生成此烟灰缸轴测图，如图 11-15 所示。

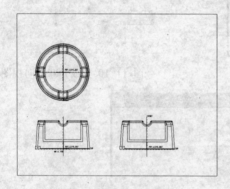

图 11-14 生成左视图

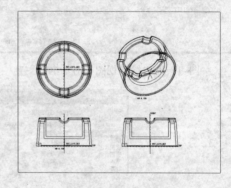

图 11-15 生成轴测图

10．放大工程图中的主视图，可以看到主视图下面显示视图比例，如图 11-16 所示。

11．保存当前设计环境中的工程图，然后关闭当前设计环境。

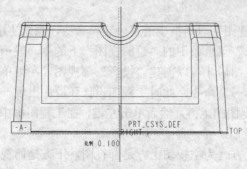

图 11-16 放大主视图

11.2.2　创建辅助、详细和旋转视图

辅助视图

用来创建当模型具有斜面，而无法用正投影方式来显示其真实形状时的视图。创建时，在父视图中所选取的平面，必须垂直于屏幕平面。

下面通过实例具体讲述辅助视图的创建。

1. 在 Pro/ENGINEER 系统中新建名为"zongheshili"的 2D 工程图设计环境，缺省模型设为已经设计好的零件"zongheshili.prt"，指定模板类型为"空"，使用"横向"图幅，大小为"C"，进入工程图设计环境，创建混合实例的"FRONT"向一般视图，比例为"0.08"，如图 11-17 所示。

2. 左键单击"插入"菜单条中的"绘图视图"下的"辅助…"命令，左键单击旋转特征如图 11-18 所示之处，表示选中的是旋转特征的顶面。

3. 此时工程图设计环境中出现一个黑色线框，并且此线框只能沿垂直于旋转体顶面的方向上移动，如图 11-19 所示。

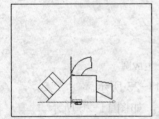 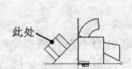 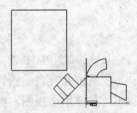

图 11-17　生成 Front 向视图　　　图 11-18　选取旋转特征顶面　　　图 11-19　黑色线框

4. 移动鼠标将此框移动到旋转特征体顶面上方，然后单击左键，在工程图框中生成辅助视图，如图 11-20 所示，此辅助视图表示从垂直于旋转特征体顶面方向观察此综合实例。

5. 保存当前设计环境中的工程图，然后关闭当前设计环境。

详细视图

又称局部详图，它是用于细小而精密的重要部位，因其视图中无法注明尺寸或无法清楚表达其形状时，故将此部位适度放大绘出。详细视图和一般视图一样，可以设定比例大小。

下面通过具体实例讲述详细视图的创建。

1. 在 Pro/ENGINEER 系统中新建名为"yanhuigang2"的 2D 工程图设计环境，缺省模型设为已经设计好的零件"yanhuigang.prt"，指定模板类型为"空"，使用"横向"图幅，大小为"C"，进入工程图设计环境，创建烟灰缸的"BUTTON"向一般视图，比例为"0.1"，如图 11-21 所示。

2. 左键单击"插入"菜单条中的"绘图视图"下的"详细…"命令，左键单击旋转特征如图 11-22 所示之处，鼠标单击处出现一个红色"×"号，表示需要放大烟灰缸部分的中心点。

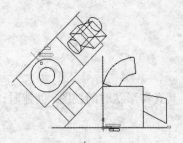
图 11-20　辅助视图

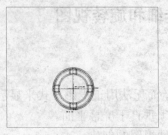
图 11-21 生成 BUTTON 向视图

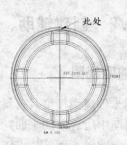
图 11-22 选取放大中心点

3．使用左键，在中心点的周围绘制一个首尾相接的样条曲线，如图 11-23 所示。

4．单击鼠标中键，结束样条曲线的绘制，此时系统将根据绘制样条曲线图形的大小生成一个圆形，如图 11-24 所示。

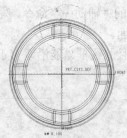
图 11-23 绘制样条曲线

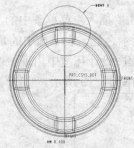
图 11-24 生成圆

5．系统并且自动给详细视图取名为"查看细节 A"，如图 11-25 所示。

6．左键单击视图右侧的空白处，系统在此处生成详细视图，如图 11-26 所示。

7．放大详细视图观看，如图 11-27 所示，从图中可以看到，在详细视图的下面标示出此详细视图的名称及比例。

8．用户可以自己设定此详细视图的名称及比例。左键双击设计环境中的详细视图，系统打开"绘图视图"对话框，如图 11-28 所示。

9．在"绘图视图"对话框中除了可以设定详细视图名称及比例外，还可以设定父视图上边界类型，如图 11-29 所示，从图中可以看出，共有 5 种边界类型。

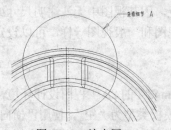
图 11-25 放大圆

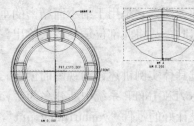
图 11-26 生成详细视图

10．在"绘图视图"对话框中还可以进行其他一些设置，在此不再详述。保存当前设计环境中的工程图，然后关闭当前设计环境。

旋转视图

绕着切割平面旋转 90° 并沿其长度方向偏距的剖面视图。剖面是一个区域横截面，仅显示被割面所通过的实体部分。

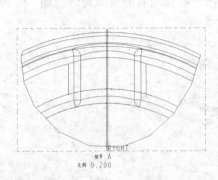

图 11-27 放大详细视图

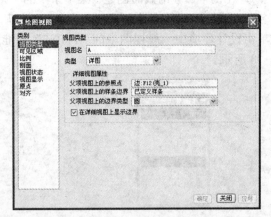

图 11-28 "绘图视图"对话框

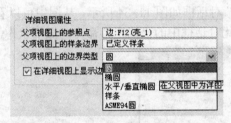

图 11-29 选定父视图边界类型

下面通过具体实例讲述旋转视图的创建。

1. 在 Pro/ENGINEER 系统中新建名为 "yanhuigang3" 的 2D 工程图设计环境，缺省模型设为已经设计好的零件 "yanhuigang.prt"，指定模板类型为 "空"，使用 "横向" 图幅，大小为 "C"，进入工程图设计环境，创建烟灰缸的 "BUTTON" 向一般视图，比例为 "0.1"，如图 11-30 所示。

2. 左键单击 "插入" 菜单条中的 "绘图视图" 下的 "旋转…" 命令，左键单击设计环境中的一般视图，此时系统在消息显示区提示用户选取绘制视图中点，左键单击设计环境中一般视图右侧的空白之处，系统打开 "绘图视图" 对话框，如图 11-31 所示。

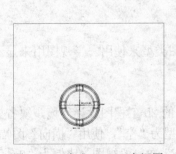

图 11-30 生成 BUTTON 向视图

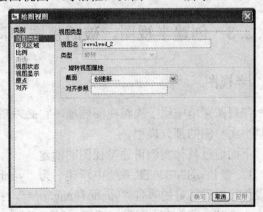

图 11-31 "绘图视图"对话框

3. 系统同时打开 "剖截面创建" 菜单条，如图 11-32 所示。

4. 左键单击"剖截面创建"菜单条中的"完成"命令，系统在消息显示区提示输入截面名称，在此编辑框中输入截面名称"A"，然后左键单击提示框中的"接受"☑命令；左键单击设计环境中一般视图中的"FRONT"基准面，在一般视图右侧生成旋转视图，如图11-33 所示。

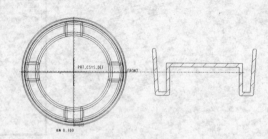

图 11-32　"剖截面创建"菜单条　　　　　　图 11-33　生成预览旋转视图

5. 此时的"绘图视图"对话框如图 11-34 所示，从图中可以看到此对话框中的"截面"子项的名称为"A"，并且此对话框中的"确定"命令为激活状态。

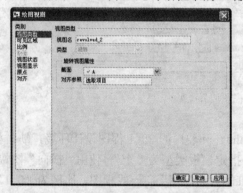

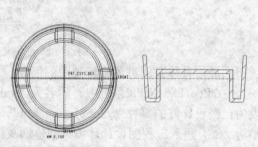

图 11-34　"绘图视图"对话框　　　　　　图 11-35　生成旋转视图

6. 在"绘图视图"对话框中还可以设定旋转视图的其他一些特征，在此不再赘述。左键单击此对话框中的"确定"命令，系统生成旋转视图，如图 11-35 所示。

7. 保存当前设计环境中的工程图，然后关闭当前设计环境。

11.2.3　创建半视图、破断视图和局部视图

半视图

在视图菜单中属于次级视图选项，它必须搭配基本视图类型来使用。半视图用来显示切割平面一侧的部分模型。

下面通过具体实例讲述半视图的创建。

1. 在 Pro/ENGINEER 系统中新建名为"yanhuigang4"的 2D 工程图设计环境，缺省模型设为已经设计好的零件"yanhuigang.prt"，指定模板类型为"空"，使用"横向"图幅，大小为"C"，进入工程图设计环境，创建烟灰缸的"BUTTON"向一般视图，比例为"0.1"，如图 11-36 所示。

2. 左键单击"插入"菜单条中的"绘图视图"下的"投影…"命令，此时工程图设计环境中出现一个黑色线框，移动鼠标将此框移动到"FRONT"视图的上方，然后单击左键，在工程图框中生成烟灰缸仰视图，如图 11-37 所示。

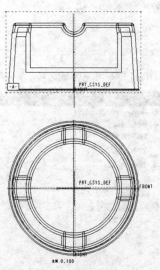

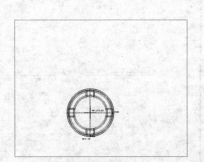

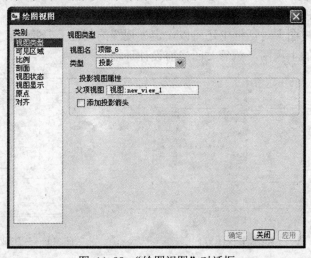

图 11-36　生成 BUTTON 向视图　　　　图 11-37　生成仰视图

3. 左键双击工程图框中的烟灰缸仰视图，系统打开"绘图视图"对话框，如图 11-38 所示，注意此时对话框中的"确定"命令为未激活状态。

图 11-38　"绘图视图"对话框

4. 左键单击"绘图视图"对话框中的"可见区域"子项，系统切换到可见区域类型选项框，如图 11-39 所示。

5. 左键单击"绘图视图"对话框中的"视图可见性"子项的下拉按钮，选取其中的"半视图"选项，如图 11-40 所示。

6. 选中"半视图"选项后可见区域选项框变成如图 11-41 所示。

7. 此时系统要求给半视图的创建选取参照平面，左键单击俯视图的"RIGHT"基准面，如图 11-42 所示。

8. 此时俯视图上出现一个箭头，表示半视图显示方向，如图 11-43 所示。

图 11-39 可见区域选项

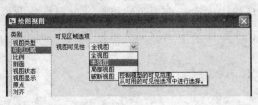

图 11-40 选取视图可见性

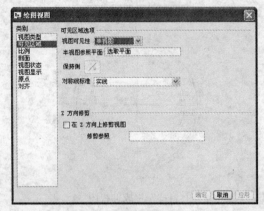

图 11-41 半视图选取

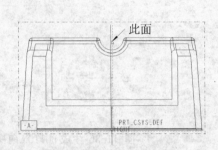

图 11-42 选取基准面

9. 此时"绘图视图"对话框中的"确定"命令为激活状态，左键单击此"确定"命令，系统生成烟灰缸半视图，如图 11-44 所示。

10. 在"绘图视图"对话框中还可以设定半视图的其他一些特征，在此不再赘述。保存当前设计环境中的工程图，然后关闭当前设计环境。

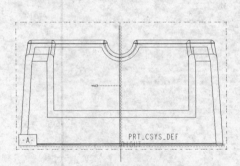

图 11-43 显示半视图方向

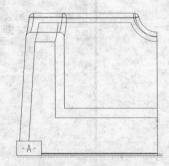

图 11-44 生成半视图

破断视图

可以将较长件中断缩短画出，并使剩余的两个部分靠近在指定的距离之内。

下面通过具体实例讲述破断视图的创建。

1. 在 Pro/ENGINEER 系统中新建名为"qiganggan1"的 2D 工程图设计环境，缺省模型设为已经设计好的零件"qiganggan.prt"，指定模板类型为"空"，使用"横向"图幅，大小为"C"，进入工程图设计环境；左键单击"插入"菜单条中的"绘图视图"下的"一般…"命令，左键在工程图设计环境中间部位单击一下，系统打开"绘图视图"对话框，选取此对话框中"方向"子项下的"几何参照"选项，如图 11-45 所示。

　　2. 左键单击气缸杆的"FRONT"基准面为"参照 1：前面"，再选取气缸杆的"RIGHT"基准面为"参照 2：顶面"，左键单击"应用"命令，此时工程图设计环境中的气缸杆一般视图如图 11-46 所示。

图 11-45　"绘图视图"对话框

图 11-46　生成 FRONT 向视图

　　3. 左键单击"绘图视图"对话框中的"可见区域"子项，此对话框切换到可见区域选项，如图 11-47 所示。

　　4. 左键单击"视图可见性"子项的下拉命令，选取其中的"破断视图"选项，如图 11-48 所示。

图 11-47　可见区域选项

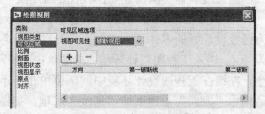

图 11-48　选取破断视图

　　5. 左键单击"绘图视图"对话框中的"添加断点" 命令，左键单击气缸杆上的一点，系统通过此点生成一条竖直线段，左键再次单击如图 11-49 所示"2"之处，系统生成第一破断线。

　　6. 同样的操作，再生成第二破断线，如图 11-50 所示。

　　7. 左键单击"绘图视图"对话框中的"应用"命令，系统自动将两破断线之间的部分去除，并将气缸杆分裂开的两部分拉近，如图 11-51 所示。

　　8. 从上图可以看到，断裂线的样式是直线。左键拖动"视图可见性"子项中水平滑动按钮，显示出"破断线线体"子项，左键单击此子项的下拉按钮，系统显示破断线的样式选项，共有 6 种样式，如图 11-52 所示。

图 11-49　生成第一破断线

图 11-50　生成第二破断线　　　　　　　图 11-51　生成预览破断视图

9．左键单击"几何上的 S 曲线"选项，然后左键单击"绘图视图"的"确定"命令，此时气缸杆上的破断线类型变成"S"形，如图 11-53 所示。

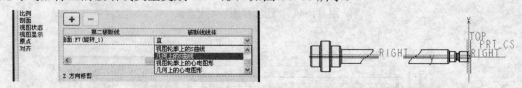

图 11-52　破断线样式　　　　　　　图 11-53　生成破断视图

10．在"绘图视图"对话框中还可以设定破断视图的其他一些特征，在此不再赘述。保存当前设计环境中的工程图，然后关闭当前设计环境。

局部视图

在视图中显示封闭区域内的模型部分，并将其他模型部分删除。

下面通过具体实例讲述局部视图的创建。

1．在 Pro/ENGINEER 系统中新建名为"qiganggan2"的 2D 工程图设计环境，缺省模型设为已经设计好的零件"qiganggan.prt"，指定模板类型为"空"，使用"横向"图幅，大小为"C"，进入工程图设计环境；左键单击"插入"菜单条中的"绘图视图"下的"一般…"命令，左键在工程图设计环境中间部位单击一下，系统打开"绘图视图"对话框，选取此对话框中"方向"子项下的"角度"选项，如图 11-54 所示。

2．在"绘图视图"对话框中的"参照角度"子项设为"法向"，在"角度值"编辑框中输入角度值"60"，然后左键单击此对话框中的"应用"命令，此时工程图环境中的气缸杆发生旋转，如图 11-55 所示。

3．左键单击"绘图视图"对话框中的"可见区域"子项，此对话框切换到可见区域选项；左键单击"视图可见性"子项的下拉命令，选取其中的"局部视图"选项，如图 11-56 所示。

4．左键单击气缸杆上的一点，在点击处出现一个"×"，如图 11-57 所示。

5．使用左键在气缸杆上画一个首尾相接的样条曲线，如图 11-58 所示，单击鼠标中键表示样条曲线绘制结束。

6. 左键单击"绘图视图"对话框中的"应用"命令，系统自动将样条曲线之外的部分去除，如图 11-59 所示。

7. 左键单击"绘图视图"的"确定"命令，生成气缸杆的局部视图，如图 11-60 所示。

8. 在"绘图视图"对话框中还可以设定局部视图的其他一些特征，在此不再赘述。保存当前设计环境中的工程图，然后关闭当前设计环境。

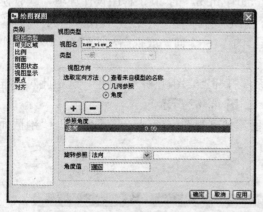

图 11-54 "绘图视图"对话框

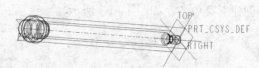

图 11-55 旋转气缸杆

图 11-56 "选取局部视图"选项

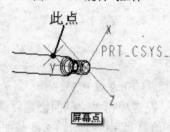

图 11-57 选取局部视图点

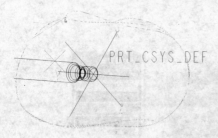

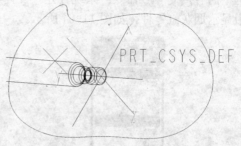

图 11-58 绘制样条曲线　　　图 11-59 生成预览局部视图

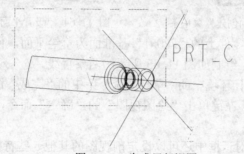

图 11-60 生成局部视图

11.2.4　创建剖视图

剖视图在视图类型中属于第三层类型，因此剖视图的创建必须搭配其他的视图。

下面通过具体实例讲述剖视图的创建。

1. 在 Pro/ENGINEER 系统中新建名为"yanhuigang5"的 2D 工程图设计环境，缺省模型设为已经设计好的零件"yanhuigang.prt"，指定模板类型为"空"，使用"横向"图幅，大小为"C"，进入工程图设计环境，创建烟灰缸的"TOP"向一般视图，比例为"0.1"，如图 11-61 所示。

2. 左键双击工程图环境中的一般视图，系统打开"绘图视图"对话框，选中此对话框的剖面选项，再用左键单击"2D 截面"按钮，如图 11-62 所示。

3. 左键单击"剖面选项"中的"将横截面添加到视图"⊞命令，系统打开"剖截面创建"菜单条，如图 11-63 所示。

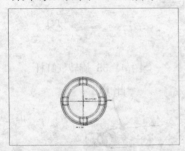

图 11-61　生成 TOP 向视图

图 11-62　选取 2D 截面选项

4. 左键单击"剖截面创建"菜单条中的"偏距"命令，然后单击"完成"命令，此时系统在消息显示区提示输入剖截面名称，在此框中输入剖截面名称"B"，然后左键单击提示框中的"接受"✓命令；系统打开"设置平面"菜单条，并且打开一个新的零件设计环境中显示烟灰缸零件，如图 11-64 所示。

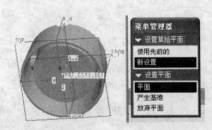

图 11-63　"剖截面创建"菜单条　　　　　图 11-64　"设置平面"菜单条

5. 左键单击烟灰缸零件上的"FRONT"基准面为草绘平面，使用系统默认的基准面为参照面，进入草绘环境，绘制如图 11-65 所示的两条直线。

6. 左键单击零件设计环境中的"草绘"命令条中的"完成"命令，生成所绘制的剖截面并关闭零件设计环境；左键单击"绘图视图"的"确定"命令，系统生成剖视图，如图 11-66 所示。

7. 在"绘图视图"对话框中还可以设定剖视图的其他一些特征，在此不再赘述。保存当前设计环境中的工程图，然后关闭当前设计环境。

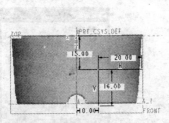

图 11-65　绘制直线

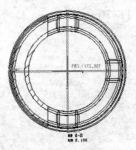

图 11-66　生成剖视图

11.2.5　创建组合视图

组合视图就是创建装配体的工程图。组合视图的创建方式和单一零件工程视图的创建方式一样，唯一的差异就是可以设定组合视图的"分解"和"非分解"状态。

下面通过具体实例讲述组合视图的创建。

1. 在 Pro/ENGINEER 系统中新建名为"shuazizhuangpei"的 2D 工程图设计环境，缺省模型设为已经设计好的零件"shuazizhuangpei.asm"，指定模板类型为"空"，使用"横向"图幅，大小为"C"，进入工程图设计环境；左键单击"插入"菜单条中的"绘图视图"下的"一般…"命令，左键在工程图设计环境中间部位单击一下，系统打开"绘图视图"对话框，选取此对话框中"方向"子项下的"几何参照"选项，将刷子装配体摆放如图 11-67 所示。

注：为方便观看，请将设计环境中的所有基准特征的显示关闭。

2. 左键单击"绘图视图"对话框中的"视图状态"选项，选中此对话框中的"视图中的分解元件"选项，如图 11-68 所示。

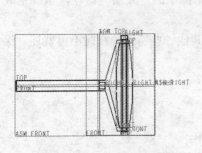

图 11-67　生成一般视图

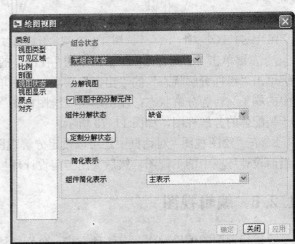

图 11-68　"绘图视图"对话框

3. 使用"组件分解状态"的"缺省"选项，左键单击"绘图视图"对话框中的"应用"命令，生成系统默认的组件分解视图，如图 11-69 所示。

4. 左键单击"绘图视图"对话框中的" 定制分解状态 "命令，系统打开"分解位置"

对话框，如图 11-70 所示。

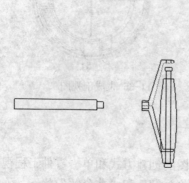

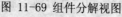

图 11-69 组件分解视图   图 11-70 "分解位置"对话框

5. 左键单击工程视图中的任何一个零件，此零件为选中时，移动鼠标，此零件将移动，再次单击左键，结束此零件的移动；分别将零件移动，生成如图 11-71 所示的分解工程图。

6. 左键单击"分解位置"对话框中的"确定"命令，关闭此对话框；左键单击"绘图视图"对话框中的"视图中的分解元件"选项，将其设为未选中状态，然后单击此对话框中的"应用"命令，工程图中的刷子恢复为未分解状态，如图 11-72 所示。

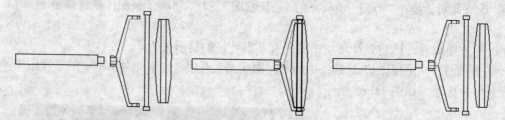

图 11-71 移动零件   图 11-72 取消分解状态   图 11-73 生成分解视图

7. 左键单击"绘图视图"对话框中的"视图中的分解元件"选项，将其设为选中状态，左键单击"组件分解状态"的"定制"选项，然后单击此对话框中的"应用"命令，工程图中的刷子又转为分解状态；左键单击"绘图视图"对话框中的"关闭"命令，系统生成刷子装配体的分解视图，如图 11-73 所示。

8. 在"绘图视图"对话框中还可以设定分解视图的其他一些特征，在此不再赘述。保存当前设计环境中的工程图，然后关闭当前设计环境。

11.2.6　编辑视图

要进行视图的编辑操作，有 2 种方式，分别详述如下：

● 左键单击视图，再单击"编辑"菜单条中的"属性"命令。

● 左键双击视图，即可弹出视图编辑对话框。

下面分别讲述视图的编辑操作方式。

1. 移动视图。常用的移动方式是"点选－移动"。为了避免视图意外被移动，系统默认的是将视图锁定而不能随意移动。因此，要想移动视图，必须先取消视图的锁定。取消视图锁定的方式有 3 种：

- 鼠标单击"禁止使用鼠标移动绘图视图"图命令，将其设为未选中状态，则解除所有视图的锁定状态。
- 左键单击"工具"菜单条中的"环境"命令，在弹出的对话框中将"锁定视图移动"选项设为未选中状态，则解除所有视图的锁定状态。
- 左键单击"工具"菜单条中的"选项"命令，在弹出的对话框中在配置选项中添加"allow_move_view_with_move"，将设置值指定为"yes"，则解除所有视图的锁定状态。

视图锁定取消后，左键单击要移动的视图，将其选定后，视图周围会出现线框，并且鼠标指针变成"✛"后，按住左键就可以移动视图了。

如果移动"一般"视图时，以此"一般"视图为父视图的其他子视图也会相应移动；如果移动除"一般"视图以外的视图，会受到其父视图或是相关设置的影响，而限制其移动方向。

2. 拭除与恢复视图是相对指定。左键单击"视图"菜单条中的"绘图显示"下的"绘图视图能见性"命令，系统打开"视图"菜单条，如图 11-74 所示。

直接使用左键单击所要拭除的视图就可，此时被拭除的视图被暂时"隐藏"，并用绿色框线表示。

如果要恢复视图的显示，详述如下：

左键单击"视图"菜单条中的"绘图显示"下的"绘图视图能见性"命令，系统打开"视图"菜单条，左键单击"视图"菜单条中的"恢复视图"命令，然后用鼠标选取需要恢复的视图就行。

3. 删除视图

图 11-74　视图菜单条

- 左键单击所要删除的视图，然后单击"删除"✘命令或键盘"Delete"键，即可将所选视图删除。
- 左键单击所要删除的视图，然后左键单击"编辑"菜单条中的"删除"命令，即可将所选视图删除。

11.2.7　视图的显示模式

和对实体操作一样，也可以使用"线框"图命令、"隐藏线"图命令和"无隐藏线"图命令来控制视图的显示方式；还可以控制显示相切边的显示样式，下面详细讲述这些命令使用方式。

1. 打开已有的工程图"yanhuigang1.drw"，此时工程图中的仰视图如图 11-75 所示。

2. 左键双击工程图中的仰视图，系统打开"绘图视图"对话框，选取此对话框中的"视图显示"选项，如图 11-76 所示。

3. 左键单击"显示线型"子项的下拉按钮，系统显示线型的样式，如图 11-77 所示。

4. 左键单击显示线型中的"隐藏线图"命令，然后左键单击"绘图视图"对话框中的"应用"命令，此时工程图中的仰视图如图 11-78 所示，从图中可以看到，隐藏线用灰色线表示。

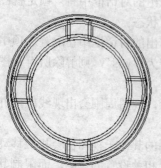

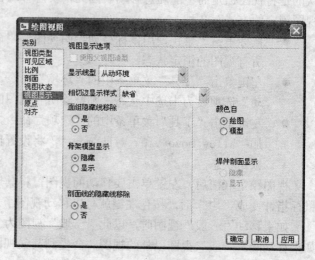

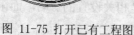

图 11-75 打开已有工程图　　　　　　　图 11-76 "视图显示"选项

5．左键单击显示线型中的"无隐藏线" 命令，然后左键单击"绘图视图"对话框中的"应用"命令，此时工程图中的仰视图如图 11-79 所示，从图中可以看到，隐藏线不表示出来。

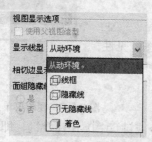

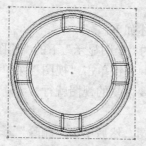

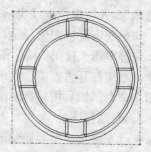

图 11-77 显示线型子项　　图 11-78 隐藏线显示样式　　图 11-79 无隐藏线显示样式

6．左键单击"相切边显示样式"子项的下拉按钮，系统显示相切边的显示样式，如图 11-80 所示。

7．左键单击相切边显示样式中的"无"命令，然后左键单击"绘图视图"对话框中的"应用"命令，此时工程图中的仰视图如图 11-81 所示，从图中可以看到，相切边不表示出来。

8．左键单击相切边显示样式中的"<edge_dimmed>灰色"命令，然后左键单击"绘图视图"对话框中的"应用"命令，此时工程图中的仰视图如图 11-82 所示，从图中可以看到，相切边用灰色表示。

9．左键单击相切边显示样式中的"中心线"命令，然后左键单击"绘图视图"对话框中的"应用"命令，此时工程图中的仰视图如图 11-83 所示，从图中可以看到，相切边用中心线表示。

10．左键单击相切边显示样式中的"双点划线"命令，然后左键单击"绘图视图"对话框中的"应用"命令，此时工程图中的仰视图如图 11-84 所示，从图中可以看到，相切边用双点划线表示。

11. 保存当前设计环境中的工程图，然后关闭当前设计环境。

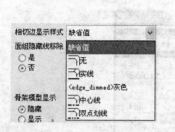 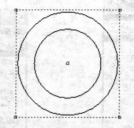 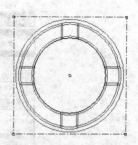

图 11-80 相切边显示样式　　图 11-81 无相切边显示样式　图 11-82 相切边为灰色显示样式

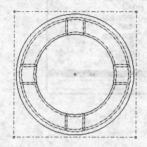 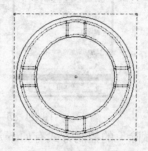

图 11-83 相切边为中心线显示样式　　图 11-84 相切边为双点划线显示样式

11.3　尺寸标注

在 Pro/ENGINEER 3D 模型与工程图之间，具有两种尺寸模式：一种是来自于创建 3D 模型时的尺寸，另一种是在工程图模式下用来标注 3D 几何外形尺寸，它们之间最大的差别在于是否影响 3D 几何模型。

11.3.1　尺寸显示

在工程图模式下，可以通过"视图"菜单条中的"显示及拭除"命令，将 3D 模型的尺寸，在视图上显示或拭除；同样，也可以使用工具条上的"显示及拭除" 命令，打开"显示及拭除"对话框。

"显示及拭除"对话框中不仅可以显示及拭除尺寸项目，还可以显示及拭除公差、注释等其他的选项，其用法和显示及拭除尺寸项目一样，下面主要讲述尺寸的显示及拭除。"显示和拭除"对话框如图 11-85 所示。

"显示和拭除"对话框中的类型详述如下：

⊢¹·²⊣：显示/拭除尺寸。	⊢⁽¹·²⁾⊣：显示/拭除参考尺寸。
⊕⌀0.1◎：显示/拭除几何公差。	∕ᴬᴮᶜᴰ：显示/拭除注释。
∕⑤：显示/拭除球标。	……A.1：显示/拭除轴线。
✍：显示/拭除焊接符号。	³²∕：显示/拭除表面精度符号。
ᴬ⊡：显示/拭除基准平面。	▭：显示/拭除修饰特征。

⟨×─◈⟩：显示/拭除基准目标。

图 11-85 "显示/拭除"对话框

"显示/拭除"的控制方式有如下几种：

- 特征：选取模型特征来显示或拭除尺寸。模型特征可以从"视图"或"模型树"浏览器中选取；也可以先选中特征，然后单击右键，在弹出的快捷菜单中选取"显示尺寸"。

- 零件：此选项适用在装配模型的情况，用户可以从"模型树"浏览器或视图中，左键单击要显示或拭除尺寸的子零件。

- 视图：用来指定在特定视图显示或拭除尺寸。

- 特征和视图：与"特征"选项非常相似，不同之处在于"特征"是由系统决定显示（拭除）的尺寸要放在哪些视图，而"特征和视图"则由用户自行决定要在特定视图上来显示（拭除）特征尺寸。

- 零件和视图：由用户自行指定特定视图来显示或拭除零件尺寸。由于此选项针对的是零件，因此较适用于装配模型。

- 显示全部：将全部尺寸一次显示出来。

- 拭除全部：一次清除所有显示的尺寸。

- 所选项目：所选项目专属于"拭除"对话框，它允许用户个别挑选要拭除的项目。

在"显示"对话框的下部，可以设定显示设置选项，其下的选项详述如下：

- 拭除的：用来设置是否将曾经被拭除过的图元再一次显示。如果取消勾选，则被拭除过的图元都不会再显示。

- 从不显示：选中此项代表系统，系统只会显示从未被拭除或显示过的新图元。它与"拭除的"选项两者间至少必须选中其中一个，不能同时取消。

- 切换到纵坐标：将尺寸图元转换成纵坐标表示。

- 预览：预览设置完成的结果，同时也能在此处使用"拭除全部"命令来拭除所有已经显示的图元。

11.3.2　尺寸标注

上节已经讲到，创建工程图视图的方式有两种：一是通过已有的 3D 模型来创建；二是通过草绘工具来创建。与此相对应，尺寸标注的方式也有两种：一种是使用"显示及拭除"命令来显示 3D 模型的尺寸，二是通过草绘工具添加尺寸，本节讲述的尺寸都是通过 3D 模型来标注的。

通过已有的 3D 模型标注的尺寸，在工程图环境中，如果对其修改后，相应的 3D 模型的尺寸也会发生变化，反之亦然，因此用这种方式生成的尺寸称为"驱动"尺寸。

下面具体讲述通过 3D 模型进行的尺寸标注方式。

1. 打开已有的工程图"yanhuigang1.drw"文件，将工程图中所有视图的"显示线型"修改为"无隐藏线"类型，"相切边显示样式"设为"缺省值"类型，此时工程图视图如图 11-86 所示。

2. 左键单击工具条上的"显示及拭除" 命令，打开"显示/拭除"对话框，确保此时的对话框为"显示"属性页，将"显示/拭除尺寸" 命令设为选中状态，然后左键单击此对话框中的"显示全部"命令，此时对话框如图 11-87 所示。

3. 此时工程图视图上将显示预览尺寸，如图 11-88 所示，从图中可以看到，系统把烟灰缸的所有尺寸值都显示出来。

此时"显示"对话框中的"预览"子项下有 4 个命令，详述如下：

● 选取保留 ：左键单击选取所有保留的尺寸值。
● 接受全部 ：接受视图上预览的所有尺寸值。
● 选取移除 ：左键单击选取所有拭除的尺寸值。
● 拭除全部 ：拭除视图上预览的所有尺寸值。

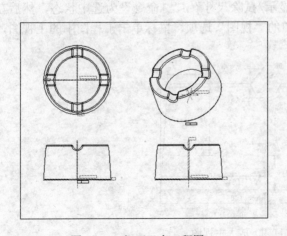

图 11-86　打开已有工程图

图 11-87　"显示/拭除"对话框

4. 左键单击对话框"预览"子项中的"接受全部"命令，然后再单击对话框中的"关闭"命令，系统在工程图视图上显示 3D 模型所有的尺寸值。左键单击工具条上的"显示及拭除"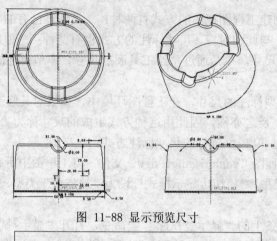命令，打开"显示/拭除"对话框，确保此时的对话框为"拭除"属性页，左键单击此对话框中的"拭除全部"，系统将工程图视图上的所有尺寸值拭除，如图11-89所示。

图 11-88 显示预览尺寸

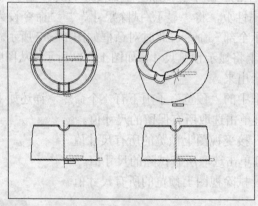

图 11-89 拭除尺寸值

5. 左键单击工具条上的"显示及拭除"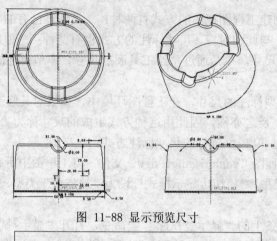命令，打开"显示/拭除"对话框，确保此时的对话框为"显示"属性页，将"显示/拭除尺寸"┌┴1.2┐命令设为选中状态，然后左键单击此对话框中的"显示方式"子项中的"视图"选项，鼠标单击工程图中的主视图，此时主视图如图11-90所示。

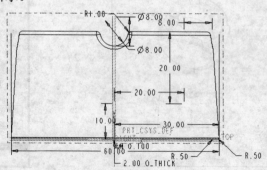

图 11-90 放大主视图

6. 左键单击对话框"预览"子项中的"拭除全部"命令，然后左键单击此对话框中的"显示方式"子项中的"零件"选项，鼠标单击工程图中主视图上的烟灰缸零件，此时主视图如图 11-91 所示。

7．左键单击对话框"预览"子项中的"拭除全部"命令，然后左键单击此对话框中的"显示方式"子项中的"特征"选项，鼠标右键单击"设计树"浏览器中烟灰缸零件的最后一个特征：倒圆角，此时主视图上显示倒圆角的尺寸值，如图 11-92 所示。

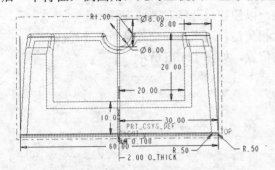

图 11-91 选取主视图　　　　　　　　　　图 11-92 显示特征尺寸值

8．左键单击"显示/拭除"对话框中的"关闭"命令；左键单击工具条中的"使用新

图 11-93 依附类型菜单条　　　　　　图 11-94 生成新尺寸标注

参照创建标注尺寸" ⊢┤ "命令，系统打开"依附类型"菜单条，如图 11-93 所示。

9．保持"依附类型"菜单条中的默认选项"图元上"不变，左键分别单击工程图视图中主视图的最上边和最下边，生成如图 11-94 所示的尺寸（框中）。

10．保存当前设计环境中的工程图，然后关闭当前设计环境。

11.3.3　尺寸编辑

1．移动尺寸是最常用的操作，其操作非常简单，左键单击要移动的尺寸，尺寸选中后由红色加亮显示，并且鼠标图标变成" ✢ "，按住左键就可以移动尺寸了。

2．整理尺寸对话框的打开是通过左键单击"编辑"菜单条中的"整理"下的"尺寸"命令，或者直接用左键单击"整理尺寸" ▤ 命令，打开"整理尺寸"对话框，如图 11-95 所示。

左键单击所有整理的尺寸就可以了。从上图可以看到，"整理设置"子项可以设定尺寸的摆放方式，分为"放置"和"修饰"两部分，其下选项详述如下：

"放置"子项中有 4 项设置：

● 　分隔尺寸：选中此项后可以设置"偏移"和"增量"数值大小。"偏移"用来指定第一个尺寸相对于参考图元的位置；"增量"则是指定两尺寸的间距。

● 偏移参照：此子项用来设置尺寸的参照基准。选择"基线"选项后，可以选取视图图元、基准面、捕捉线、视图轮廓线等来作为参照基准面。在设置时候，还可以使用"反向箭头"命令来设置尺寸摆放方向。

● 创建捕捉线：设置是否创建捕捉线，以便让尺寸能对齐捕捉线。

● 破断尺寸界线：当尺寸延伸线彼此相交是，用来在相交处打断尺寸界线。

"修饰"子项用来安排尺寸文本的摆放位置，如图 11-96 所示。

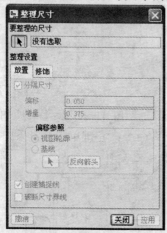

图 11-95 "整理尺寸"对话框

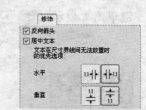

图 11-96 修饰属性页

其中的选项如下所述：

● 反向箭头：如果箭头与文本合适不重叠，则箭头从内向外定向；如果不合适或与文本重叠，则箭头从外向内定向。

● 居中文本：在尺寸延伸线之间将尺寸文本居中放置。如果不合适，系统沿指定方向，将文本移动到尺寸延伸线外部，摆放方式分为 4 种，在图 11-94 中已经标识出来了。

3. 对齐尺寸操作可以将所选起的纵坐标尺寸对齐。先使用 Ctrl 键，选取要对齐的多个纵坐标，然后左键单击"编辑"菜单条中的"对齐尺寸"命令，就可以将所选中的纵向尺寸对齐；也可以直接用左键单击工具条中的"对齐"命令。

尺寸编辑操作的这些命令比较简单，在此不再举例详述，读者可以自行打开一个工程图练习这些命令的使用。

11.3.4　尺寸公差

尺寸公差可以通过"尺寸属性"对话框设置。左键双击尺寸，就可以打开"尺寸属性"对话框；也可以先用左键单击尺寸，将其选中后，再用左键单击"编辑"菜单条中的"属性"命令，系统打开"尺寸属性"对话框，如图 11-97 所示。

"尺寸属性"对话框是一个整合窗口，此对话框一共分为 3 部分："属性"、"尺寸文本"和"文本样式"。尺寸公差可在"属性"对话框中设置，但是，要想将尺寸公差值显示在工程视图中，除了在工程图视图中必须将"显示/拭除尺寸"命令激活外，还要进行下面的操作：左键单击"文件"菜单条中的"属性"命令，系统打开"文件属性"菜单条，如图 11-98 所示。

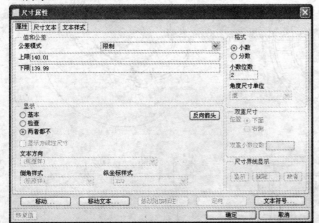

图 11-97 "尺寸属性"对话框 　　　　图 11-98 "文件属性"菜单条

左键单击"文件属性"菜单条中的"绘图选项"，系统打开"选项"对话框，如图 11-99 所示。

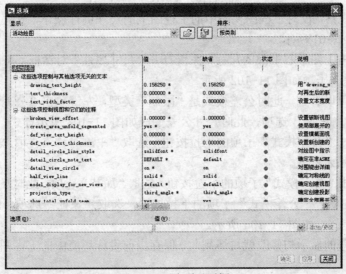

图 11-99 选项对话框

在"选项"对话框中的"选项"子项中输入"tol_display"，"值"子项输入"yes"，然后左键单击此对话框中的"确定"命令，则工程图视图上的尺寸值上将显示出尺寸公差值。

下面通过实例具体讲述尺寸公差值的显示及修改。

1. 打开已有的工程图"yanhuigang1.drw"文件，左键单击"文件"菜单条中的"属性"命令，系统打开"文件属性"菜单条，左键单击此菜单条中的"绘图选项"，在打开的"选项"对话框的"选项"子项中输入"tol_display"，"值"子项输入"yes"，然后左键单击此对话框中的"确定"命令，则工程图视图上的尺寸值上将显示出尺寸公差值，如图 11-100 所示。

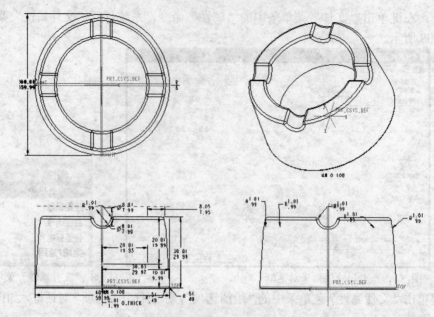

图 11-100　显示尺寸公差值

2. 为方便观察，仅对工程图视图中的主视图上的尺寸进行操作，放大工程图视图上的主视图，如图 11-101 所示。

3. 左键双击上图最右上部的尺寸，系统打开"尺寸属性"对话框，可以看到此对话框中的"值和公差"子项如图 11-102 所示。

4. 从上图可以看到，此时公差模式是"限制"类型，左键单击"公差模式"子项的下拉按钮，选取"加一减"选项，此时尺寸公差变成如图 11-103 所示样式。

5. 左键单击"公差模式"子项的下拉按钮，选取"＋一对称"选项，此时尺寸公差变成如图 11-104 所示样式。

6. 左键单击"公差模式"子项的下拉按钮，选取"如其"选项，此时尺寸公差变成"限制"样式；左键单击"公差模式"子项的下拉按钮，选取"象征"选项，此时系统不显示这个尺寸的公差值，如图 11-105 所示。

7. 尺寸公差的显示与修改就讲述到此，保存当前设计环境中的工程图，然后关闭当前设计环境。

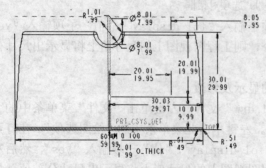

图 11-101　放大主视图

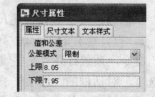

图 11-102　"尺寸属性"对话框

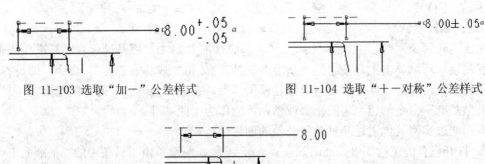

图 11-103 选取"加一"公差样式　　　　图 11-104 选取"＋一对称"公差样式

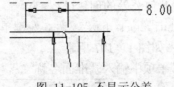

图 11-105 不显示公差

11.4　几何公差

在工程图模块下，有两种公差表示可以设置：一种是用来表示零件配合程度所用的"尺寸公差"，也叫"线性公差"；另一种则是用来控制几何外型变动程度所用的"几何公差"。上一节讲述了"尺寸公差"，这一节讲述"几何公差"的创建。

"几何公差"是用来规范设计者指定的精确尺寸的外形，在所能允许的误差范围内变动。系统提供两种方式创建"几何公差"，详述如下：

● 左键单击"插入"菜单条中的"几何公差"命令，系统打开"几何公差"对话框。

● 左键单击工具条中的"创建几何公差" 命令，系统打开"几何公差"对话框。

"几何公差"对话框如图 11-106 所示。

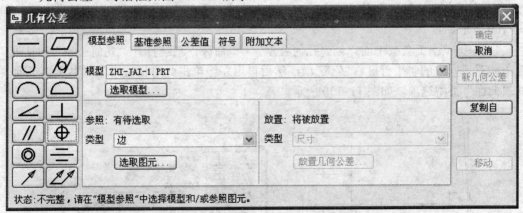

图 11-106　"几何公差"对话框

不论用哪种方式创建"几何公差"，都可以使用"显示及拭除"命令来显示或拭除几何公差符号。所有可用的几何公差符号如下所示：

　：真直度。　　　　：真平度。　　　　：真圆度。

　：圆柱度。　　　　：曲线轮廓度。　　　：曲面轮廓度。

　：倾斜度。　　　　：垂直度。　　　　：平行度。

⊕：正位度。　　⊚：同心度。　　≡：对称度。

↗：偏转度。　　↗：总偏转度。

　　在创建几何公差时，常会需要指定一个"参照基准"，这个参照基准包含了基准面或轴。在工程图设计环境单击工具条中的"基准面工具"◇和"基准轴工具"╱命令，即可打开"模型基准"窗口，在此窗口中可以创建模型基准。在选择几何公差的参照基准时，只有以"模型基准"命令创建出来的平面或轴，才能作为参照基准。

　　下面通过实例具体讲述几种几何公差的创建过程。

　　1．打开已有的工程图"yanhuigang1.drw"文件，左键单击工具条中的"基准面工具"◇，系统打开"基准"对话框，如图11-107所示。

　　2．在"基准"对话框的"名称"子项中输入基准面名称"A"，"类型"子项中选取" -A- "类型，左键单击"定义"子项中的" 在曲面上... "命令，然后使用左键单击工程图视图中主视图如图11-108所示的边。

图 11-107 "基准"对话框

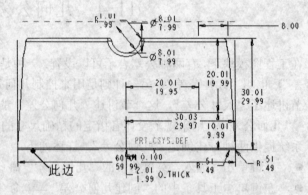

图 11-108 选取边

　　3．左键单击"基准"对话框中的"确定"命令，系统生成名为"A"的基准面，如图11-109所示。

　　4．左键单击工具条中的"创建几何公差" ⊞1M 命令，系统打开"几何公差"对话框，选中此对话框中的"平行度" ∥ 选项，然后再用左键单击此对话框中的"参照"子项中的"曲面"类型选项，如图11-110所示。

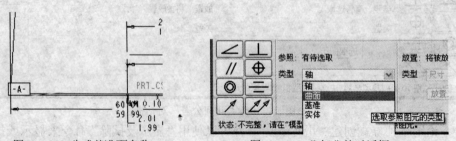

图 11-109 生成基准面名称　　　　　　图 11-110 几何公差对话框

　　5．左键单击工程图视图主视图上如图11-111所示的边。

　　6．左键单击"几何公差"对话框中的"放置"子项下的"放置几何公差"命令，如图11-112所示。

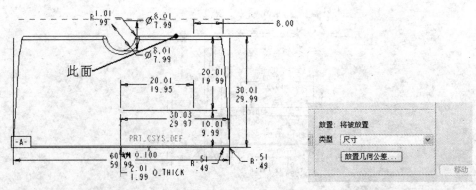

图 11-111 选取边　　　　　　　　　图 11-112 放置选项

7．左键单击工程图视图主视图上如图 11-113 所示的尺寸。

8．此时选定的尺寸上将出现平行度公差，如图 11-114 所示。

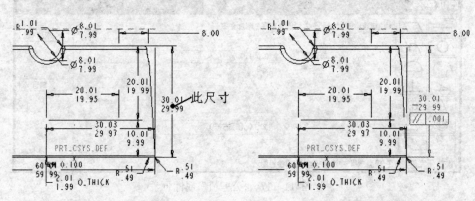

图 11-113 选取尺寸　　　　　　　　图 11-114 生成平行度公差

9．左键单击"几何基准"对话框中的"基准参照"属性页，此属性页如图 11-115 所示。

10．使用此属性页的"基准参照"子项的默认"首要"选项，左键单击"首要"子项中"基本"项的"选取" 命令，然后左键单击本例第 3 步生成的基准平面"A"的标签，此时在第 7 步选中的尺寸上出现基准参照"A"，如图 11-116 所示。

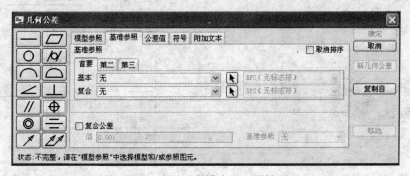

图 11-115　"基准参照"属性页

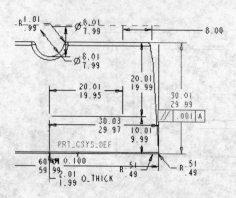

图 11-116 选取基准参照

11. 左键单击"几何基准"对话框中的"公差值"属性页，此属性页如图 11-117 所示。

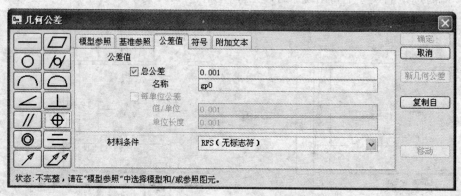

图 11-117 "公差值"属性页

12. 在"公差值"属性页的"总公差"子项中输入数值"0.005"，如图 11-118 所示。

13. 此时在第 7 步选中的尺寸上的平行度公差值发生相应的变化，如图 11-119 所示。

14. 使用"几何公差"对话框中的"符号"属性页中的选项，可以在几何公差中加入符号、注释与投影公差区域等选项，在此就不再详述；左键单击"几何公差"对话框中的"确定"命令，系统生成此平行度公差符号；保存当前设计环境中的工程图，然后关闭当前设计环境。

图 11-118 输入总公差值

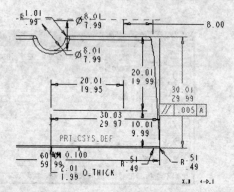

图 11-119 平行度公差发生变化

11.5　注释与球标

注释与球标都是用来补足图面上不足的信息。其中球标用在处理大型装配体与 BOM 表的生成。

要创建注释，左键单击"插入"菜单条中的"注释"命令，或者使用左键直接单击工具条中的"创建注释" **A** 命令，系统打开"注释类型"菜单条，如图 11-120 所示。

"注释类型"菜单条中的选项意义如下所述：

- 无方向指引：不创建带有方向指引的注释。
- 带引线：创建带有方向指引的注释。
- ISO 导引：为注释创建 ISO 样式的方向指引，球标无法使用此选项。
- 在项目上：将注释连接在边、曲线等图元上。
- 偏距：注释和选取的尺寸、公差、符号等间隔一段距离。
- 输入和文件：这两个选项用来指定"文件内容"输入方式，选取"输入"直接用键盘来输入文字，单击 Enter 键换行；选取"文件"则是从计算机中读取文本文件，文件格式为"*.txt"。
- 水平、竖直与倾斜：用来设置注释文本的排列方式，其中"倾斜"选项只能在创建注释时使用。
- 标准、法向引线和切向引线：如果注释带有引线时，可以指定引线的样式。
- 左、圆心与右：这 3 个选项仅适用于创建注释时使用。
- 样式库与当前样式：自定义专属的文本样式与指定目前使用的文本样式。
- 制作注释：当"注释类型"菜单条中的所有选项选定后，左键单击此命令，输入文本内容与指定位置，即可创建注释。

图 11-120 "注释类型"菜单条

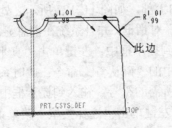
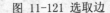

图 11-121 选取边

图 11-122 "文本符号"对话框

　　要创建球标，左键单击"插入"菜单条中的"球标"命令，系统打开"注释类型"菜单条，此菜单条和"注释"命令打开的"注释类型"类似，在此不再赘述。

　　下面通过具体实例讲述"注释"和"球标"的创建。

　　1. 打开已有的工程图"yanhuigang1.drw"文件；左键单击工具条中的"创建注释" ^A 命令，系统打开"注释类型"菜单条，保持此菜单条中的选项不变，左键单击菜单条中的"制作注释"命令，再用左键单击工程图左视图如图 11-121 所示的边。

　　2. 系统打开"文本符号"对话框，如图 11-122 所示。

　　3. 同时系统在消息显示区提示用户在"文本符号"对话框中选取所需的符号，输入到提示框中；左键单击"真平度" ▱ 符号，将其输入到提示框中，然后左键单击提示框中的"确认" ✓ 命令；此时系统继续在消息显示区提示用户在"文本符号"对话框中选取所需的符号，输入到提示框中，左键单击提示框中的"取消" ✕ 命令，生成注释预览体；左键单击"注释类型"菜单条中的"完成/返回"命令，系统生成此注释，如图 11-123 所示。

　　4. 左键单击上一步生成的注释，将其选中后单击 Delete 键，将其删除。左键单击工具条中的"创建注释" ^A 命令，左键单击此菜单条中的"带引线"选项，左键单击菜单条中的"制作注释"命令，系统打开"依附类型"菜单条，如图 11-124 所示。

　　5. 保持"依附类型"菜单条中的选项不变，左键单击工程图左视图如图 11-125 的边。

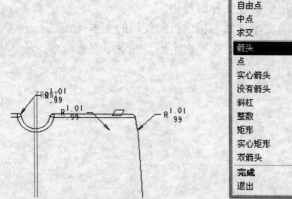
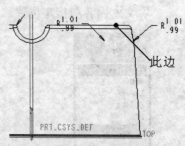

　　图 11-123 生成真平度符号　　　图 11-124 "依附类型"菜单条　　　图 11-125 选取边

　　6. 左键单击"依附类型"菜单条中的"完成"命令，系统打开"获得点"菜单条，如图 11-126 所示。

　　7. 左键单击步骤 5 拾取边的上部，如图 11-127 所示之处。

　　8. 此时系统打开"文本符号"对话框，并且系统在消息显示区提示用户在"文本符号"对话框中选取所需的符号，输入到提示框中；左键单击"真平度" ▱ 符号，将其输入到提示框中，然后左键单击提示框中的"确认" ✓ 命令；此时系统继续在消息显示区提示用户在"文本符号"对话框中选取所需的符号，输入到提示框中，左键单击提示框中的"取消" ✕ 命令，生成注释预览体；左键单击"注释类型"菜单条中的"完成/返回"命令，系统生成此注释，如图 11-128 所示。

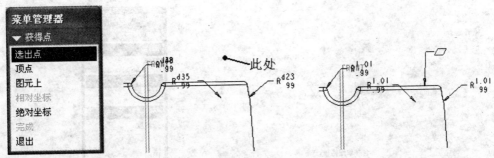

图 11-126　"获得点"菜单条　　　图 11-127 设置点位置　　　图 11-128 生成注释

9. "注释类型"菜单条中的其他选项的用法和上述操作类似，在此不再一一讲述。"球标"命令的使用方法和"注释"命令的使用方法类似，在此不再赘述。保存当前设计环境中的工程图，然后关闭当前设计环境。

11.6　表格

"表格"在工程图中是常常用到的工具之一。例如标题栏、BOM 表等的制作。此外，利用"表格"还可以补足图面上不足的信息，并且可以将表格存储到硬盘，以便让其他工程图使用。

11.6.1　创建、移动及删除表格

和 Office 的表格类似，工程图表格是一个具有行列，并且可以在其中输入文字的网格。用户可以在表格中输入文字、尺寸和工程图符号，并且修改后可以同步更新其内容。

在野火版中，"表"菜单条提供了表格的所有命令，此菜单条如图 11-129 所示。

此外，也可以左键直接单击工具条中的"通过指定列和行尺寸插入一个表"命令插入表格。

下面通过具体实例来讲述表格的创建、移动及删除操作。

1. 打开已有的工程图"yanhuigang1.drw"文件；左键单击工具条中的"通过指定列和行尺寸插入一个表"命令，系统打开"创建表"菜单条，如图 11-130 所示。

2. 保持"创建表"菜单条中的选项不变，左键单击工程图设计环境中的右下角，如图 11-131 所示。

3. 系统打开"菜单条"，如图 11-132 所示。

4. 同时，在工程图设计环境中，左键单击处出现一行数字，如图 11-133 所示。表格大小的计算方式有两种，一是按尺寸大小，二是按可容纳的字符数，因此，系统显示出这行数字，方便用户根据它来确定表格的大小。

5. 左键单击工程图设计环境如图 11-134 所示之处，然后单击中键结束表格列数及间距的设定。

6. 此时工程图设计环境如图 11-135 所示，系统要求设定表格的行数及间距。

图 11-129 "表"菜单条

图 11-130 "创建表"菜单条

图 11-131 设置表放置点

图 11-132 "创建表"菜单条

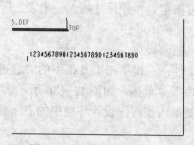

图 11-133 显示数字串

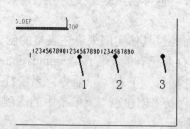

图 11-134 设置表格列间距

7．左键从上至下依次单击工程图设计环境如图 11-136 所示之处，然后单击中键结束表格行数及间距的设定。

8．系统按指定行列数及间距生成一个"3×3"的表格，如图 11-137 所示。

注：如果选中"创建表"菜单条中的"按长度"选项，左键单击工程图设计环境中一处后，系统在消息显示区提示用户输入第一列的间距值，输入完值后，系统将提示输入下一列间距值；若要结束列间距值的输入，在提示框中不输入任何字符，左键单击此输入框

中的"确认" 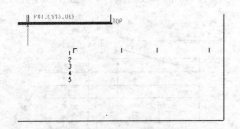命令即可；然后在消息显示区提示用户输入第一行的间距值，此操作和上述列的操作一样，不再赘述。注意，此时的长度单位和系统使用的单位一致。

图 11-135 进入行间距编辑状态　　　　　　　图 11-136 设置表格行间距

9．左键单击"表"菜单条中的"插入"下的"列"命令，表示将要往表格两列中插入一列；左键单击两列的公共边，如图 11-138 所示之处。

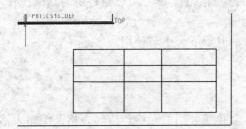

图 11-137 生成表格　　　　　　　　　　　图 11-138 选取公共边

注：必须单击两列的公共边，否则无法添加新列。

10．系统在左键单击处添加一新列，如图 11-139 所示。

11．左键单击"表"菜单条中的"插入"下的"列"命令，然后左键单击两行的公共边，系统添加一新行，如图 11-140 所示。

12．左键单击表格中的任意一处，此时表格四周的中点及角点处出现红色圆圈，左键按住表格边框竖线的中点，就可以左右拖动整个表格；如果左键按住表格边框水平线的中点，就可以上下移动整个表格；如果左键按住表格边框的角点，就可以上下左右移动整个表格；使用上述方法，将表格移动到如图 11-141 所示的位置。

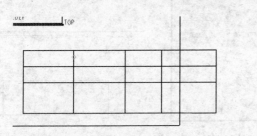

图 11-139 添加新列　　　　　　　　　　　图 11-140 添加新行

13．左键单击工程图设计环境中的表格如图 11-142 所示之处。

14．此格选中后，其边线用红色加亮表示；左键单击"表"菜单条中的"选取"下的"表"命令，则将整个表格选中，并且整个表格的线框用红色加亮表示；如果左键单击"表"

菜单条中的"选取"下的"列"命令，则将包含选中格的整个列选中，此列的线框用红色加亮表示；如果左键单击"表"菜单条中的"选取"下的"行"命令，则将包含选中格的整个行选中，此行的线框用红色加亮表示；读者可以自行练习这些操作，在此不再赘述。

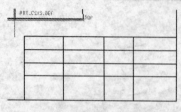

图 11-141 移动表格　　　　　　　　　　图 11-142 选取表格一格

　　15. 当整行、整列或整个表格选中时，左键单击"表"菜单条中的"删除内容"命令，即可将选中的行、列或整个表格删除；或者直接单击 Delete 键，也可以将选中的行、列或整个表格删除。注意，选中表格中的一格是不能将其删除的。读者可以自行练习这些操作，在此不再赘述。

　　16. 保留当前工程图设计环境中的设计对象，留到下一小节使用。

11.6.2　编辑表格

　　表格创建后，可以在表格中进行输入文字、合并或分割单元格、旋转表格及编辑表格大小等操作，下面通过实例具体讲述这些操作。

　　1. 继续使用上一小节留下的工程图设计环境中的表格；左键双击表格中如图 11-143 所示之处。

　　2. 系统打开"注释属性"对话框，如图 11-144 所示。

　　3. 用户可以在"注释属性"对话框的"文本"属性页中输入文字、符号、尺寸或超级链接等项目。在"文本"属性页中输入"文本"字样，然后左键单击此对话框中的"确定"命令，系统在选定的单元格中显示出"文本"字样，如图 11-145 所示。

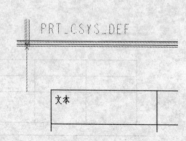

图 11-143 双击表格一格　　　图 11-144 "注释属性"对话框　　　图 11-145 输入文本

　　4. 从上图中可以看到，"文本"字样有点小，左键双击"文本"字样，系统再次打开"注释属性"对话框，左键单击"文本样式"属性页标签，切换到"文本样式"属性页，如图 11-146 所示。

5. 将此属性页中的"字符"子项中的"高度"编辑框中的数值设为"0.4"，然后左键单击"确定"命令，可以看到"文本"字样的大小发生相应的变化，如图 11-147 所示。

注：在"文本样式"属性页中还可以对文本进行其他一些设置，在此不再赘述，读者可以自己练习；并且，表格中的文本同样也可以进行"复制"、"粘贴"等操作。

6. 左键单击表格中如图 11-148 所示之处，将此单元格选中，然后左键单击"表"菜单条中的"删除内容"命令，将"文本"字样从表格中删除。

　　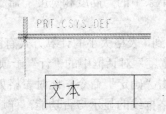　　

图 11-146 "文本样式"属性页　　　图 11-147 增加文本字高　　　图 11-148 删除文本

7. 表格的合并及分割操作和 Word 中的表格合并及分割操作类似，详述如下：左键单击表格中如图 11-149 所示之处，然后按住 Ctrl 键，左键单击选中单元格右边的单元格，此时两单元格为选中状态。

8. 左键单击"表"菜单条中的"合并单元格"命令，此时选中的两个单元格合并为一个，如图 11-150 所示。

　　　　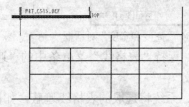

图 11-149 选取表格两格　　　　　图 11-150 合并单元格

9. 合并"行"单元格的操作和上述操作一样，在此不再赘述；重分割单元格的操作只适用于被合并过的单元格，左键单击要分割的单元格，将其选中后，左键单击"表"菜单条中的"取消合并单元格"命令，系统将此单元格恢复到未合并时的状态。

10. 系统允许旋转整个表格，且末人的原点在表格左上角端点处，当然，也可以自行设定表格的旋转原点，详述如下：使用框选方式将整个表格选中，此时表格的边框用红色加亮表示；左键单击"表"菜单条中的"设置旋转原点"命令，然后左键单击如图 11-151 所示之处。

11. 此时在左键单击处出现一个灰色"十"符号，表示旋转原点；左键单击"选取"对话框中的"确定"命令，系统将旋转原点设置在左键单击处；当整个表格为选中状态时，左键单击"表"菜单条中的"旋转"命令，系统将整个表绕原点逆时针旋转 90°，如图 11-152

所示。

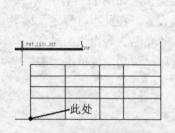

图 11-151 设置旋转原点

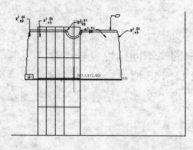

图 11-152 旋转表格

图 11-153 回到未旋转时的样式

12. 将整个表格旋转 3 次，将表格旋转回未旋转时的状态；左键单击如图 11-153 所示的单元格，将其选中。

13. 左键单击"表"菜单条中的"高度和宽度"命令，系统打开"高度和宽度"对话框，如图 11-154 所示。

14. 从图 11-154 可以看到，表格大小的计算方式有两种，一是按尺寸大小，二是按可容纳的字符数；将"高度和宽度"对话框中的"行"子项中的"高度（字符数）"编辑框中数值改为"4"，然后左键单击"确定"命令，此时表格如图 11-155 所示。

15. 系统还提供控制表格框线的显示与否功能，详述如下：使用框选方式将整个表格选中，左键单击"表"菜单条中的"行显示"命令，系统打开"表格线"菜单条，如图 11-156 所示。

图 11-154 "高度和宽度"对话框

图 11-155 设置行高

图 11-156 "表格线"菜单条

16. 保持"表格线"菜单条中的"遮蔽"选项不变，左键单击表格如图 11-157 所示的表格线。

17. 系统将选取的表格线遮蔽，如图 11-158 所示。

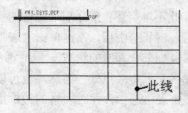

图 11-157 选取表格线

图 11-158 遮蔽选取表格线

18. 左键单击"选取"菜单条中的"确定"命令，然后左键再单击"选取" 命令，系统关闭"表格线"菜单条。

注："表格线"菜单条中还有两个命令，其中"撤消遮蔽"命令用来恢复被遮蔽的框线，使用时，直接左键单击被遮蔽的框线即可将其恢复；"撤消遮蔽所有"命令用来恢复所有被

遮蔽的表格线框，使用时，先左键单击此命令，然后左键单击表格即可以将被遮蔽的所有框线恢复显示，这两个命令的具体使用步骤在此不再赘述，读者可以自行练习。

19. 保存当前设计环境中的工程图，然后关闭当前设计环境。

11.7　图框

"图框"隶属于工程图的一部分，但是其激活方式却独立于工程图之外。在 Pro/ENGINEER Wildfire 中，"图框"也叫"格式"，图框内通常包含了标题栏、公司名称、版本号码与日期等项目，创建图框的方式和创建表格的方式类似，重要的是图框独立与工程图之外，并且生成好的图框可以重复。

Pro/ENGINEER Wildfire 中创建"图框"的方式有 3 种，详述如下：

- 从外部系统导入：用户在其他系统创建好图框后，将其存为 DFX、SET、IGES、STEP、DWG 等格式，然后使用 Pro/ENGINEER Wildfire 中的"插入"菜单条中的"共享数据"命令将文件导入，然后存为图框文件即可，注意，Pro/ENGINEER Wildfire 系统图框文件的扩展名为".frm"。

- 使用草绘模式：在 Pro/ENGINEER Wildfire 系统的 2D 草绘环境中绘制好图框外形后，将其保持为"*.sec"文件，在创建新图框时，"新格式"对话框中的"指定模板"子项中选取"截面空"选项，然后左键单击"浏览"命令，找到保存的"*.sec"文件即可以将草绘文件导入图框文件中，此种方式类似于"从外部系统导入"。

- 使用图框模式：图框模式其实就是工程图设计环境的界面，只是在图框模式时，工程图设计环境中的一部分被取消。在图框模式时，生成图框的方式和在工程图模式时生成表格的操作方式类似。

下面具体讲述图框模式创建图框的步骤：

1. 左键单击"新建" 命令，系统打开"新建"对话框，左键单击"格式"选项，使用系统默认的名称"frm0001"，如图 11-159 所示。

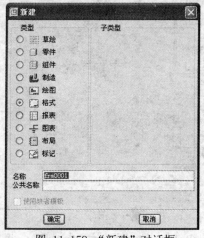

图 11-159　"新建"对话框　　　　图 11-160　"新格式"对话框

2. 左键单击"新建"对话框中的"确定"命令，系统打开"新建"对话框，如图 11-160

所示。

3．保持"新格式"对话框中的选项不变，左键单击"确定"命令，系统进入"图框"设计环境，"图框"设计环境中的"绘图"工具条如图 11-161 所示。

图 11-161　"绘图"工具条

4．从"图框"设计环境及其中的"绘图"工具条可以看到，"图框"设计环境和"工程图"设计环境非常类似；在图框模式时，生成图框的方式和在工程图模式时生成表格的操作方式类似，在此就不再赘述。关闭当前设计环境并且不保存。

11.8　上机实验

1．打开零件"lianxi2-1"，生成如图 11-162 所示的工程图，并保持名为"lianxi2-1.drw"文件。

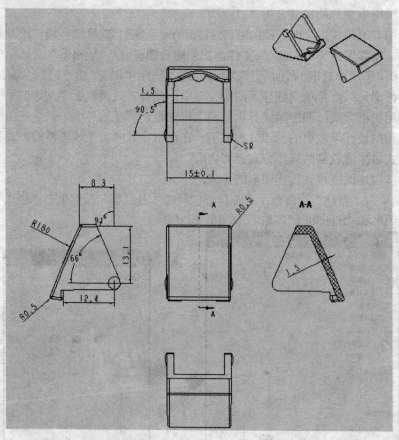

图 11-162　生成零件 lianxi2-1 的 2D 工程图

2．打开零件"lianxi2-2"，生成如图 11-163 所示的工程图，并保持名为"lianxi2-2.drw"文件。

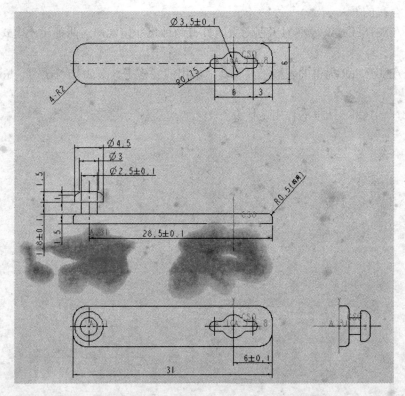

图 11-163　生成零件 lianxi2-2 的 2D 工程图

3. 设计如图 11-164 所示的表格，并保持名为"lianxi2-3.frm"文件。

米	米	厂		工程名称	
制图			图名	项目名称	
设计				设计阶段	
校核				图号	修改标记
审核					
20	年 ～	比例	1:10		

图 11-164　绘制表格

操作提示：先把所有行列绘出，然后在使用合并单元格命令合并行列。

11.9　复习思考题

1. Pro/ENGINEER 提供了几种类型的视图？

2. 在 Pro/ENGINEER 提供的视图类型中，哪些是可以独自存在的？哪些是必须依赖别的视图才能存在的？

　　3．Pro/ENGINEER 3D 模型与工程图之间具有两种尺寸模式，这两种尺寸模式有何异同之处？

　　4．Pro/ENGINEER 提供的表格工具和其他常用的表格工具（如 Microsoft Word）的异同之处？

　　5．Pro/ENGINEER 图框的作用是什么？